计算机网络技术基础

(第 3 版)

王祥仲　李玉玲　主　编

崔希有　贺丽娟　副主编

清华大学出版社

北　京

内 容 简 介

本书由浅入深、循序渐进地介绍了计算机网络技术的专业知识和实用技能。全书共 13 章,内容包括计算机网络概述、数据通信基础、计算机网络体系结构和协议、局域网组网技术、网络互连技术、无线局域网技术、网络接入技术、网络管理、Internet 服务及应用、使用浏览器上网和电子邮件、信息搜索和文件传递技术、网络用户与资源管理、网络安全防护技术等。

本书内容丰富、结构清晰、语言简练、图文并茂,具有很强的实用性和可操作性,可作为高等院校计算机应用及相关专业网络课程的教材,也可作为广大初、中级计算机用户的自学参考书。

图书在版编目(CIP)数据

计算机网络技术基础 / 王祥仲, 李玉玲主编.
3 版. -- 北京 : 清华大学出版社, 2024.10. -- ISBN
978-7-302-67458-0
Ⅰ. TP393
中国国家版本馆 CIP 数据核字第 2024DH7799 号

责任编辑: 王 定
封面设计: 周晓亮
版式设计: 思创景点
责任校对: 马遥遥
责任印制: 刘海龙

出版发行: 清华大学出版社
　　　　网　　　址: https://www.tup.com.cn, https://www.wqxuetang.com
　　　　地　　　址: 北京清华大学学研大厦 A 座　　　　　　　邮　　编: 100084
　　　　社 总 机: 010-83470000　　　　　　　　　　　　　邮　　购: 010-62786544
　　　　投稿与读者服务: 010-62776969, c-service@tup.tsinghua.edu.cn
　　　　质 量 反 馈: 010-62772015, zhiliang@tup.tsinghua.edu.cn
印 装 者: 北京鑫海金澳胶印有限公司
经　　销: 全国新华书店
开　　本: 185mm×260mm　　　印　　张: 16.5　　　字　　数: 444 千字
版　　次: 2011 年 8 月第 1 版　　　2024 年 11 月第 3 版　　　印　　次: 2024 年 11 月第 1 次印刷
定　　价: 59.80 元

产品编号: 106821-01

前言

随着计算机技术和网络技术的迅猛发展，计算机网络技术已经成为经济社会转型发展的主要驱动力。因此，我们应积极培养网络意识与计算思维，提升数字化创新与发展能力，促进专业技术与网络技术融合，以满足现代网络化社会学习和生活的要求。

建设网络强国是国家的发展战略。中央网络安全和信息化委员会办公室组织编写的《习近平总书记关于网络强国的重要思想概论》一书，从推进网络强国建设的强大思想武器和科学行动指南、努力把我国建设成为网络强国、加强网络内容建设与管理、全方位提高网络综合治理能力、筑牢国家网络安全屏障、加快信息领域核心技术自立自强、充分发挥信息化驱动引领作用、确保互联网在法治轨道上健康运行、推动构建网络空间命运共同体、加强党对网信工作的全面领导等方面，对习近平总书记关于网络强国的重要思想的精神内涵作了系统阐释。

习近平总书记在党的二十大报告中指出："必须坚持科技是第一生产力、人才是第一资源、创新是第一动力。""教育是国之大计、党之大计。培养什么人、怎样培养人、为谁培养人是教育的根本问题。"

计算机网络作为高等院校计算机及相关专业的主干课程之一，在培养计算机应用型人才方面发挥着重要作用。本书全面、翔实地介绍了计算机网络技术基础知识。通过本书的学习，读者能够把基本知识和实战操作结合起来，快速、全面地掌握计算机网络技术的使用方法及相关应用，达到融会贯通、灵活运用的目的。

本书共 13 章，从计算机网络概述开始，分别介绍了数据通信基础、计算机网络体系结构和协议、局域网组网技术、网络互连技术、无线局域网技术、网络接入技术、网络管理、Internet 服务及应用、使用浏览器上网和电子邮件、信息搜索和文件传递技术、网络用户与资源管理、网络安全防护技术等内容。本书可作为高等学校计算机及相关专业网络课程的教材，也可作为广大初、中级计算机用户的自学参考书。

本书是编者在总结多年教学经验与科研成果的基础上编写而成的，在编写过程中查阅了大量资料，也吸取了国内外教材的精髓，在此对相关文献的作者表示由衷的感谢。

由于作者的水平有限，书中疏漏之处在所难免，敬请读者批评指正。本书免费提供教学课件、教学大纲、电子教案和思考练习参考答案，读者可扫描下列二维码获取。

教学课件　　　　　教学大纲　　　　　电子教案　　　　思考练习参考答案

编　者
2024 年 8 月

目录

第1章 计算机网络概述·····················1
1.1 计算机网络的基本概念··············2
1.1.1 计算机网络的定义···········2
1.1.2 计算机网络的组成···········2
1.1.3 计算机网络的分类···········4
1.2 计算机网络的形成和发展··········4
1.2.1 计算机网络的产生···········4
1.2.2 计算机网络的发展···········5
1.2.3 计算机网络标准的形成·····5
1.2.4 局域网的发展···············6
1.2.5 Internet 的发展············6
1.3 计算机网络的功能和特点··········7
1.3.1 计算机网络的功能···········7
1.3.2 计算机网络的特点···········7
1.4 计算机网络的结构···················8
1.4.1 计算机网络拓扑结构的定义···8
1.4.2 计算机网络结构的类型·····8
1.5 思考练习·····························10

第2章 数据通信基础·····················11
2.1 数据通信系统·······················12
2.1.1 数据通信的基本概念·······12
2.1.2 数据通信系统模型·········14
2.1.3 数据通信的主要技术指标···15
2.2 数据通信方式·······················16
2.2.1 并行通信和串行通信·······16
2.2.2 单工通信、半双工通信和全双工
通信···························17
2.2.3 点对点、点对多点通信·····18
2.3 数据传输技术·······················19
2.3.1 基带传输、频带传输和宽带
传输···························19
2.3.2 多路复用技术···············20
2.3.3 数据同步技术···············23

2.4 数据编码技术·······················25
2.4.1 数字数据的模拟信号编码···25
2.4.2 数字数据的数字信号编码···27
2.4.3 模拟数据的数字信号编码···29
2.5 数据交换技术·······················32
2.5.1 电路交换·····················32
2.5.2 存储交换·····················33
2.5.3 快速分组交换···············36
2.6 差错控制技术·······················37
2.6.1 差错控制方法···············37
2.6.2 差错控制编码···············39
2.7 思考练习·····························40

第3章 计算机网络体系结构和协议·······41
3.1 计算机网络体系结构概述··········42
3.1.1 网络体系结构相关概念·····42
3.1.2 网络层次结构···············43
3.1.3 OSI 参考模型···············45
3.2 OSI 参考模型功能概述············46
3.2.1 物理层(Physical Layer)·····46
3.2.2 数据链路层(Data Link Layer)·······48
3.2.3 网络层(Network Layer)·····50
3.2.4 传输层(Transport Layer)·····51
3.2.5 会话层(Session Layer)·······52
3.2.6 表示层(Presentation Layer)···52
3.2.7 应用层(Application Layer)···52
3.3 TCP/IP 参考模型···················53
3.3.1 TCP/ IP 的基本概念·······53
3.3.2 TCP/IP 模型的网络接口层···53
3.3.3 TCP/IP 模型的网络层·····54
3.3.4 TCP/IP 模型的传输层·····57
3.3.5 TCP/IP 模型的应用层·····59
3.3.6 OSI 参考模型与 TCP/IP 模型的
比较···························60
3.4 思考练习·····························61

第4章 局域网组网技术 ················ 62
4.1 局域网概述 ····················· 63
4.1.1 局域网的特点和类型 ······· 63
4.1.2 局域网的体系结构 ········· 64
4.1.3 介质访问控制技术 ········· 64
4.2 局域网的组建 ·················· 68
4.2.1 需要的硬件环境 ··········· 68
4.2.2 需要的软件环境 ··········· 72
4.2.3 网络连通测试 ············· 74
4.3 以太网技术 ···················· 76
4.3.1 传统以太网技术 ··········· 76
4.3.2 快速以太网技术 ··········· 77
4.3.3 高速以太网技术 ··········· 77
4.4 组建局域网的相关技术 ········· 78
4.4.1 交换机技术 ··············· 78
4.4.2 路由技术 ················· 79
4.4.3 IP 地址管理 ·············· 80
4.4.4 新一代网际协议 IPv6 ······ 84
4.5 虚拟局域网 ···················· 87
4.5.1 广播域和 VLAN ··········· 87
4.5.2 VLAN 的组网方法 ········· 87
4.5.3 VLAN 的优点 ············· 88
4.6 实训演练 ······················ 89
实训 1 局域网的组建 ········· 89
实训 2 TCP/IP 实用程序的应用 · 89
4.7 思考练习 ······················ 90

第5章 网络互连技术 ················ 91
5.1 网络互连基础知识 ············· 92
5.1.1 网络互连的基本概念 ······· 92
5.1.2 网络互连的网络形式 ······· 92
5.1.3 网络互连的基本原理 ······· 94
5.2 网络互连设备 ·················· 95
5.2.1 交换机 ··················· 95
5.2.2 路由器 ··················· 96
5.2.3 中继器 ··················· 99
5.2.4 网桥 ···················· 100
5.2.5 网关 ···················· 102
5.2.6 网络互连设备的比较 ······ 103
5.3 路由基础 ····················· 104
5.3.1 IP 寻址和路由表 ········· 104

5.3.2 路由协议 ················ 106
5.3.3 路由器基本配置 ·········· 107
5.4 实训演练 ····················· 110
5.5 思考练习 ····················· 110

第6章 无线局域网技术 ············· 111
6.1 无线局域网基础知识 ·········· 112
6.1.1 无线局域网概述 ·········· 112
6.1.2 其他相关概念 ············ 112
6.1.3 无线局域网的特点 ········ 113
6.2 组建无线局域网的标准 ········ 114
6.2.1 IEEE 802.11 标准 ········· 114
6.2.2 其他标准 ················ 116
6.3 无线局域网的组成与拓扑结构 ··· 117
6.3.1 无线局域网的组成方式 ···· 117
6.3.2 无线局域网的拓扑结构 ···· 119
6.3.3 无线局域网的传输介质 ···· 120
6.4 无线局域网设备 ··············· 120
6.4.1 WLAN 网卡 ·············· 121
6.4.2 无线接入点 AP ··········· 121
6.4.3 无线路由器 ·············· 122
6.4.4 天线 ···················· 123
6.5 无线局域网的连接 ············· 123
6.5.1 无线局域网的互连方式 ···· 123
6.5.2 组建家庭无线局域网 ······ 124
6.6 无线局域网的安全 ············· 127
6.6.1 无线局域网的安全问题 ···· 127
6.6.2 无线局域网的安全技术 ···· 128
6.7 实训演练 ····················· 130
6.8 思考练习 ····················· 131

第7章 网络接入技术 ··············· 132
7.1 理解接入网技术 ··············· 133
7.1.1 接入网的概念和结构 ······ 133
7.1.2 接入网的接口和分类 ······ 133
7.1.3 广域网的连接方式 ········ 134
7.2 HDLC 和 PPP 协议 ············ 134
7.2.1 HDLC 协议 ·············· 134
7.2.2 PPP 协议 ················ 135
7.3 常见 Internet 接入方式 ········ 136
7.3.1 电话拨号接入方式 ········ 136

7.3.2 ADSL 宽带技术接入…………137
7.3.3 光纤技术接入…………………138
7.4 利用代理服务器技术接入………140
7.4.1 代理服务器接入 Internet 原理…140
7.4.2 代理服务器的工作过程………140
7.4.3 代理服务器的功能……………141
7.4.4 代理服务器软件………………141
7.5 实训演练………………………142
7.6 思考练习………………………143

第8章 网络管理…………………………144
8.1 网络管理的基本概念……………145
8.1.1 网络管理的定义………………145
8.1.2 网络管理的类型………………145
8.1.3 网络管理的基本内容…………145
8.1.4 网络管理的层次划分…………146
8.2 网络管理的体系结构……………146
8.2.1 SNMP 网络管理体系结构……146
8.2.2 OSI 网络管理体系结构………147
8.2.3 TMN 网络管理体系结构………147
8.3 网络管理的功能…………………148
8.3.1 故障管理………………………148
8.3.2 计费管理………………………149
8.3.3 配置管理………………………149
8.3.4 性能管理………………………150
8.3.5 安全管理………………………150
8.4 典型的网络管理协议……………151
8.4.1 SNMP 协议……………………151
8.4.2 RMON 协议……………………153
8.4.3 CMIS/CMIP 协议………………154
8.4.4 CMOT 协议……………………154
8.4.5 LMMP 协议……………………155
8.5 主流的网络管理软件……………155
8.5.1 OpenView………………………155
8.5.2 NetView…………………………156
8.5.3 SunNet Manager…………………157
8.5.4 SPECTRUM……………………158
8.6 思考练习…………………………158

第9章 Internet 服务及应用……………159
9.1 Internet 服务……………………160

9.1.1 远程登录 Telnet………………160
9.1.2 电子邮件 E-mail………………160
9.1.3 文件传输 FTP…………………160
9.1.4 万维网 WWW…………………160
9.1.5 Web 的网络应用………………161
9.1.6 P2P 网络应用…………………161
9.2 Telnet 服务………………………161
9.2.1 Telnet 服务概念………………161
9.2.2 Telnet 协议与工作原理………162
9.2.3 Telnet 的使用…………………162
9.3 E-mail 服务………………………163
9.3.1 E-mail 服务简介………………163
9.3.2 E-mail 服务工作过程…………164
9.4 FTP 服务…………………………164
9.4.1 FTP 服务简介…………………164
9.4.2 FTP 服务工作过程……………165
9.4.3 匿名 FTP 服务…………………165
9.5 WWW 服务………………………166
9.5.1 WWW 服务简介………………166
9.5.2 WWW 相关知识………………167
9.6 域名系统 DNS……………………168
9.6.1 因特网的域名结构……………168
9.6.2 域名服务器与域名解析………170
9.7 动态主机配置协议 DHCP………172
9.7.1 DHCP 概述……………………172
9.7.2 DHCP 工作过程………………172
9.8 Web 的网络应用…………………173
9.8.1 Web 服务………………………173
9.8.2 电子商务应用…………………174
9.8.3 电子政务应用…………………174
9.8.4 远程教育应用…………………175
9.8.5 博客应用………………………175
9.8.6 播客与网络电视应用…………176
9.8.7 IP 电话与无线 IP 电话应用……177
9.9 P2P 的网络应用…………………178
9.9.1 文件共享 P2P 应用……………178
9.9.2 即时通信 P2P 应用……………180
9.9.3 流媒体 P2P 应用………………181
9.9.4 分布式计算 P2P 应用…………181
9.10 实训演练…………………………182

实训 1　DNS 服务器的配置和使用……182
　　　实训 2　Web 服务器的配置…………183
9.11　思考练习………………………184

第 10 章　使用浏览器上网和电子邮件……185
10.1　浏览器基本操作…………………186
　　　10.1.1　Microsoft Edge 浏览器简介……186
　　　10.1.2　浏览页面…………………187
　　　10.1.3　收藏保存网页……………188
10.2　浏览器的设置……………………189
　　　10.2.1　设置启动页面……………189
　　　10.2.2　设置页面外观……………191
　　　10.2.3　设置垂直标签……………191
　　　10.2.4　设置网页安全……………192
10.3　电子邮件相关知识………………193
　　　10.3.1　电子邮件系统概述………193
　　　10.3.2　电子邮件的收发…………195
　　　10.3.3　电子邮件管理……………195
　　　10.3.4　使用电子邮箱……………196
10.4　使用 Outlook 收发邮件…………199
　　　10.4.1　Outlook 简介………………199
　　　10.4.2　配置 Outlook………………200
　　　10.4.3　创建、编辑和发送邮件………201
　　　10.4.4　接收和回复邮件…………202
　　　10.4.5　转发和删除邮件…………204
　　　10.4.6　邮件管理……………………205
10.5　实训演练…………………………207
10.6　思考练习…………………………207

第 11 章　信息搜索和文件传递技术………208
11.1　使用搜索引擎……………………209
　　　11.1.1　搜索引擎相关知识………209
　　　11.1.2　百度搜索引擎……………209
　　　11.1.3　必应搜索引擎……………211
　　　11.1.4　搜索引擎使用技巧………212
11.2　使用浏览器下载文件……………213
　　　11.2.1　浏览器下载文件的方法………213
　　　11.2.2　修改下载默认保存位置………214
　　　11.2.3　Internet 中的文件格式………214
11.3　使用迅雷下载文件………………215
　　　11.3.1　迅雷简介……………………215

11.3.2　迅雷下载文件方法…………216
　　　11.3.3　设置文件下载路径…………217
11.4　使用百度网盘……………………218
　　　11.4.1　百度网盘下载资源………218
　　　11.4.2　上传至百度网盘…………219
　　　11.4.3　分享百度网盘内容………220
11.5　思考练习…………………………221

第 12 章　网络用户与资源管理…………222
12.1　创建和管理本地用户账户………223
　　　12.1.1　本地用户账户的种类……223
　　　12.1.2　创建本地用户账户………223
　　　12.1.3　更改用户账户……………224
　　　12.1.4　设置账户权限……………225
　　　12.1.5　修改账户密码……………226
　　　12.1.6　更改账户头像……………227
　　　12.1.7　删除用户账户……………227
12.2　创建和管理本地组………………228
　　　12.2.1　创建本地组………………229
　　　12.2.2　管理本地组………………229
　　　12.2.3　域和活动目录……………230
12.3　NTFS 文件权限…………………234
　　　12.3.1　NTFS 文件权限类型………234
　　　12.3.2　NTFS 权限的基本原则……234
　　　12.3.3　文件复制和移动对权限的
　　　　　　　影响……………………235
12.4　文件权限与文件夹共享配置………236
　　　12.4.1　文件权限设置方法………236
　　　12.4.2　文件夹共享设置方法………237
12.5　思考练习…………………………239

第 13 章　网络安全防护技术……………240
13.1　网络安全概述……………………241
　　　13.1.1　网络安全威胁……………241
　　　13.1.2　认识和预防病毒…………241
　　　13.1.3　木马的种类和伪装………243
13.2　使用杀毒和防范木马软件………244
　　　13.2.1　使用 360 杀毒软件………244
　　　13.2.2　使用 360 安全卫士查杀木马………245
　　　13.2.3　使用 Windows Defender………246
13.3　使用网络软件防火墙……………247

13.3.1　打开和关闭防火墙…………247

13.3.2　在防火墙中设置访问规则……249

13.3.3　设置 Windows 自动更新……250

13.4　硬件防火墙………………………251

13.4.1　硬件防火墙的分类…………251

13.4.2　硬件防火墙的术语…………252

13.4.3　硬件防火墙的配置…………253

13.5　思考练习…………………………253

计算机网络概述 第**1**章

计算机网络是计算机技术和通信技术相结合的产物，用于存储、传播和共享信息。计算机网络的应用影响和改变了人们的工作、学习和生活方式，网络发展水平成为衡量一个国家经济发展水平的重要标志之一。我们有必要学习并掌握计算机网络基本知识和基本理论，为更好地应用计算机网络打下良好的基础。

1.1 计算机网络的基本概念

计算机网络是由各种类型的计算机、通信设备和通信线路、数据终端设备等网络硬件和网络软件组成的计算机系统。网络中的计算机系统包括巨型计算机、大型计算机、中型机、小型机、微型机，它们都具有独立输入输出、数据处理功能，在断开网络连接后，仍可单独使用。

1.1.1 计算机网络的定义

计算机网络是利用通信线路和连接设备将地理分散的、具有独立功能的若干计算机系统连接起来，按照某种协议进行数据通信，并通过一个能为用户自动管理资源的网络操作系统实现资源共享的系统。

计算机网络的定义包括如下几个含义。

(1) 计算机网络由三部分组成。

① 多个计算机系统。即各种为网络用户提供服务和进行管理的大型机、中型机、小型机及所要共享网络资源的个人计算机。

② 通信系统。即由各种通信设备和通信线路组成的通信子网，"通信线路和通信设备"是指通信媒体和相应的通信设备。通信媒体可以是光纤、双绞线、微波等多种形式，一个地域范围较大的网络中可能使用多种媒体。将计算机系统与媒体连接需要使用一些与媒体类型有关的接口设备以及信号转换设备。

③ 网络软件。即各种为用户共享网络资源和信息传递提供管理与服务的应用程序及软件。

(2) 网络上计算机必须具有独立功能。即连接上网可以完成资源共享和数据通信，断开网络连接时同样可以进行数据输入、输出和处理，计算机没有对网络的依赖性。这里"具有独立功能"是指入网的每一个计算机系统都有自己的软、硬件系统，都能完全独立地工作，各个计算机系统之间没有控制与被控制的关系，网络中任意一个计算机系统只在需要使用网络服务时才自愿登录上网，真正进入网络工作环境。

(3) 计算机网络中的计算机接入网络必须遵循特定的连接方式，即网络拓扑结构，不能随意接入。

(4) 网络中的计算机都要遵守网络中的通信协议，并使用支持网络通信协议的网络通信软件。网络软件是必不可少的组件，而且只有功能齐全才能实现网络功能。"网络操作系统和协议软件"是指在每个入网的计算机系统的系统软件之上增加的，用来实现网络通信、资源管理和网络服务的专门软件。

(5) 计算机网络组网的基本目的是实现资源共享和数据通信。"资源"是指网络中可共享的所有软、硬件，包括程序、数据库、存储设备、打印机、通信线路、通信设备等。

1.1.2 计算机网络的组成

计算机网络的组成包括负责传输数据的网络传输介质、网络设备、使用网络的计算机终端设备、服务器，以及网络操作系统。

计算机网络由计算机系统、网络节点、通信线路、通信子网和资源子网组成。计算机系统进行各种数据处理,网络节点和通信链路提供通信功能。图 1-1 所示为计算机网络的一般组成部分。从逻辑上可以把计算机网络分成资源子网和通信子网两个子网。

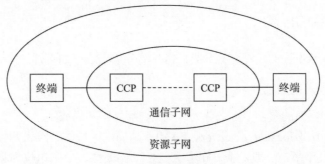

图 1-1　计算机网络组成部分

1. 计算机系统

计算机网络中的计算机系统主要承担数据处理工作。计算机网络连接的计算机系统可以是巨型机、大型机、小型机、工作站、微型机或其他数据终端设备(data terminal equipment, DTE),其任务是进行信息采集、存储和加工处理。

2. 网络节点

在网络拓扑结构中,通信控制处理机(CCP)被称为网络节点,是一种在数据通信系统中专门负责网络中数据通信、传输和控制的计算机或具有同等功能的计算机部件。通信控制处理机一般由配置了通信控制功能的软件和硬件的小型机、微型机承担。此外,网络节点还具有存储、转发和选择路径的功能,在 LAN 中使用的网络适配器也属于网络节点。一方面,这些网络节点作为资源子网的主机、终端的连接接口,将主机和终端连入网内;另一方面,它们又作为通信子网中的分组存储转发节点,完成分组的接收、检验、存储、转发等功能,实现将源主机报文准确发送到目的主机的功能。

3. 通信线路

通信信道包括通信线路和相关的通信设备。通信线路可以是双绞线、同轴电缆和光缆等有线介质,也可以是无线电波等无线介质。相关的通信设备包括中继器、调制解调器等。中继器的作用是将数字信号放大,调制解调器则能进行数字信号和模拟信号转换,以便数字信号在传输模拟信号的电话线上传输。

4. 通信子网

通信子网是网络中实现网络通信功能的设备及其软件的集合,通信设备、网络通信协议、通信控制软件等属于通信子网,是网络的内层,负责信息的传输,主要为用户提供数据传输、转接、加工、变换等服务。

5. 资源子网

资源子网提供访问网络和处理数据的功能,由主机、终端控制器和终端组成。主机负责本地或全网的数据处理,运行各种应用程序或大型的数据库系统,向网络用户提供各种软硬件资源和网络服务。终端控制器用于把一组终端连入通信子网,以及控制终端信息的接收和发送。终端控制器可以不经主机直接和网络节点相连。当然，还有一些设备也可以不经主机直接和网络节点相连，如打印机和大型存储设备等。

1.1.3 计算机网络的分类

计算机网络可以从不同的角度进行分类，常见的分类方法有如下几种。

1. 按照网络的覆盖范围划分

计算机网络按照网络的覆盖范围划分为广域网、城域网和局域网。

(1) 局域网。局域网(local area network, LAN)就是局部区域的计算机网络。局域网传输距离比较小，为几米到几千米，一般是在一个办公室、一栋大楼、一个单位内将计算机、数据终端及各种外部设备互连起来，形成一个内部网络。局域网传输距离小，数据传输速率高(一般为 10～10 000Mb/s)，数据传输误码率较低，能满足数据传输要求。局域网的本质特征是作用范围小，数据传输速度快、延迟小，可靠性高。

(2) 城域网。城域网(metropolitan area network, MAN)是在一个城市或者一个地区范围内组建的网络，其传输距离介于局域网与广域网之间，一般为几十千米到几百千米。人们既可以使用广域网的技术去构建城域网，也可以使用局域网的技术来构建城域网。

(3) 广域网。广域网(wide area network, WAN)也称远程网，是指作用在不同国家、地域，甚至全球范围内的远程计算机通信网络。专用广域网的数据传输速率一般较低。

2. 按照网络的逻辑功能划分

计算机网络按照网络的逻辑功能可划分为资源子网和通信子网。

3. 其他分类

计算机网络还可以根据其拓扑结构、传输介质、应用范围等方式进行分类。

(1) 按照网络的拓扑结构划分：星型网、总线型网、环型网、树型网和网状型网等。

(2) 按照网络的传输介质的形态划分：有线网和无线网。

(3) 按照传输介质的种类划分：双绞线网、同轴电缆网、光纤网、卫星网和微波网等。

(4) 按照网络的应用范围和管理性质划分：公用网和专用网。

(5) 按照网络的交换方式划分：电路交换网、分组交换网和 ATM 交换网等。

(6) 按照网络连接方式划分：全连通式网络、交换式网络和广播式网络。

1.2 计算机网络的形成和发展

在信息社会中，计算机已经从单机使用发展到集群使用。越来越多的应用领域需要计算机在一定的地理范围内联合起来进行集群工作，从而促进了计算机技术和通信技术的紧密结合，形成了计算机网络这门技术。

1.2.1 计算机网络的产生

任何一种新技术的诞生都必须具备两个条件，即强烈的社会需求与先期的技术成熟。计算机网络的形成与发展也遵循了这条规律,1946 年世界上第一台电子计算机 ENIAC 在美国诞生时,计算机技术与通信技术并没有直接的联系。20 世纪 50 年代初,为了满足美国军方的需求,美国对半自动地面防空系统(SAGE)进行了计算机技术与通信技术相结合的尝试。它将远程雷达与其他测量设备测到的信息通过总长度达 241 千米的通信线路与一台 IBM 计算机连接,进行集中的防空信息处理与控制。

要实现这样的目的,首先要完成数据通信技术的基础实现,然后将地理分散的多个终端通过通信线路连接到一台中心计算机上。用户可以在自己办公室内的终端键入程序,通过通信线路传送到中心计算机,分时访问并使用其资源进行信息处理,处理结果再通过通信线路回送用户终端显示或打印。人们把这种以单个计算机为中心的联机系统称为面向终端的远程联机系统。它是计算机通信网络的雏形。20 世纪 60 年代初,美国航空公司与 IBM 合作建成的由一台计算机与分布在全美国 2000 多个终端组成的航空订票系统 SABRE-1 就是一种典型的计算机通信网络。

计算机与通信的相互结合主要有两个方面。一方面,通信网络为计算机之间的数据传递和交换提供了必要的手段;另一方面,数字计算技术的发展渗透到通信技术中,又提高了通信网络的各种性能。

早期的线路控制器只能和一条通信线路相连,同时也只能适用于单一传送速率。由于在通信线路上是串行传输而在计算机内采用的是并行传输,因此这种线路控制器的主要功能是进行串行和并行传输的转换以及简单的差错控制。这个阶段的计算机仍主要用于数据成批处理。随着远程终端数量的增多,为了避免一台计算机使用多个线路控制器,在 20 世纪 60 年代初期,出现了多重线路控制器(multiline controller),它可以和许多个远程终端相连接,这种联机系统也称为面向终端的计算机通信网。有人将这种最简单的计算机网络称为第一代计算机网络。

1.2.2　计算机网络的发展

随着计算机应用的发展,出现了多台计算机互联的需求。这种需求主要来自军事、科学研究、地区与国家经济信息分析决策、大型企业经营管理等领域的用户。他们希望将分布在不同地点的计算机通过通信线路互联成计算机网络。网络用户可以通过计算机使用本地计算机的软件、硬件与数据资源,也可以使用联网的其他计算机的软件、硬件与数据资源,以达到计算机资源共享的目的。

这一阶段研究的典型代表是美国国防部高级研究计划局 ARPA(advanced research projects agency)的 ARPAnet(通常称为 ARPA 网)。ARPAnet 通过有线、无线与卫星通信线路,使网络覆盖了从美国本土到欧洲与夏威夷的广阔地域。

ARPAnet 是计算机网络技术发展的一个重要里程碑,它对发展计算机网络技术的主要贡献表现在以下几个方面:完成了对计算机网络的定义、分类与相关技术内容的描述;提出了资源子网、通信子网的两级网络结构的概念;研究了报文分组交换的数据交换方法;采用了层次结构的网络体系结构和协议体系;促进了 TCP/IP 协议的发展;为 Internet 的形成与发展奠定了基础。在 20 世纪 70 年代中期,世界上便开始出现了由邮电部门或通信公司统一组建和管理的公用分组交换网,即公用数据网 PDN。早期的公用数据网采用模拟通信的电话交换网,新型的公用数据网则采用数字传输技术和分组交换方法。

1.2.3　计算机网络标准的形成

经过 20 世纪 60 年代至 70 年代前期的发展,人们对组网的技术、方法和理论的研究日趋成熟。

为了促进网络产品的开发，各大计算机公司纷纷制定自己的网络技术标准。IBM 首先于 1974 年推出了该公司的系统网络体系结构 SNA(system network architecture)，并为用户提供能够互联的成套通信产品；1975 年 DEC 公司宣布了自己的数字网络体系结构 DNA(digital network architecture)；1976 年 UNIVAC 公司宣布了分布式通信体系结构 DCA(distributed communication architecture)等。这些网络技术标准只在一个公司范围内有效。所谓遵从某种标准的、能够互联的网络通信产品，也只是同一公司生产的同类型设备，无法实现互相兼容。网络通信市场这种各自为政的状况使得用户在投资时无所适从，也不利于多个厂商之间的公平竞争。因此，产生了制定统一技术标准的迫切需求。

1977 年，国际标准化组织 ISO(International Organization for Standardization)设立分委员会 SC16(属 TC97 信息处理系统技术委员会)，以"开放系统互联"为目标，专门研究网络体系结构、互联标准等。1984 年，ISO 正式颁布了一个称为"开放系统互联基本参考模型"(open system interconnection basic reference model)的国际标准 ISO7498，简称 OSI 参考模型或 OSI/RM。OSI/RM 共有七层，因此也称为 OSI 七层模型。OSI/RM 的提出开创了一个具有统一的网络体系结构，遵循国际标准化协议的计算机网络新时代。作为国际标准，OSI 规定了可以互联的计算机系统之间的通信协议，遵从 OSI 协议的网络通信产品都是所谓的开放系统。今天，几乎所有的网络产品厂商都声称自己的产品是开放系统。不遵从国际标准的产品逐渐失去了市场。这种统一的、标准化产品相互竞争的市场促进了网络技术的进一步发展。

1.2.4　局域网的发展

20 世纪 80 年代出现了微型计算机，这种更适合办公室环境和家庭使用的新型计算机对社会生活的各个方面都产生了深远的影响。而早在 20 世纪 70 年代末至 20 世纪 80 年代初，Xerox 公司等就开始研发并推广以太网技术，以太网与微机的结合使得微机局域网得到了快速的发展。局域网使一个单位内部的微型计算机和智能设备相互连接起来，提供了办公自动化的环境和信息共享的平台。1980 年 2 月，IEEE 802 局域网标准出台，并相继提出了 IEEE 801.5~802.6 等局域网络标准草案，其中绝大部分内容已被国际标准化组织(ISO)正式认可。作为局域网络的国际标准，IEEE 802 系列标准标志着局域网协议及其标准化的确定，为局域网的进一步发展奠定了基础。局域网的发展道路与广域网不同，局域网设备厂商从一开始就按照标准化、相互兼容的原则进行竞争，因此用户在建设自己的局域网时选择面更宽，设备更新更快。经过 20 世纪 80 年代后期的激烈竞争，局域网设备厂商大都进入专业化的成熟时期。在一个局域网中，工作站可能是 Dell 的，服务器可能是 IBM 的，网卡可能是 Intel 的，集线器可能是 D-link 的，而网络上运行的软件更是五花八门。随着技术的进步，局域网的发展重心已从单纯的网络组建转向了更为复杂的网络应用建设阶段。

1.2.5　Internet 的发展

1985 年，美国国家科学基金会 NSF(national science foundation)基于 ARPAnet 协议，建立了用于科学研究和教育的骨干网络 NSFnet。20 世纪 90 年代，NSFnet 取代了 ARPAnet，成为美国国家骨干网，并且走出了大学和研究机构进入了公众社会。自此，电子邮件、文件下载和消息传输等网络服务受到了越来越多人的欢迎并被广泛使用。1992 年，Internet 学会成立，该学会把 Internet 定义为"组织松散、独立的国际合作互联网络""通过主动遵循计算机协议和过程来支持主机对主机的通信"。1993 年，美国伊利诺伊大学国家超级计算中心成功开发了网上浏览工具 Mosaic(后来发展为 Netscape)，使得各种信息能够更方便地在网上交流。浏览工具的出现引发了 Internet 发展和普及的高潮，上网不再是网络操作人员和科学研究人员的专属，而是成为普通人进行远程通信和信息交流的工具。在这种背景下，当时的美国总统正式宣布实施国家信息基础设施NII(national information infrastructure)计划，即人们常说的"信息高速公路"建设，这一举措在世界范围内引发了争夺信息化社会领导权和制高点的竞争。与此同时，NSF 不再向 Internet 注入资金，使其完全进入了商业化运作。20 世纪 90 年代后期，Internet 以惊人的速度发展，网络上的主机数量、上网的人数、网络的信息流量每年都在成倍地增长。

我国互联网的发展启蒙于 20 世纪 80 年代，然后在 1997 年 6 月，根据国务院信息化工作领导小组办公室的决定，在中国科学院网络信息中心组建了中国互联网络信息中心 CNNIC，同时，国务院信息化工作领导小组办公室宣布成立中国互联网络信息中心工作委员会。从此我国进入了互联网的高速发展时期。

根据 2022 年 8 月中国互联网络信息中心 CNNIC 发布的第 50 次《中国互联网络发展状况统计报告》，在网络基础资源方面，截至 2022 年 6 月，我国域名总数为 3380 万个，cn 域名数为 1786 万个，IPv6 地址数量达 63 079 块/32；移动通信网络 IPv6 流量占比已经达到 45%。在信息通信业方面，截至 2022 年 6 月，累计建成并开通 5G 基站数达 185.4 万个，三家基础电信企业的固定互联网宽带接入用户总数达 5.63 亿户；有全国影响力的工业互联网平台已经超过 150 个，接入设备总量超过 7900 万台套，全国在建"5G＋工业互联网"项目超过 2000 个，工业互联网和 5G 在国民经济重点行业中的融合创新应用不断加快。

1.3 计算机网络的功能和特点

在当今信息社会，计算机网络诸多的功能已经渗透到日常的学习、工作和生活当中。

1.3.1 计算机网络的功能

计算机网络的功能可以归纳为以下几点。

(1) 资源共享。资源共享是计算机网络的核心功能之一。计算机网络的基本资源包括硬件资源、软件资源、数据库资源、通信线路和通信设备等。

(2) 信息传输。信息传输也称数据传输，是计算机网络基本功能及主要功能之一，通过网络可以实现任何主机之间的数据传输。

(3) 集中管理。网络能够连接多个已存在的联机系统，实现实时集中管理、各部分协同工作及并行处理，从而提升系统的处理能力。

(4) 均衡负荷和分布式处理。均衡负荷和分布式处理是计算机网络追求的目标之一。对于大型任务可采用合适的算法，将任务分散到网络中多个计算机上进行处理。网络上有各种各样的子系统，当一个系统处理负担太重时，可以由其他子系统来承担一些处理任务，从而达到减轻负载的目的。

(5) 网络服务和应用。通过网络可以提供更全面的服务项目，如文件、图像、声音、动画等信息的处理和传输，这是单机系统不能实现的功能。

1.3.2 计算机网络的特点

计算机网络的特点归纳起来有以下几点。

(1) 可靠性。当网络中的某个子系统出现故障时，可由其他子系统代为处理，网络环境提供了高度的可靠性。

(2) 独立性。网络系统中相连的计算机系统是相对独立的，它们各自既相互联系又相互独立。

(3) 高效性。网络信息传递迅速，系统实时性强。网络系统可把一个大型复杂的任务分给几台计算机去处理，从而提高工作效率。

(4) 可扩充性。在网络中可以很灵活地接入新的计算机系统，如远程终端系统等，从而达到扩充网络系统功能的目的。

(5) 经济性。网络可实现资源共享，进行资源调剂，避免系统中的重复建设和重复投资，从而达到节省投资和降低成本的目的。

(6) 透明性。网络对于用户而言是透明的，用户只需关注如何高效而可靠地完成自己的任务，而无须深入了解网络所涉及的技术和具体工作过程。

(7) 易操作性。掌握网络使用技术要比掌握大型计算机系统的使用技术简单得多，大多数用户都能轻松掌握并享受其带来的便利。

1.4　计算机网络的结构

无论计算机网络多么复杂，计算机网络中计算机接入方式都遵循一定的规律，这个规律体现在网络结构的基本单元上，即计算机网络的拓扑结构，它可以帮助我们了解网络的结构类型与特点。

1.4.1　计算机网络拓扑结构的定义

通常，将通信子网中的通信处理机(CCP)和其他通信设备称为节点，通信线路称为链路，而将节点和链路连接而成的几何图形称为该网络的拓扑结构。计算机网络是由多个具有独立功能的计算机系统按不同的形式连接起来的，这些不同的形式就是指网络的拓扑结构，所以说网络拓扑结构就是网络中各节点及连线的几何图形。网络中各节点由通信线路连接，可构成多种类型的网络。

网络拓扑的设计选型是计算机网络设计的第一步。网络拓扑结构的选择将直接关系到网络的性能、系统可靠性、通信和投资费用等因素。

1.4.2　计算机网络结构的类型

根据网络拓扑结构的不同，可将计算机网络分为总线型网络、星型网络、环型网络、树型网络和网状型网络等，如图 1-2 所示。

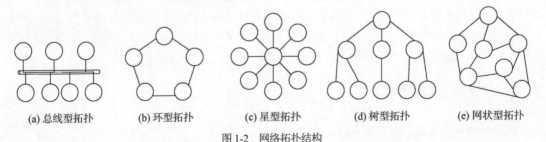

(a) 总线型拓扑　　(b) 环型拓扑　　(c) 星型拓扑　　(d) 树型拓扑　　(e) 网状型拓扑

图 1-2　网络拓扑结构

1. 总线型网络

总线型网络各站点通过相应的连接器连接到公共传输介质(总线)上，各站信息均在总线上传输，属广播式信道。

总线型网络采用电缆(通常采用同轴电缆)作为公共总线，各节点通过硬件接口连在总线上。当入网节点数较少时，公共总线可以是一段电缆；而当节点数增多时，则用几段电缆通过中继器相连来扩展总线长度。

总线型拓扑结构的网络中，各节点地位平等，都可以向公共总线发送信号。从一个节点发出的信号到达总线后，沿总线向两个方向同时传送。

总线型拓扑结构的优点是结构简单，布线和扩充容易，增删节点方便，运行可靠等。缺点是控制复杂且时延不确定，受总线长度限制而使系统范围小，故障检测和故障隔离较困难，而且入网节点越多，总线负担越重。

总线型是局域网中常用的拓扑结构。典型的总线型局域网是同轴电缆以太网，如 10Base-2 和 10Base-5。

2. 环型网络

环型网络各站点由传输介质连接构成闭合环路，数据在一个环路中单向传输。要双向传输时，必须有双环支持。

环型拓扑结构的几何构型是一个封闭环型。每个计算机连到中继器上，每个中继器通过一段链路(采用电缆或光缆)与下一个中继器相连，并首尾相接构成一个闭合环。

信息在环内单向流动，经过每个节点时，信号会被放大并继续向下传送，直至到达目的节点或在发送节点处被移除。

环型拓扑结构的优点是节省线路，路径选择简单，硬件结构简单，各节点地位平等，系统控制简单，信息传送延迟主要与环路总长有关。缺点是故障诊断困难和可靠性差，如果整个环路某一点出现故障，会使得整个网络不能工作；扩展性差，在网中加入节点的总数受到介质总长度的限制，增删节点时要暂停整个网络的工作；节点多时，响应时间长。

环型也是局域网中常见的拓扑结构。常用的环网类型有令牌环网(token ring)和光纤环网 FDDI。

3. 星型网络

星型网络由中央节点与各站点通过传输介质连接而成。以中央节点为中心，实行集中式控制。中央节点可以是转接设备，也可以是主机。

星型拓扑结构中，每个节点都通过分支链路与网络中心节点相连。如今流行以交换机充当中心节点，用双绞线作为分支链路而构成星型网络。网中一个计算机发出的数据信息经交换机转发给其他计算机。在广播式星型网络中，交换机将信息发送给其他所有节点；在交换式星型网络中，交换机将信息发送给指定节点。

星型拓扑结构的优点是结构简单，建网容易，扩展方便，可由交换机完成故障诊断和网络集中监视与管理。缺点是分布式处理能力差，电缆长度大。

星型网络是目前应用最多的一种局域网类型。目前流行的快速以太网就是典型的星型网络。

4. 树型网络

树型网络由多级星型组成，分级连接。

树型拓扑结构是星型结构的扩展，是一种多级星型结构。在一个大楼内组建网络可采用这种结构，其中，每个楼层内连成一个星型结构，各楼层的集线器再集中到一个中心集线器上或一个中心交换机上。

树型拓扑结构的优点是线路总长度短，成本较低，节点易于扩充，故障隔离容易。缺点是结构较复杂，传输延时较大。

树型拓扑结构特别适用于分级管理和控制的网络。

5. 网状型网络

网状型网络节点间连线较多，各节点间都有直线连接时为全连通网，大多数连接不规则。

物理上网状型拓扑结构要求任意两个节点间都设置链路，但实际网络中，从节省费用的角度出发，通常是根据实际需要在两个节点间设置直通链路。前者称为真正的网状拓扑结构，后者称为混合网状型拓扑结构。

在网状型拓扑结构中，由于两个节点间通信链路可能有几条，可以考虑选择合适的一条或几条路径来传送数据。

网状型拓扑结构的优点是可靠性较高，节点共享资源容易，便于信息流量分配及负荷均衡，可选择较佳路径，传输延时小，容错性能好，易于故障诊断，通信信道容量能够有效保证。缺点是安装和配置复杂，控制和管理复杂，协议和软件复杂，布线工程量大，建设成本高。

网状型拓扑结构常用于广域网中或将几个 LAN 互连时。

1.5　思考练习

1. 计算机网络主要有哪几个方面的功能？
2. 计算机网络可从哪几个方面进行分类？
3. 简述计算机网络的组成部分。
4. 总线型拓扑结构和星型拓扑结构的优缺点有哪些？

数据通信基础 第2章

在人类社会中，人与人之间需要经常交换信息。无论采用何种方法，通过何种媒体，将信息从一个地方发送到另一个地方，从广义上讲均可称为通信。随着通信技术的发展，各种灵活方便的通信手段得以实现，而网络技术和通信系统的融合，已成为当前我们需要解决的主要问题。数据通信的任务就是利用通信介质传输信息，数据通信技术是网络技术发展的基础，如何进行计算机系统中的信号传输，这是数据通信技术要解决的问题。

2.1 数据通信系统

数据通信(data communication)系统是指以计算机为核心,用通信线路连接分布在各地的数据终端设备而完成数据通信功能的复合系统。本节主要介绍数据通信的基本概念和基础知识,为计算机网络和网络工程设计相关课程的学习和实践打好基础。

2.1.1 数据通信的基本概念

首先我们要了解数据、信号、信息,以及数据通信、数字通信、模拟通信等基本的概念和含义。

1. 数据

数据(data)是由数字、字母和符号等组成的信息载体,是网络上信息传输的单元,没有实际含义。在某种意义上来说,计算机网络中传送的东西都是数据。数据是把事件的某些属性规范化后的表现形式。它能被识别,也可以被描述,如二进制数、字符等。

数据的概念包括两个方面:一是数据内容是事物特性的反映或描述;二是数据以某种媒体作为载体,即数据是存储在媒体上的。

数据又可分为模拟数据和数字数据两类。模拟数据是按照一定规律连续、不间断变化的数据。模拟数据取连续值,如表示声音、图像、电压、电流等的数据;数字数据是不连续的、间断的、离散变化的数据,如自然数、字符文本等的取值都是离散的。

2. 信号

信号(signal)是数据的具体物理表示,具有确定的物理描述,如电压、磁场强度等。在电路中,信号具体表示数据的电编码或电磁编码。电磁信号一般有模拟信号和数字信号两种形式。随时间连续变化的信号是模拟信号,如正弦波信号等;随时间离散变化的信号是数字信号,它可以用有限个数位来表示连续变化的物理量,如脉冲信号、阶梯信号等。

模拟信号和数字信号的表示如图 2-1 所示。

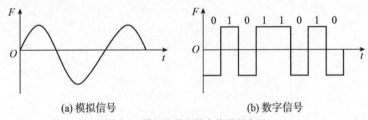

(a) 模拟信号　　　　　　　　　　　(b) 数字信号

图 2-1　模拟信号和数字信号的表示

3. 信息

信息(information)在不同的领域有不同的定义,一般认为信息是人对现实世界事物存在方式或运动状态的某种认识。表示信息的形式可以是数值、文字、图形、声音、图像及动画等,这些表示媒体归根到底都是数据的一种形式,是数据的内容和解释。

信息是数据的具体内容和解释,有具体含义,是网络上数据传输的内容和意义,也是数据传输的目的。

严格地讲，数据和信息是有区别的。数据是独立的，是尚未组织起来的事实的集合；而信息则是数据经过加工处理(说明或解释)后，按一定要求、一定格式组织起来的、具有一定意义的数据。数据是信息的表示形式，信息是数据形式的内涵。在计算机网络中，信息也称为报文(message)。通常在口头上或一些要求不严格的场合把数据说成信息，或把信息说成数据，不再区分数据和信息。

数据、信息和信号这三者是紧密相关的，在数据通信系统中，人们主要关注的是数据和信号。

4. 数据通信

数据通信是指信源和信宿之间传送数据信号的通信方式，是利用通信系统对各种数据信号进行传输、变换和处理的过程。因而，计算机与计算机、计算机与终端之间的通信及计算机网络中的通信都是数据通信。

5. 数字通信和模拟通信

根据信道中传送信号的类型，通信通常分为数字通信和模拟通信两类。前者在信道中传送数字信号，而后者在信道中传送模拟信号。

对于数字通信，根据信源发出的携带消息的信号类型，大致可以分成数字信号传输和模拟信号数字化传输两大类，第一类如计算机内 CPU 和内存之间的通信，第二类如数字电话之间的通信，通常把这两种通信统称为"数字通信"。

模拟信号在传输一定距离后都会衰减，克服的办法是用放大器来增强信号的能量，但噪声分量也会增强，以致会引起信号畸变。数字信号长距离传输也会衰减，克服的办法是使用中继器，把数字信号恢复为"0""1"的标准电平后再继续传输。

6. 数据通信和数字通信的区分

在数据通信系统中，要把数字数据或模拟数据从一个地方传输到另一个地方，总是要借助于一定的物理信号，如电信号或光信号。而这些物理信号可以是连续变化的模拟信号，也可以是离散变化的数字信号。模拟和数字两种数据形式中的任何一种数据都可以通过编码形成两种信号(模拟信号和数字信号)中的任何一种信号。

数字通信就是指在通信信道中传送数字信号的通信方式。数字通信和模拟通信所强调的是信道中传输的信号形式，也即强调的是信道的形式，前者是数字信道，后者是模拟信道，如图 2-2 所示。至于信源发出和信宿接收的信号可以是数字信号、模拟信号或其他形式的信号。图 2-2(a)的信号变换器可以是个编码器，其作用是数字数据的数字信号编码。图 2-2(b)的信号变换器可以是个模拟/数字转换器，其作用是模拟数据的数字信号编码，具体转换可用 PCM 调制或增量调制技术进行。图 2-2(c)的信号变换器的作用是数字数据的模拟信号编码，具体转换可由调制解调技术完成。其中，图 2-2(a)和图 2-2(b)的系统是数字通信系统，图 2-2(c)的系统是模拟通信系统。

由此可见，数字通信是信道的形式或信道中传输信号的形式，而数据通信强调的是信源与信宿之间传输的信息形式，两个概念是不一样的。

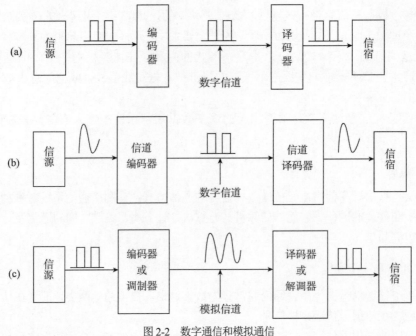

图 2-2　数字通信和模拟通信

2.1.2　数据通信系统模型

数据通信系统的基本组成有三部分要素：信源和信宿、信号变换器和反变换器、信道。图 2-3 所示是一个简单的数据通信系统模型。实际上，数据通信系统的组成因用途而异，但大部分基本相同。

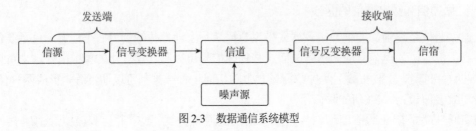

图 2-3　数据通信系统模型

1. 信源和信宿

信源就是信息的发送端，是指发送信息一端的人或设备。信宿就是信息的接收端，是指接受信息一端的人或设备。在计算机网络中，数据是双向传输的，信源和信宿设备都是计算机或其他数据终端设备(DTE)，信源与信宿合二为一。数据发送端、数据接收端设备统称为数据终端设备。

2. 信道

信道是传输信息的通道，是由通信线路及其通信设备(如收发设备)组成的。主要功能有两点，一是为信息传输提供通信手段，二是为数据传输提供通信服务。

信道按传输信号类型可分为数字信道和模拟信道。直接传输二进制信号或经过编码的二进制数据的信道称为数字信道。传输连续变化的信号或二进制数据经过调制后得到的模拟信号的信道称为模拟信道。

3. 信号变换器与反变换器

信号变换器的作用是将信源发出的信息变换成适合在信道上传输的信号，根据不同的信源和信道信号，变换器有不同的组成和变换功能。发送端的信号变换器可以是编码器或调制器，接收端的反信号变换器相对应的就是译码器或解调器。编码器的功能是把输入的二进制数字序列做相应的变换，变换成能够在接收端正确识别的信号形式；译码器的功能是在接收端完成编码的反过程。编码器和译码器的主要作用就是降低信号在传输过程中出现差错的概率。调制器是把信源或编码器输出的二进制信号变换成模拟信号，以便在模拟信道上进行远距离传输；解调器的作用是反调制，即把接收端接收的模拟信号还原为二进制数字信号。

由于网络中绝大多数信息都是双向传输的，所以在大多数情况下，信源也作为信宿，信宿也作为信源；编码器与译码器合并，统称为编码译码器；调制器与解调器合并，统称为调制解调器。

2.1.3　数据通信的主要技术指标

数据通信系统性能的好坏由什么来衡量？怎样判断通信系统的性能？一般来讲，性能判断由技术指标来实现。数据通信的主要技术指标是衡量数据传输的有效性和可靠性的参数。

有效性主要由数据传输的数据速率、调制速率、传输延迟、信道带宽和信道容量等指标来衡量。可靠性一般用数据传输的误码率指标来衡量。

常用的数据通信的技术指标有以下几种。

1. 信道带宽和信道容量

信道带宽和信道容量是描述信道的两个主要指标，由信道的物理特性所决定。

信道带宽是指通信系统中传输信息的信道占有一定的频率范围(即频带宽度)。

信道容量是指单位时间内信道所能传输的最大信息量，它表示信道的传输能力。

在通信领域中，信道容量常指信道在单位时间内可传输的最大码元数，信道容量以码元速率(或波特率)来表示。在计算机网络中，数据通信主要是计算机与计算机之间的数据传输，并且数据又以二进制数的形式表示，因此，信道容量有时也表示为单位时间内最多可传输的二进制数的位数(也称信道的数据传输速率)，以 b/s(位/秒)或者 bps 表示。

2. 传输速率

(1) 数据传输速率(rate)。数据传输速率是指通信系统单位时间内传输的二进制代码的位(比特)数。数据传输速率的高低，由每位数据所占的时间决定，一位数据所占的时间宽度越小，则其数据传输速率越高。

(2) 调制速率。调制速率又称波特率或码元速率，它是数字信号经过调制后的传输速率，表示每秒传输的电信号单元(码元)数，即调制后模拟电信号每秒的变化次数，它等于调制周期(即时间间隔)的倒数，单位为波特(baud)。

3. 误码率

误码率是衡量通信系统在正常工作情况下传输可靠性的指标。它是指二进制码元在传输过程中被传错的概率。显然，误码率直接反映了错误接收的码元数在所传输的总码元数中所占的比例。

在计算机网络通信系统中，要求误码率低于 1/1 000 000。若实际传输的不是二进制码元，则须折合成二进制码元来计算。在通信系统中，系统对误码率的要求应权衡通信的可靠性和有效性两方面的因素，误码率越低，对设备的要求就越高。

2.2 数据通信方式

在计算机网络中，从不同的角度看有多种不同的通信方式，常见的通信方式有如下几种。

2.2.1 并行通信和串行通信

数据通信方式根据数据传输时使用的信道数量，可以分为并行通信和串行通信。并行通信是指在传输过程中，数据的每一位通过不同的信道同时传输，因此可以一次性传输整个字节。相反，串行通信只使用一条信道，数据字节的每一位依次传输，直到整个字节传输完成。因此，如果一个数据字节有 n 位，就需要 n 次传输才能完成整个字节的传输。

1. 并行通信

在并行通信中，一般至少有 8 个数据位同时在两台设备之间传输，如图 2-4 所示。发送端与接收端有 8 条数据线相连，发送端同时发送 8 个数据位，接收端同时接收 8 个数据位。计算机内部各部件之间的通信是通过并行总线进行的。如并行传送 8 位数据的总线称为 8 位数据总线，并行传送 16 位数据的总线称为 16 位数据总线等。

并行通信的特点如下。

(1) 数据传输速率高。

(2) 数据传输占用信道较多，费用较高，所以只能应用于短距离传输。

(3) 一般应用于计算机系统内部传输或者近距离传输。

2. 串行通信

并行通信需要 8 条以上的数据线，这对于近距离的数据传输来说，其费用还是可以负担的，但在进行远距离数据传输时，这种方式就太不经济了。所以，在数据通信系统中，较远距离的通信就必须采用串行通信方式，如图 2-5 所示。

虽然串行传输速率慢，但在发收两端之间只需一根传输线，成本大大降低。且由于串行通信使用于覆盖面很广的公用电话网络系统，所以，在现行的计算机网络通信中串行通信应用广泛。

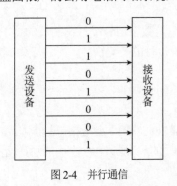

图 2-4　并行通信　　　　　　　　　　　图 2-5　串行通信

串行通信的特点如下。

(1) 数据传输速率慢。

(2) 数据传输占用信道较少，费用较低，所以适用于远距离传输。

(3) 一般应用于计算机网络中远距离传输。

2.2.2 单工通信、半双工通信和全双工通信

数据在通信线路上传输是有方向的。根据数据在线路上传输的方向和特点，通信方式被划分为单工通信(simplex)、半双工通信(half-duplex)和全双工通信(full-duplex)三种。

1. 单工通信

在通信线路上，数据只可按一个固定方向传送而无法进行反向传送的通信方式被称为单工通信。如图 2-6(a)所示，数据只能从 A 端传送到 B 端，而不能从 B 端传回到 A 端。A 端是发送端，只具有发送数据功能；B 端是接收端，只具有数据接收功能。例如在计算机系统中，键盘到主机数据传输和主机到显示器传输就是单向传输，而显示器通常不向主机回传数据。

单工通信可比拟为城市的单行道交通，其特点如下。

(1) 数据传输方向不会改变。

(2) 发送端、接收端设备简单，费用较低。

(3) 占用通信设备最少，控制技术简单。

2. 半双工通信

数据可以双向传输，但不能同时进行，采用分时间段的方式传输，即任一时刻只允许在一个方向上传输数据，这种通信方式称为半双工通信。如图 2-6(b)所示，数据可以从 A 端传输到 B 端，也可以从 B 端传输到 A 端，但两个方向不能同时传送。半双工通信设备 A 和 B 要同时具备发送和接收数据的功能，即 A、B 端既是发送设备，又是接收设备。半双工通信因要频繁地改变数据传输方向，因此效率较低。

半双工通信可比拟为单孔桥下的交通，其特点如下。

(1) 数据传输方向可以改变，但不能同时改变，分时段进行传送。

(2) 发送端、接收端设备复杂，费用较高。

(3) 设备占用较多，通信线路占用较少，数据传输方向控制较复杂。

3. 全双工通信

可同时双向传输数据的通信方式被称为全双工通信。如图 2-6(c)所示，它相当于两个方向相反的单工通信组合在一起，通信的一方在发送信息的同时也能接收信息。全双工通信一般采用接收信道与发送信道分开制，按各个传输方向分开设置发送信道和接收信道。

全双工通信可比拟为城市的车辆可以双向同时行驶的主干道交通，其特点如下。

(1) 任何时间都能进行双向数据传输，发送时还可以进行数据接收。

(2) 发送端、接收端设备复杂，费用较高。

(3) 设备占用较多，通信线路占用较多。

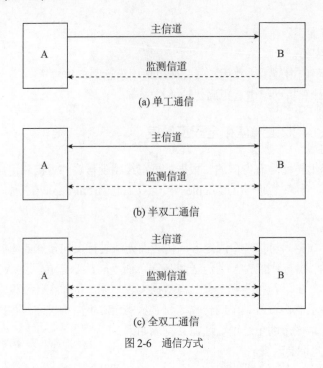

图 2-6　通信方式

2.2.3　点对点、点对多点通信

在数据通信系统中，根据计算机与计算机、计算机与终端之间不同的线路连接方式，相应地有不同的通信方式。

1. 点对点通信

点对点通信又称一对一通信。它是由一条通信线路把两个 DTE(数据终端设备)连接起来构成的通信方式。两个 DTE 连接可以是计算机与计算机或计算机与终端的直接连接，也可以是通过 Modem(调制解调器)连接。连接的线路可以是专用线路、租用线路或交换线路。这种一对一通信方式具有结构简单，容易控制等优点，它适用于传输信息量大，传输速率要求高的场合。

2. 点对多点通信

根据通信系统中一个端点与多个端点间的线路连接形式不同，点对多点通信又可分为分支式通信和集线式通信两种。

(1) 分支式通信。分支式通信是指一台主计算机和多台终端通过一条主线路连接构成的通信方式。主计算机称为控制站(也叫主站)，各终端称为从站。主站负责对各从站进行发送控制和接收控制。一般主站对从站的控制采用轮询/选择(polling/selecting)技术。当主站要接收信息时，采用轮询技术，即主站在做好接收准备后依次询问各从站是否要发送信息。当主站要向一个或多个从站发送信息时，采用选择技术，即主站选择询问需接收信息的从站是否做好接收准备，当从站准备好并回答信号时，即可发送信息。分支式通信方式的优点是线路利用率高。

(2) 集线式通信。集线式通信是在终端较集中的地方，使用集中器先将这些终端集中后，再通过高速线路与主计算机相联ceil而构成的通信方式。集中器与终端间通常用低速专用线路连接。当各终端要向主计算机发送信息时，先将这些信息在集中器中进行存储和相应的处理后，再利用高速线路发送给主计算机；主计算机向各终端发送信息时，也需要将信息在集中器进行存储和处理后，再转发给各终端。集线式通信方式的效率较高。

2.3 数据传输技术

根据传输信号的形态划分，数据传输方式可以分为基带传输、频带传输和宽带传输 3 种。采用多路复用技术可以提高通信线路的利用率，采用数据同步技术可以提高通信质量。

2.3.1 基带传输、频带传输和宽带传输

在计算机网络中，频带传输和宽带传输通常指的是计算机信息的模拟信号传输，而基带传输则指计算机信息的数字信号传输。

1. 基带传输

基带传输是指不经频谱搬移，数字数据以原来的"0"或"1"的形式原封不动地在信道上传送。基带是指电信号所固有的基本频带，在基带传输中，传输信号的带宽一般较高，普通的电话通信线路满足不了这个要求，需要根据传输信号的特性选择专用的传输线路。

基带传输方式简单，近距离通信的局域网一般都采用基带传输。对于传输信号，常用的表示方法是用不同的电压电平来表示两个二进制数，即数字信号是由矩形脉冲编码来表示的。

由计算机或终端等数字设备产生的、未经调制的数字数据相对应的电脉冲信号通常呈矩形波形式，它所占据的频率范围通常从直流和低频开始，因而这种电脉冲信号称为基带信号。基带信号所占有(固有)的频率范围称为基本频带，简称基带(baseband)。在信道中直接传输这种基带信号的传输方式就是基带传输。

由于在近距离范围内，基带信号的功率衰减不大，从而信道容量不会发生变化，因此，计算机局域网系统广泛采用基带传输方式。基带传输的特点如下。

(1) 传输方式最简单、最方便。
(2) 适合于传输各种速率要求的数据。
(3) 基带传输过程简单，设备费用低。
(4) 适合于近距离传输的场合。

2. 频带传输

频带传输通过将二进制信号进行调制变换，变换成为能在公用电话网中传输的模拟信号，这些模拟信号在传输介质中传送到接收端后，再由调制解调器将该模拟信号解调变换成原来的二进制电信号。这种把数据信号经过调制后再传送，到接收端后又经过解调还原成原来信号的传输，称为频带传输。这样不仅克服了目前长途电话线路不能直接传输基带信号的缺点，而且能实现多路复用，从而提高了通信线路的利用率。

由于基带信号频率很低，含有直流成分，远距离传输过程中信号功率的衰减或干扰将造成信号减弱，使得接收方无法接收，因此基带传输不适合于远距离传输；又因远距离通信信道多为模拟信道，所以，在远距离传输中不采用基带传输而采用频带传输的方式。频带传输就是先将基带信号变换(调制)成便于在模拟信道中传输的、具有较高频率范围的信号(这种信号称为频带信号)，

再将这种频带信号在信道中传输。由于频带信号也是一种模拟信号(如音频信号),故频带传输实际上就是模拟传输。计算机网络系统的远距离通信通常都是频带传输。基带信号与频带信号的变换是由调制解调技术完成的。

3. 宽带传输

宽带是指比音频带宽更宽的频带,它包括大部分电磁波频谱。利用宽带进行的传输称为宽带传输。宽带传输系统可以是模拟或数字传输系统,它能够在同一信道上进行数字信息和模拟信号传输。宽带传输系统可容纳全部广播信号,并可进行高速数据传输。在局域网中,存在基带传输和宽带传输两种方式。基带传输的数据速率比宽带传输速率低。一个宽带信道可以被划分为多个逻辑基带信道。宽带传输能把声音、图像、数据等信息综合到一个物理信道上进行传输。宽带传输采用的是频带传输技术,但频带传输不一定是宽带传输。

2.3.2　多路复用技术

在通信系统和计算机网络系统中,信道所能提供的带宽往往比传输一路信息所需要的带宽要宽得多,因此,一个信道只传送一路信号有时是很浪费的。为了充分利用信道的带宽,我们期望一个信道中能同时传输多路信息。把利用一条物理信道同时传输多路信息的过程称为多路复用。多路复用技术能把多个信号组合在一条物理信道上进行传输,使多个计算机或终端设备共享信道资源,提高信道的利用率。特别是在远距离传输时,可大大节省电缆的成本、安装与维护费用。实现多路复用功能的设备称为多路复用器,简称多路器。

多路复用技术是将传输信道在频率域或时间域上进行分割,形成若干个相互独立的子信道,每一子信道单独传输一路数据信号。从电信角度看,相当于多路数据被复合在一起共同使用一个共享信道进行传输,所以称为“复用”。复用技术包括复合、传输和分离3个过程,由于复合与分离是互逆过程,通常把复合与分离的装置放在一起,做成所谓的复用器(MUX)。多路信号在一对 MUX 之间的一条复用线上传输,如图 2-7 所示。若复用线路是模拟的,则在复用器之后加入一个 Modem;若复用线路是数字的,则不必使用 Modem。

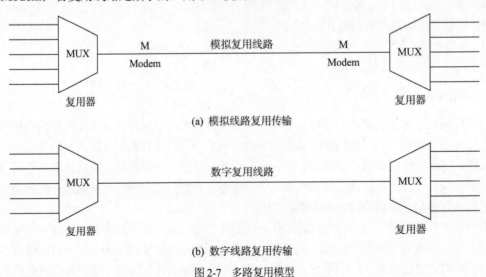

(a) 模拟线路复用传输

(b) 数字线路复用传输

图 2-7　多路复用模型

多路复用技术应用在共享式信道上。所谓共享式信道就是有多台计算机或终端设备等 DTE 连接到同一信道的不同分支点上，这些 DTE 设备所连接的用户或设备都可以向此信道发送数据。而信道上所传输的数据，可被全体用户接收(这种信道称为广播式信道)，或只被指定的若干个用户接收(这种信道称为组播式信道)。

多路复用技术通常有频分多路复用、时分多路复用、波分多路复用和码分多路复用等。

1. 频分多路复用

频分多路复用(frequency division multiplexing, FDM)就是将具有一定带宽的信道分割为若干个有较小频带的子信道，每个子信道传输一路信号。这样在信道中就可同时传送多个不同频率的信号。被分开的各子信道的中心频率不相重合，且各信道之间留有一定的空闲频带(也称保护频带)，以保证数据在各子信道上的可靠传输。频分多路复用实现的条件是信道的带宽远远大于每个子信道的带宽。

频分多路复用是一种模拟复用方案。输入 FDM 系统的信息是模拟的，且在整个传输过程中保持为模拟信号。在物理信道的可用带宽超过单个原始信号所需带宽情况下，可将该物理信道的总带宽分割成若干个与传输单个信号带宽相同(或略宽)的子信道，每个子信道传输一路信号。

多路原始信号在频分复用前，先要通过频谱搬移技术将各路信号的频谱搬移到物理信道频谱的不同频段上，使各信号的带宽不相互重叠；然后用不同的频率调制每一个信号，每个信号需要一个以它的载波频率为中心的一定带宽的通道。为了防止互相干扰，还需使用保护带来隔离每一个通道。

图 2-8 所示是一个频分多路的例子，图中包含 3 路信号，分别被调制到 f_1、f_2 和 f_3 上，然后再将调制后的信号复合成一个信号，通过信道发送到接收端，由解调器恢复成原来的波形。

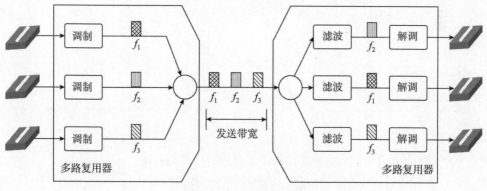

图 2-8　频分多路复用示例

FDM 技术成功应用的例子是用于长途电话通信中的载波通信系统(媒介是同轴电缆)，但目前该系统已逐步由 SDH 光纤通信系统代替；此外，FDM 技术也可用于 AM 广播电台和计算机网络中。

采用频分多路复用时，数据在各子信道上是并行传输的。由于各子信道相互独立，故一个信道发生故障时不影响其他信道。图 2-9 所示是把整个信道分为 5 个子信道的频率分割图。在这 5 个信道上可同时传输已调制到 f_1、f_2、f_3、f_4 和 f_5 频率范围的 5 种不同信号。

在频分多路复用中，频带越宽，意味着在此频带宽度内所能分割的子信道就越多，传输信号路数越多，线路利用率越高。

对于频分多路复用应用注意如下几个问题。

(1) 子信道带宽划分时一定要根据传输信道带宽要求划分。

(2) 子信道与子信道之间一定要留有空闲信道，空闲信道宽度根据实际情况选取。

频分多路复用应用的特点如下。

(1) 各路信号独占信道，共享时间。

(2) 构成信道是模拟信道，用于传输模拟信号。

2. 时分多路复用

时分多路复用(time division multiplexing, TDM)是将一个物理信道的传输时间分成若干个时间片轮流地给多个信号源使用，每个时间片被复用的一路信号占用。这样，当有多路信号准备传输时，一个信道就能在不同的时间片传输多路信号，如图 2-10 所示。时分多路复用实现的条件是信道能达到的数据传输速率超过各路信号源所要求的数据传输速率。如果把每路信号调制到较高的传输速率，即按介质的比特率传输，那么每路信号传输时多余的时间就可以被其他路信号使用。为此，使每路信息按时间分片，轮流交换地使用介质，就可以达到在一个物理信道中同时传输多路信号的目的。

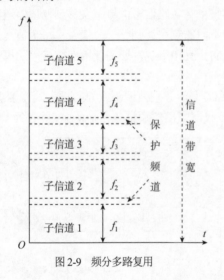

图 2-9 频分多路复用

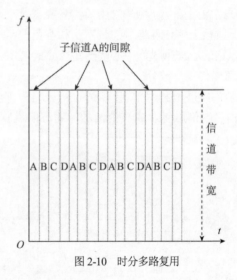

图 2-10 时分多路复用

时分多路复用又可分为同步时分多路复用和异步时分多路复用。

(1) 同步时分多路复用是指时分方案中的时间片是分配好的且固定不变，即每个时间片与一个信号源对应，不管该信号源此时是否有信息发送。在接收端，根据时间片序号就可以判断出是哪一路信息，从而将其送往相应的目的地。

(2) 异步时分多路复用方式允许动态地、按需分配信道的时间片，如某路信号源暂不发送信息，就让其他信号源占用这个时间片，这样就可大大提高时间片的利用率。异步时分多路复用也可称为统计时分多路复用(STDM)技术，它也是目前计算机网络中应用广泛的多路复用技术。

时分多路复用的特点如下。

(1) 各路信号独占时间，共享信道。

(2) 构成信道是数字信道，传输数字信号。

对于频分多路复用，频带越宽，则在此频带宽度内所能分割的子信道就越多。对于时分多路复用，时间片长度越短，则每个时分段中所包含的时间片数就越多，因而所划分的子信道就越多。

频分多路复用主要用于模拟信道的复用(数字数据可以通过 Modem 变换为模拟信号)，时分多路复用主要用于数字信道的复用。

3. 波分多路复用

光波的频率远远高于无线电频率(MHz 或 GHz)，每一个光源发出的光波由许多频率(波长)组成。光纤通信的发送机和接收机被设计成发送和接收某一特定的波长。波分多路复用技术将不同的光发送机发出的信号以不同波长沿光纤传输，且不同的波长之间不会相互干扰，每个波长在传输线路上都是一条光通道。光通道越多，在同一根光纤上传送的信息(语言、图像、数据等)就越多。

最初在一根光纤上只能复用两路光波信号，随着技术的发展，在一根光纤上复用的光波信号越来越多，现在已经做到在一根光纤上复用 80 路或更多的光载波信号，这种复用技术被称为密集波分复用(DWDM)技术。DWDM 技术已成为通信网络带宽高速增长的最佳解决方案。光纤技术的发展与 DWDM 技术的应用与推广密切相关，自 20 世纪 90 年代中期以来其发展极为迅速，32 Gb/s 的 DWDM 系统已经大规模商用。

波分多路复用(wave division multiplexing, WDM)技术主要用于全光纤网组成的通信系统中。所谓波分多路复用是指在一根光纤上能同时传送多个波长不同的光载波的复用技术。通过 WDM 技术，可使原来在一根光纤上只能传输一个光载波的单一光信道，变为可传输多个不同波长光载波的光信道，使得光纤的传输能力成倍增加。也可以利用不同波长沿不同方向传输来实现单根光纤的双向传输。波分多路复用技术将是今后计算机网络系统主干的信道多路复用技术之一。波分多路复用实质上利用了光具有不同波长的特征，如图 2-11 所示。WDM 技术的原理十分类似于 FDM，不同的是它利用波分复用设备将不同信道的信号调制成不同波长的光，并复用到光纤信道上。在接收方，采用波分设备分离不同波长的光。相对于传输电信号的多路复用器，WDM 发送和接收端的器件分别称为分波器和合波器。

图 2-11　波分多路复用

4. 码分多路复用

码分多路复用也是一种共享信道的技术，对不同用户传输信息所用的信号不是靠频率不同或时隙不同来区分，而是用各自不同的编码序列来区分，或者说，是靠信号的不同波形来区分。每个用户可在同一时间使用同样的频带进行通信，但使用的是基于码型的分割信道的方法，即给每个用户分配一个地址码，且各个码型互不重叠，通信各方之间不会互相干扰。

2.3.3　数据同步技术

在数据通信系统中，接收端收到的信息应与发送端发出的信息完全一致，这就要求在通信中收发两端必须有统一的，协调一致的动作。如果收发两端的动作互不联系、不协调，那么收发之间就要出现误差，随时间的增加，误差的积累将会导致收发"失步"，从而使系统不能正确传输信息。为了避免收发出现不一致的情况，使整个系统可靠地工作，需要采取一定的措施，这种措施称为"同步"。数据通信能否可靠而有效地工作，在相当大程度上依赖于是否能很好地实现同步。

所谓同步，是指在串行数字通信中，接收端要按照发送端相同的起止时间和频率来接收数据，即两者必须在时间和频率上取得一致。

在数字通信中，当发送器通过传输媒体向接收器传输数据信息时，如每次发出一个字符(或一个数据帧)的数据信号，接收器必须识别出该字符(或该帧)数据信号的开始位和结束位，以便在适当的时刻正确地读取该字符(或该帧)数据信号的每一位信息，这就是接收器与发送器之间的基本同步问题。因此，当以数据帧传输数据信号时，要求发送器在每帧数据对应信号的前面和后面分别添加有别于数据信号的开始信号和停止信号，或在每帧数据信号的前面添加控制接收器的时钟同步信号。

同步是数字通信中一个非常重要的问题，同步不良会导致通信质量下降，甚至不能工作。目前，传输数据的同步方式有异步传输方式和同步传输方式两种。

1. 异步传输方式

异步传输方式(asynchronous transmission)又称起止式同步，它是指在同一个字符内相邻两位的间隔是固定的，而两个字符间的间隔是不固定的，即所谓字符内同步，字符间异步。它以字符为单位传输数据，采用位形式的字符同步信号，发送器和接收器任一方都不向对方提供时钟同步信号，即双方的时钟信号是相互独立的。在数据传送之前，异步传输的发送器与接收器双方不需要协调。发送器可以在任何时刻发送数据，而接收器必须随时都处于准备接收数据的状态。

在异步方式的同步技术中，每传送 1 个字符(7 位或 8 位)都要在每个字符码前加 1 个起始位，以表示字符代码的开始，在字符代码和校验码后面加 1 个或 2 个停止位，表示字符结束。接收方根据起始位和停止位来判断一个字符的开始和结束，从而起到通信双方的同步作用，如图 2-12(a)所示。异步方式实现比较容易，但每传一个字符都需要多传送 2~3 位的同步信息，使得数据传输效率降低，所以异步传输方式适合低速、小数据量的通信场合。

2. 同步传输方式

同步传输(synchronous transmission)是指发送方和接收方的时钟是同步的，即接收方是靠提取所收到的数据位中的定时信息来获得时钟信号的，从而使接收到的每一位数据信息都和发送方准确地保持同步，中间没有间断。在同步传输方式的同步技术中，被传送数据的信息格式是一组字符或一个二进制位组成的数据块(帧)，不再需要为每个字符或数据块附加起始位和停止位，而是在发送一组字符或数据块之前，先发送一个同步字符(以 01101000 表示)或一个同步字节(以 01111110 表示)，接收方据此进行同步检测，从而使收发双方进入同步状态。在同步字符或字节之后，可以连续发送任意多个字符或数据块，发送数据完毕后，再使用同步字符或字节来标识整个发送过程的结束，如图 2-12(b)所示。

在同步方式中，由于发送方和接收方将字符组作为数据传送单位，相对来说，附加的同步信息非常少，从而提高了数据传输的效率，但如果在传输的数据中有一位出错，就必须重新传输整个数据块，而且控制也比较复杂。所以这种方式一般用在高速数据传输系统中(比如骨干传输网络节点间的数据通信)，像 PCM 高次群结构也是基于同步方式的原理。

异步传输和同步传输都需要采用字符同步或帧同步信号，以识别传输字符信号或数据帧信号的开始和结束。两者之间的主要区别在于发送器或接收器是否向对方发送时钟同步信号。

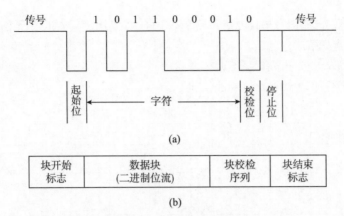

图 2-12 异步传输和同步传输

2.4 数据编码技术

数字数据可采用数字信号传输,也可采用模拟信号传输;同样地,模拟数据既可以采用数字信号传输,也可以采用模拟信号传输。这样,就构成了 4 种数据传输方式。在每一种方式中,数据信息所对应的传输信号状态称为数据信息编码。4 种方式所对应的 4 种数据信息编码为:模拟数据的模拟信号编码(计算机网络不能存储模拟数据,故不进行模拟到模拟的变换),数字数据的模拟信号编码,模拟数据的数字信号编码,以及数字数据的数字信号编码。

2.4.1 数字数据的模拟信号编码

在计算机网络的远程通信中通常采用频带传输。若要将基带信号进行远程传输,必须先将其变换为频带信号(即模拟信号),才能在模拟信道上传输。这个变换就是数字数据的模拟信号编码(即调制)过程。

频带传输的基础是载波,它是频率恒定的模拟信号。基带信号进行调制变换后成为频带信号(调制后的信号也称已调信号)。调制就是利用基带脉冲信号对一种称为载波的模拟信号的某些参量进行控制,使这些参量随基带脉冲而变化的过程。基带信号经调制后,由载波信号携带在信道上传输。到接收端,调制解调器再将已调信号恢复成原始基带信号,这个过程是调制的逆过程,称为解调。

通常采用的调制方式有 3 种:幅度调制、频率调制和相位调制。设载波信号为正弦交流信号 $f(t)=A\sin(\omega t+\phi)$,载波、基带脉冲及 3 种调制波形如图 2-13 所示。

1. 幅度调制(AM)

幅度调制简称调幅,也称幅移键控(ASK)。在幅度调制中,载波信号的频率 ω 和相位 ϕ 是常量,振幅 A 是变量,即载波的幅度随基带脉冲的变化而变化。其函数表达式为

$$f(t)=\begin{cases}A\sin(\omega t+\phi) & 1 \\ 0 & 0\end{cases}$$

如图 2-13(c)所示,基带脉冲为"1"时,已调信号与载波信号幅度一样,即输出载波信号;

基带脉冲为"0"时，已调信号与载波信号幅度不一样，即输出信号幅度为无信号输出。

幅度调制的特点如下。

(1) 控制技术简单、方便、容易实现。

(2) 抗干扰能力较差。

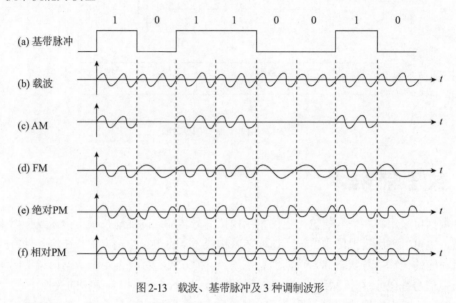

图2-13　载波、基带脉冲及3种调制波形

2. 频率调制(FM)

频率调制简称调频，也称频移键控(FSK)。在频率调制中，载波信号的振幅A和相位ϕ是常量，频率ω是变量，即载波的频率随基带脉冲的变化而变化。其函数表达式为

$$f(t) = \begin{cases} A\sin(\omega_1 t + \phi) & 1 \\ A\sin(\omega_2 t + \phi) & 0 \end{cases}$$

如图2-13(d)所示，基带脉冲为"1"时，已调信号的频率为f_1，即输出信号频率为f_1载波信号；基带脉冲为"0"时，已调信号的频率为f_2，即输出信号频率为f_2载波信号。

频率调制的特点如下。

(1) 控制技术简单、方便、容易实现。

(2) 抗干扰能力较强，是目前使用最多的调制方法。

3. 相位调制(PM)

相位调制简称调相，也称相移键控(PSK)。在相位调制中，载波信号的振幅A和频率ω是常量，相位ϕ是变量，即载波的相位随基带脉冲的变化而变化。

相位调制又分绝对相位调制和相对相位调制。

如图2-13(e)所示，基带脉冲为"1"和"0"时，已调信号的起始相位差180度(绝对相位调制)；或基带脉冲为"1"时，已调信号的相位差变化180度(相对相位调制)。

绝对相位调制的函数表达式为

$$f(t) = \begin{cases} A\sin(\omega t + \phi) & 1 \\ A\sin(\omega t + \phi + \pi) & 0 \end{cases}$$

接收端可以根据初始相位来确定数字信号值。从函数式可以看出数字"1"对应 0 相位,数字"0"对应 π 相位。

相对相位调制通过在两位数字信号交界处产生的相位偏移来表示数字信号。最简单的相对调相方法是:两比特信号交界处遇"0",载波信号相位不变;两比特信号交界处遇"1",载波信号偏移 π。其波形变化如图 2-13(f)所示。

在实际应用中,采用相位调制方法可以方便地实现多相调制,从而提高数据传输速率。

相位调制的特点如下。

(1) 控制技术复杂,实现困难。

(2) 抗干扰能力强。

(3) 通过相位调制极大地提高了数据传输速率,是调制技术发展的方向。

采用调制解调技术的目的有两个:一是使基带信号变换为频带信号,便于在模拟信道上进行远距离传输;二是便于信道多路复用。

2.4.2 数字数据的数字信号编码

数字数据的数字信号编码问题就是要解决数字数据的数字信号表示问题。数字数据可以由多种不同形式的电脉冲信号的波形来表示。数字信号是离散的电压或电流的脉冲序列,每个脉冲代表一个信号单元(或称码元)。最普遍且最容易的方法是用两种码元分别表示二进制数字符号"1"和"0",每位二进制符号和一个码元相对应。表示二进制数字的码元的形式不同,便产生出不同的编码方法。在此主要介绍单极性全宽码和归零码、双极性全宽码和归零码、曼彻斯特码和差分曼彻斯特码。

1. 单极性全宽码和归零码

单极性全宽码是指在每一个码元时间间隔内,有电流发出表示二进制"1",无电流发出表示二进制"0",如图 2-14(a)所示。每个码元的 1/2 间隔为取样时间,每个码元的 1/2 幅度(即 0.5)为判决门限。在接收端对收到的每个脉冲信号进行判决,在取样时刻,若该信号值在 0~0.5 就判为"0"码,在 0.5~1 就判为"1"码。

全宽码的信号波形占一个码元的全部时间间隔,由于全宽码的每个码元占全部码元宽度,如果重复发送连续同值码,则相邻码元的信号波形没有变化,即电流的状态不发生变化,从而造成码元之间没有间隙,不易区分识别。单极性全宽码只用一个极性的电压脉冲,有电压脉冲表示"1",无电压脉冲表示"0"。并且在表示一个码元时,电压均无须回到零,所以也称为不归零码(NRZ)。

单极性归零码就是指一个码元的信号波形占一个码元的部分时间,其余时间信号波形幅度为"0"。单极性归零码也只用一个极性的电压脉冲,但"1"码持续时间短于一个码元的宽度,即发出一个窄脉冲;无电压脉冲表示"0"。图 2-14(b)所示是单极性归零码,在每个码元时间间隔内,当为"1"时,发出正电流,就是发一个窄脉冲。当为"0"时,仍然完全不发出电流。由于当为"1"时有一部分时间不发电流,幅度"归零",因此称这种码为归零码。

图 2-14 所示的两个单极码波形表示的二进制序列均为 1011001。

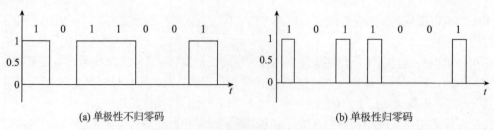

图 2-14　单极性全宽码和归零码

全宽码(不归零码)的优点如下。

(1) 每个脉冲宽度越大，发送信号的能量就越大，这对提高接收端的信噪比有利。

(2) 脉冲时间宽度与传输带宽成反比关系，即全宽码在信道上占用较窄的频带，并且在频谱中包含了码位的速度。

全宽码(不归零码)的缺点如下。

(1) 当出现连续"0"或连续"1"时，发送端和接收端提供同步或定时，难以分辨一位的结束和另一位的开始，需要通过其他途径在发送端和接收端提供同步或定时。

(2) 会产生直流分量的积累问题，这将导致信号的失真与畸变，使传输的可靠性降低，并且由于直流分量的存在，使得无法使用一些交流耦合的线路和设备。因此，过去大多数数据传输系统都不采用这种编码方式。

近年来，随着高速网络技术的发展，NRZ 编码受到人们的关注，并成为主流编码技术。在 FDDI、100Base-T 及 100VG-AnyLAN 等高速网络中都采用了 NRZ 编码，其原因是在高速网络中要尽量降低信号的传输带宽，以利于提高数据传输的可靠性，降低对传输介质带宽的要求。而 NRZ 编码中的码元速率与编码速率相一致，具有很高的编码效率，符合高速网络对于信号编码的要求。

2. 双极性全宽码和归零码

双极性全宽码(不归零码)采用两种极性的电压脉冲，一种极性的电压脉冲表示"1"，另一种极性电压脉冲表示"0"，如图 2-15(a)所示。

双极性码是指在一个码元时间间隔内，发正电流表示二进制的"1"，发负电流表示二进制的"0"，正向幅度与负向幅度相等。全宽码的含义与单极性码相同，图 2-15(a)所示为双极性全宽码。

双极性归零码采用两种极性的电压脉冲，"1"码发正的窄脉冲，"0"码发负的窄脉冲，如图 2-15(b)所示。归零码克服了全宽码可以产生直流分量的缺点。

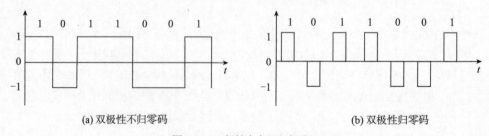

图 2-15　双极性全宽码和归零码

图 2-15 所示的两个双极码波形表示的二进制序列均为 1011001。

3. 曼彻斯特码

图 2-16 所示为 01011001 码的曼彻斯特码波形。

曼彻斯特编码的规律是：在每一个码元时间间隔内，当发"0"时，在间隔的中间时刻电平从低向高跃变；当发"1"时，在间隔的中间时刻电平从高向低跃变。在码元的起始位置跃变，无论怎样变化，只是同步时钟。

曼彻斯特编码主要应用在以太网络中，主要特点如下。

(1) 脉冲周期内平均分量为零，无直流分量，数据传输性能好。

(2) 编码自带同步时钟。

(3) 占用传输线路频率较高，只适用于较低速率网络传输数据。

4. 差分曼彻斯特码

图 2-17 所示为 01011001 码的差分曼彻斯特码波形(假定初始时刻为"1")。

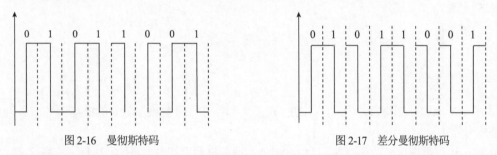

图 2-16　曼彻斯特码　　　　　　　图 2-17　差分曼彻斯特码

差分曼彻斯特码的规律是：在每一个码元时间间隔内，无论是发"0"还是发"1"，在间隔的中间都有电平的跃变。作为同步时钟发"1"时，间隔开始时刻不跃变，发"0"时，间隔开始时刻有跃变。

差分曼彻斯特编码主要应用在令牌环网络中，其特点与曼彻斯特码特点相同。

曼彻斯特码与差分曼彻斯特编码是最常用的数字信号编码方式，优点明显，缺点是传输速率较低。

2.4.3　模拟数据的数字信号编码

要实现模拟信号的数字化传输和交换，首先要在发送端把模拟信号变换成数字信号，即需要进行模/数(A/D)转换。然后在接收端再将数字信号转换为模拟信号，即需要进行数/模(D/A)转换。通常把 A/D 转换器称为编码器，把 D/A 转换器称为译(解)码器，编码器和译(解)码器一般集成在一个设备中。

将模拟信源波形变换成数字信号的过程称为信源数字化或信源编码。通信中的电话信号的数字化称为语音编码，图像信号的数字化称为图像编码，两者虽然各有其特点，但基本原理是一致的，这里以话音信号的脉冲编码调制(PCM)编码为例介绍模拟数据的数字传输过程。PCM 通信的简单模型如图 2-18 所示。

模拟数据的数字信号编码常用的方法有脉冲编码调制(PCM)和增量调制(IM)。现以 PCM 方法为例介绍。PCM 方法以取样定理为基础，将模拟数据数字化，例如对音频信号进行数字化编码，一般包括 3 个过程：取样、量化和编码。

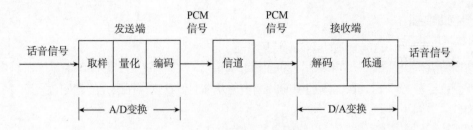

图 2-18　PCM 通信的简单模型

1. 取样

PCM 编码是以取样定理为基础的,即如果在规定的时间间隔内,以有效信号最高频率的两倍或两倍以上的速率对该信号进行取样的话,则这些取样值中就包含了无混叠且易于分离的全部原始信号的信息,利用低通滤波器可以无失真地从这些取样值中重新构造出原始信号。

取样定理表示公式为

$$F_s = \frac{1}{T_s} \geqslant 2F_{max}$$

或

$$F_s \geqslant 2B_s$$

式中,F_s 为取样频率;T_s 为取样周期;F_{max} 为原始有限带宽模拟信号的最高频率;B_s 为原始信号的带宽。

例如,话音数据信号的最高频率为 3400 Hz,故取样频率在 6800 Hz/s 以上时才有意义,一般以 8000 Hz 的取样频率对话音信号进行取样,即取样周期为 1/8000 s=125 ms,则在样值中包含了话音信号的完整特征,由此还原出的语音是完全可理解和被识别的,话音信号取样后信号所占用的时间被压缩了,这是时分复用技术的必要条件。

PCM 取样方法是每隔一定的时间间隔 T,在取样器上接入一个取样脉冲,取出话音信号的瞬时电压值,即样值,如图 2-19 所示。取样所得到的数值代表原始信号,取样频率越高,根据取样值恢复原始信号的精度就越高。

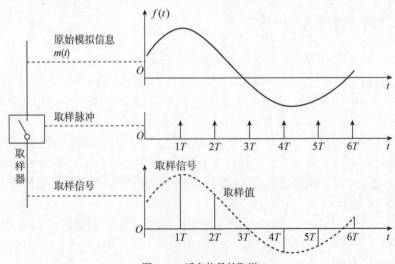

图 2-19　话音信号的取样

取样是在固定时间间隔内捕捉模拟数据的瞬时值，这个值代表了从本次取样到下一次取样期间该模拟数据的状况。根据取样定理，当取样频率 F 至少为模拟数据频带宽度(即模拟信号的最高变化频率 F_{max})的两倍($F \geqslant 2F_{max}$)时，所获取的离散信号能够准确无误地反映被取样的模拟数据。这一过程实现了将连续的模拟信息转换为离散信息。

2. 量化

接下来是量化阶段。取样后的信号幅度仍然具有无限多个可能的取值，并且这些值是连续的。量化则是将这些连续的信号幅度按照 A/D 转换器的量级进行分级取值，从而将连续的模拟信号转变为时间轴上的离散数值。

量化可以用"四舍五入"的方法，使每个取样后的幅值用一个邻近的"整数"值来近似，图 2-20 所示就是这种量化方法的示意图。把信号归纳为 0～7 共 8 级，并规定小于 0.5 的为 0 级；0.5～1.5 之间的为 1 级等。经过这样量化，连续的样值被归到了 0～7 级中的某一级，图 2-20(b)所示就是量化后的值。

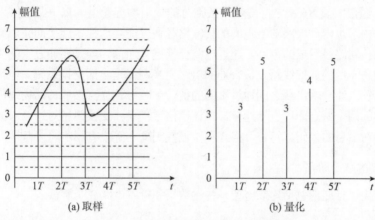

图 2-20　PCM 量化示意图

量化就是把取样得到的不同的离散幅值，按照一定的量化级转换为对应的数据值，并取整数，得到离散信号的具体数值。量化级即把模拟信号峰峰间取样得到的离散幅值分割为均匀的等级，一般为 2 的整数次幂，如分为 128 级、256 级等。所取的量化级越高，表示离散信号的精度越高。

3. 编码

编码就是把量化后取样点的幅值分别用代码表示，经过编码后的信号就已经是 PCM 信号了。代码的种类很多，采用二进制代码是通信技术中比较常见的。图 2-20(a)中分 8 个量化级用 3 位二进制码表示，二进制代码的位数代表了取样值的量化精度。实际应用中，通常用 8 位码表示一个样值，这样，对话音信号进行 PCM 编码后所要求的数据传输速率为 $8\,\text{bit} \times 8000\,\text{Hz} = 64\,000\,\text{b/s} = 64\,\text{kb/s}$。

PCM 编码不仅可用于数字化话音数据，还可用于数字化视频、图像等模拟数据。例如，彩色电视信号的带宽为 4.6 MHz，取样频率为 9.2 MHz。如果采用 10 位二进制编码来表示每个取样值，则可以满足图像质量的要求。这样，对电视图像信号进行 PCM 编码后所达到的数据速率为 92 Mb/s。

编码是将量化后的离散值转换为一定位数的二进制数值。通常，当量化级为 N 时，对应的二进制位数为 $\log_2 N$。

2.5 数据交换技术

在数据通信网络中，通过网络节点的某种转接方式来实现从任一端系统到另一端系统之间接通数据通路的技术，称为数据交换技术。一般数据传输要通过一个由多个节点组成的中间网络来把数据从源点转发到目的节点，以此实现通信。这个中间网络不关心所传输数据的内容，而只是为这些数据从一个节点到另一个节点直至到达目的节点提供交换的功能。因此，这个中间网络也称交换网络，组成交换网络的节点称为交换节点。

常用的数据交换方式主要有：电路交换方式、存储交换方式以及快速分组交换方式。存储交换又可分为报文交换和报文分组交换方式。

2.5.1 电路交换

电路交换(circuit switching)也称线路交换，是数据通信领域最早使用的交换方式。电路交换是为一对需要进行通信的装置(站)之间提供一条临时的专用物理通道，以电路连接为目的的交换方式。这条通道是由节点内部电路对节点间的传输路径通过适当选择、连接而完成的，是由多个节点和多条节点间传输路径组成的链路。通过电路交换进行通信，就是要通过中间交换节点在两个站点之间建立一条专用的通信线路。最普通的电路交换例子是电话交换系统。电话交换系统利用交换机，在多个输入线和输出线之间通过不同的拨号和呼号建立直接通话的物理链路。物理链路一旦接通，相连的两个站点即可直接通信。在该通信过程中，交换设备对通信双方的通信内容不做任何干预，即对信息的代码、符号、格式和传输控制顺序等没有影响。

1. 电路交换的 3 个阶段

利用电路交换进行通信包括建立电路、传输数据和拆除电路 3 个阶段。

(1) 建立电路

传输数据之前，必须建立一条端到端的物理连接，这个连接过程实际上就是一个个站(节)点的接续过程。站点在传输数据之前，要先经过呼叫过程建立一条源站到目标站的线路。在图 2-21 所示的网络拓扑结构中，1、2、3、4、5、6、7 为网络交换节点，A、B、C、D、E、F 为网络通信站点。若 A 站要与 D 站传输数据，需要在 A~D 之间建立一条物理连接。具体方法是，站点 A 向节点 1 发出欲与站点 D 连接的请求，由于站点 A 与节点 1 已有直接连接，因此不必再建立连接。需要继续在节点 1 到节点 4 之间建立一条专用线路。从图 2-21 中可以看到，从 1 到 4 的通路有多条，比如 1 2 7 4、1 6 5 4 和 1 2 3 4 等，此时需要根据一定的路由选择算法，从中选择一条，如 1 2 7 4。节点 4 再利用直接连接与站点 D 连通，至此就完成了 A~D 之间的线路建立。

(2) 传输数据

通信线路建立之后，在整个数据传输过程中，所建立的电路必须始终保持连接状态。被传输的数据可以是数字数据，也可以是模拟数据。数据既可以从主叫用户发往被叫用户，也可以由被叫用户发往主叫用户。图 2-21 中，本次建立起的物理链路资源属于 A 和 D 两站点且仅限于本次通信，在该链路释放之前，其他站点将无法使用，即使某一时刻线路上没有数据传输。

(3) 拆除电路

数据传输结束后，要释放(拆除)该物理链路。该释放动作可由两站点中任一站点发起并完成。释放信号必须传送到电路所经过的各个节点，以便重新分配资源。

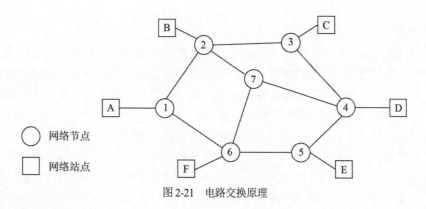

图 2-21　电路交换原理

2. 电路交换的特点

电路交换的特点如下。

(1) 数据的传输时延短且时延固定不变，适用于实时、大批量、连续的数据传输。

(2) 数据传输迅速可靠，并且保持原来的顺序。

(3) 电路连通后提供给用户的是"透明通路"，即交换网对站点信息的编码方法、信息格式及传输控制程序等都不加限制，但是互相通信的站点必须是同类型的，否则不能直接通信，即站与站的收发速度、编码方法、信息格式、传输控制等一致才能完成通信。

(4) 电路(信道)利用率低。由于电路建立后，信道是专用的(被两站独占)，即便是两站之间的数据传输间歇期间也不让其他站点使用。

2.5.2　存储交换

存储交换(store and forward switching)也称存储转发，其原理如图 2-22 所示。输入的信息在交换设备控制下，先在存储区暂存，并对存储的信息进行处理，待指定输出线空闲时，再分别将信息转发出去，此处交换设备起开关作用。交换设备可控制输入信息存入缓冲区等待出口的空闲，接通输出并传送信息。与电路交换相比，存储交换具有均衡负荷、建立电路延迟小、可进行差错控制等优点。但其实时性不好，网络传输延迟大。在数据交换中，对一些实时性要求不高(如计算机数据处理)的场合，可使数据在中间节点先做存储再转发出去，在存储等待时间内可对数据进行必要的处理。存储交换又可分为报文交换和报文分组交换两种方式。

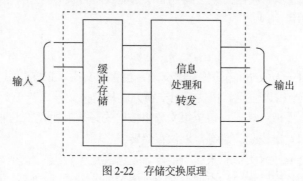

图 2-22　存储交换原理

1. 报文交换

报文交换(message switching)的过程是：发送方先把待传送的信息分为多个报文正文，在报文正文上附加发、收站地址及其他控制信息，形成一份份完整的报文；然后，以报文为单位在交换网络的各节点间传送，节点在接收整个报文后对报文进行缓存和必要的处理，等到指定输出端的线路和下一节点空闲时，再将报文转发出去，直到目的节点；目的节点将收到的各份报文按原来的顺序进行组合，然后再将完整的信息交付给接收端计算机或终端。

报文交换方式以报文为单位交换信息。每个报文包括 3 部分：报头(header)、报文正文(text)和报尾(trailer)。报头由发送端地址、接收端地址及其他辅助信息组成。有时也省去报尾，但此情况下的单个报文必须有统一的固定长度。报文交换方式没有拨号呼叫，由报文的报头控制其到达目的地。

报文交换采用存储-转发方式，这是一种源于传统的电报传输方式而发展起来的一种交换技术，它不像电路交换那样需要通过呼叫建立起物理连接的通路，而是以接力方式。数据报文在沿途各节点进行接收-存储-转发过程，逐段传送直到目的站点的系统，一个时刻仅占用一段通道。即每个节点在收到整个报文并检查无误后，就暂存这个报文，然后利用路由信息找出下一个节点的地址，再把整个报文传送给下一个节点，节点与节点之间无须通过呼叫建立连接，在交换节点中需要缓冲存储，报文需要排队，故报文交换不能满足实时通信的要求。

在报文交换中，数据是以完整的一份报文为单位的，报文就是站点一次性要发送的数据块，其长度不限且可变。进入网络的报文除了有效的数据部分外，还必须附加一些报头信息(如报文的开始和结束标识，报文的源/宿地址和控制信息等)。

报文交换的主要特点如下。

(1) 信道利用率高。由于许多报文可以分时共享两个节点之间的通道，所以对于同样的通信量来说，对电路的传输能力要求较低。不需要同时启动发送器和接收器来传输数据，网络可以在接收器启动之前，暂存报文信息。在通信容量很大时，交换网络仍可接收报文，只是传输延迟会增加。

(2) 可以把一个报文发送到多个目的地。

(3) 可以实现报文的差错控制和纠错处理，还可以进行速度和代码的转换。交换网络可以对报文进行速度和代码等转换(如将 ASCII 码转换为 EBCDIC 码)。

(4) 不能满足实时或交互式的通信要求，报文经过网络的延迟时间长且不确定。

(5) 有时节点收到过多的数据而无空间存储或不能及时转发时，就不得不丢弃报文，而且发出的报文不按顺序到达目的地。

2. 报文分组交换

报文分组交换(packet switching)简称分组交换，也称包交换。报文分组交换是 1964 年提出来的，最早在 ARPANet 上得以应用。报文分组交换方式是把报文分成若干个分组(packet)，以报文分组为单位进行暂存、处理和转发。每个报文分组按格式必须附加收发地址标志、分组编号、分组的起始、结束标志和差错校验信息等，以供存储转发之用。

在原理上，分组交换技术类似于报文交换，只是它规定了分组的长度。通常，分组的长度远小于报文交换中报文的长度。如果站点的信息超过限定的分组长度，该信息必须被分为若干个分组，信息以分组为单位在站点之间传输。表面看来，分组交换只是缩短了网络中传输的信息长度，与报文交换相比没有特别的地方。但实质上，这个表面上的微小变化却大大地改善了交换网络的性能。由于分组交换以较短的分组为传输单位，因此，这一方面可以大大降低对网络节点存储容量的要求，另一方面可以利用节点设备的主存储器进行存储转发处理，不需访问外存，处理速度加快，降低了传输延迟。同时，较短信息分组的下一节点和线路的响应时间也较短，从而可提高传输速率；又由于分组较短，在传输中出错的概率减小，即使有差错，重发的信息也只是一个分组而非整个报文，因而也提高了传输效率。此外，在分组交换过程中，多个分组可在网络中的不同链路上并发传送，因此，这又可提高传输效率和线路利用率。但报文分组交换在发送端要对报文进行分组(组包)，在接收端要对报文分组进行重装(拆包并组成报文)，这又增加了报文的加工处理时间。

　　分组交换实现的关键是分组长度的选择。分组越短，分组中的控制信息的比例越大，将影响信息传输效率；而分组越大，传输中出错的概率也越大，进而导致重发次数增加，同样会影响传输效率。经统计分析，分组的长度与传输线路的质量和传输速率有关。对于一般的线路质量和较低的传输速率，分组长度在 100～200 字节较好；对于较好的线路质量和较高的传输速率，可以增加分组长度。一般情况下分组长度可选择 1 千至几千比特。

　　报文分组交换是报文交换的一种改进，它采用了较短的格式化的信息单位，称为报文分组。将报文分成若干个分组，每个分组规定了最大长度，有限长度的分组使得每个节点所需的存储能力降低了，分组可以存储到内存中，提高了交换速度。它适用于交互式通信，如终端与主机通信。采用分组交换后，发送信息时需要把报文信息拆分并加入分组报头，即将报文转化成分组信号；接收时还需要去掉分组报头，将分组数据装配成报文信息。所以，用于控制和处理数据传输的软件较复杂，同时对通信设备的要求也较高。

　　报文分组交换有虚电路分组交换和数据报分组交换两种，它是计算机网络中使用最广泛的一种交换技术。

　　(1) 虚电路分组交换

　　在虚电路分组交换中，为了进行数据传输，网络的源节点和目的节点之间要先建立一条逻辑通路。每个分组除了包含数据之外还包含一个虚电路标识符。在预先建好的路径上的每个节点都知道把这些分组引导到哪里去，不再需要路由选择判定。最后，由某一个站用清除请求分组来结束这次连接，它之所以是"虚"的，是因为这条电路不是专用的。图 2-23 所示为虚电路分组交换方式的传输过程。例如，站点 A 要向站点 D 传送一个报文，报文在交换节点 1 被分割成三个分组，分组 3、2、1 沿逻辑链路 1、2、7、4 按顺序发送。虚电路分组交换的主要特点是，在数据传送之前必须通过虚呼叫建立一条虚电路，但并不像电路交换那样有一条专用通路。分组在每个节点上仍然需要缓冲，并在线路上进行排队等待输出。

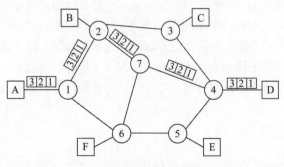

图 2-23　虚电路分组交换

(2) 数据报分组交换

在数据报分组交换中，每个分组的传送是被单独处理的。每个分组称为一个数据报，数据报自身携带足够的地址信息。一个节点收到一个数据报后，根据数据报中的地址信息和节点所存储的路由信息，找出一个合适的路径，把数据报原样发送到下一节点。由于各数据报所定的路径不一定相同，因此不能保证各个数据报按顺序到达目的地，有的数据报甚至会在中途丢失。整个过程中，没有虚电路建立，但要为每个数据报做路由选择。例如，站点 A 要向站点 D 传送一个报文，报文在交换节点 1 被分割成 3 个数据报，它们分别经过不同的路径到达站点 D，数据报 1 的传送路径是 1 6 5 4，数据报 2 的传送路径是 1 2 7 4，数据报 3 的传送路径是 1 2 3 4。由于三个数据报所经的路径不同，它们的到达顺序可能是乱序的，如图 2-24 所示。

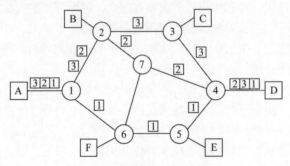

图 2-24　数据报分组交换

不同的交换技术适用于不同的场合。例如，对于交互式通信来说，报文交换是不适合的；对于较轻和间歇式负载来说，电路交换是最合适的，可以通过电话拨号线路来实行通信；对于较重和持续的负载来说，使用租用的线路以电路交换方式实行通信是合适的；对于必须交换中等到大量数据的情况可用分组交换方法。

2.5.3　快速分组交换

快速分组交换(fast packet switching, FPS)可理解为尽量简化协议，只具有核心的网络功能，以提供高速、高吞吐量、低时延服务的交换方式。常见的快速分组交换技术有以下几种方式。

1. 帧中继交换

帧中继交换是在开放系统互联(OSI/RM)参考模型第二层，即数据链路层上使用简化的方式传送和交换数据的一种方式。由于在链路层的数据单元一般称作帧，故称为帧中继交换方式。其重要特点之一是简化了 X.25 中的纠错和流量控制的处理过程，将网内的处理移到网外端系统中来实现，从而简化了节点的处理过程，缩短了处理时间，有效地利用了高速数字传输信道。帧中继交换是一种快速分组技术，它采用动态分配传输带宽和可变长的帧的技术，适用于处理突发性信息和可变长度帧的信息。其优点包括高效性、经济性、可靠性、灵活性和长远性，是局域网互联的最佳选择。

2. 信元交换

信元交换(cell switching)是将信息以信元为单位进行传送的一种技术。信元交换将信息通过适配层切割成固定长度的信元，信元由 5 字节的首部和 48 字节的信元净荷组成。信元首部包含着在信元中继网络中传输信息所必需的地址和控制信息，信元净荷是用户数据。采用信元交换技术，网络不对信元的用户数据进行检查，但信元首部中的 CRC 位将指示信元地址信息的完整性。信元交换方式适用于各种类型信息的传输，是提供综合业务的网络技术基础。

信元交换是一个非常宏观的概念，在具体应用中，还需规范详尽的格式及协议。例如，多兆位数据交换服务就是一种采用信元交换的协议实例，在 B-ISDN 中所采用的 ATM 技术也是基于信元的。

3. 光分组交换

在带宽需求量迅猛增长的背景下，光通信技术成为 21 世纪初最具发展潜力的技术。光分组交换技术作为一项重要的通信技术，将得到广泛应用。

光交换是指不经过任何光/电转换，在光域直接将输入光信号交换到不同的输出端。这种信息交换与传统的电路交换性质是一样的，只不过交换的媒介不同(光交换的媒介是光信号，而电交换的媒介是电信号)。

随着通信行业的迅速发展，城域网和接入网也越来越多地引入光网络，光网络的发展正从核心网向边缘网络扩展。为了克服城域网中业务类型多、传输速度慢的缺点，人们开发了多业务传输平台(MSTP)，在接入网中，光纤到户(FTTH)也逐渐开始广泛应用，取代了原有的双绞线上网方式(xDLS)，以谋求更大的带宽。

2.6　差错控制技术

数据通信系统的基本任务是高效而无差错地传输数据。所谓差错就是在通信接收端收到的数据与发送端实际发出的数据出现不一致的现象。任何一条远距离通信线路，都不可避免地存在一定程度的噪声干扰，这些噪声干扰就可能导致差错的产生。为了保证通信系统的传输质量，降低误码率，需要对通信系统进行差错控制。差错控制就是为防止由于各种噪声干扰等因素引起的信息传输错误，或将差错限制在所允许的尽可能小的范围内而采取的措施。

数据传输中的差错主要是由热噪声引起的。热噪声有两大类：随机热噪声和冲击热噪声。

2.6.1　差错控制方法

为了减少传输差错，通常采用两种基本的方法：提高线路质量和差错检测与纠正。

通过提高线路质量以增强其抗干扰能力，是减少差错的最根本途径。例如，现在的广域网正越来越多地使用光纤传输系统，其误码率已低于 10^{-10}，这就从根本上提高了信道的传输质量。但是，这种改善是以较大的投入为代价的。

差错的检测与纠正也称为差错控制，在数据通信过程中能发现或纠正差错，是一种主动式的防范措施。它的基本思想是：数据信息位在向信道发送之前，先按照某种关系附加上一定的冗余位，对所传输的数据进行抗干扰编码后再发送，将以此来检测和校正传输中是否发生错误，这就是所谓的信道编码技术，这个过程称为差错控制编码。接收端收到该码字后，检查信息位和冗余位之间的关系，以检查传输过程中是否有差错发生，这个过程称为校验。衡量编码性能好坏的一个重要参数是编码效率 R，R 越大，效率越高，它是码字中信息位所占的比例。计算编码效率的公式为

$$R=K/n=K/(K+r)$$

式中，K 为码字中的信息位位数；r 为编码时外加冗余位位数；n 为编码后的码字长度。

如果码字长度过短，相对而言格式符就会太多，会影响传输效率。如果码字长度过长，遇到反馈重发纠错时也会使传输效率下降，因此对不同的系统常使用的字符数为 64、128、192、256 等。码字长度的选择取决于信道特性，尤其是信道的误码率。信道特性好，误码率低，则 n 的取数值可以大些，反之，则取数值小些。

在数据通信系统中，差错控制包括差错检测和差错纠正两部分，具体实现差错控制的方法主要有以下 3 种。

1. 反馈重发检错方法

反馈重发检错方法，也称为自动请求重发(automatic repeat request, ARQ)，如图 2-25 所示。该方法通过发送端发出能够检测错误的编码(即检错码)，接收端根据检错码的规则判断编码中是否存在差错，并通过反馈信道将判断结果以规定信号告知发送端。发送端根据反馈信息，将接收端认为有错误的信息重新发送一次或多次，直到接收端正确接收为止。接收端在确认信息无误后，便不再重发，继续处理其他信息。

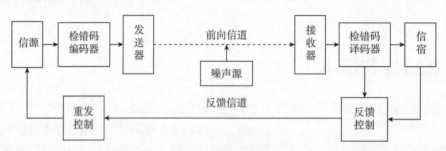

图 2-25　ARQ 原理图

ARQ 方法的优点在于它只要求发送端发送检错码，接收端负责检查错误而无须进行纠正，因此设备简单，易于实现。然而，当噪声干扰严重时，发送端的重发次数可能增加，导致信息传输效率降低，同时也会影响信息传输的连贯性。常用的检错编码包括奇偶校验码和循环冗余检错编码(CRC)等。

2. 前向纠错方法

前向纠错方法(forward error correcting, FEC)是由发送端发出能纠错的码，接收端收到这些码后，通过纠错译码器不仅能自动地发现错误，而且能自动纠正传输中的错误，如图 2-26 所示。常用的纠错编码有 BCH 码、卷积码等。

图 2-26　FEC 原理图

FEC 方式的优点是发送时不需要存储，不需要反馈信道，适用于单向实时通信系统。其缺点是译码设备复杂，所选纠错码必须与信道干扰情况紧密对应。

3. 混合纠错方法

混合纠错方法是反馈重发检错和前向纠错两种方法的结合。混合纠错方法是指由发送端发出同时具有检错和纠错能力的编码，接收端收到编码后检查差错情况，如果差错在可纠正范围内，则自动进行纠正；如果差错很多，超出了纠错能力，则经反馈信道送回发送端要求重发。

前向纠错和混合纠错方法具有理论上的优越性，但由于对应的编码/译码相当复杂，且编码的效率很低，因而很少被采用。

2.6.2　差错控制编码

从以上介绍的差错控制方法可知，无论是 ARQ 方法还是 FEC 方法，均有对信源数据进行编码的过程，其目的就是使之成为抗干扰能力强的信息。差错控制编码的基本思想是通过对信息序列进行某种变换，使原来彼此独立的、没有相关性的信息码元产生某种相关性，接收端据此来检查和纠正传输信息序列中的差错。不同的变换方法构成不同的差错控制编码。

差错控制编码分为检错码和纠错码两种。检错码是能够自动发现错误的编码，纠错码是能够发现错误且又能自动纠正错误的编码。但这两类码没有明显的界线，纠错码可用来检错，而有的检错码也可用来纠错。

一般常用的差错控制编码有奇偶校验码和循环冗余校验码。

1. 奇偶校验码

奇偶校验码是一种最简单的检错码。其检验规则是：在原数据位后附加一个校验位(冗余位)，使得在附加后的整个数据码中的"1"或"0"的个数成为奇数或偶数，就分别称为奇校验或偶校验。奇偶校验的过程是，首先将要传送的数据分组，通常按字符分组，即一个字符或若干个字符构成一组，在每一组后增加一位校验位，校验位的取值就根据对位组进行位"1"或位"0"的奇校验或偶校验的要求而定。在接收端，按照同样的规律进行检查，若发现不符，则说明有错误发生；若"1"或"0"的个数仍然符合原定规律，则认为传输正确。

奇偶校验一般分为水平奇偶校验、垂直奇偶校验和水平垂直奇偶校验，如表 2-1 所示。水平奇偶校验的信息字段通常以字符为单位，校验字段仅含一个二进制位(称为水平校验位)。垂直奇偶校验也称组校验，被传输的信息为一组(多个字符)，排列为若干行和列，如 7 个字符为一组，每行为一个字符(7 位)，共 7 行 7 列，对组中每个字符的相同位(构成一列)进行奇偶校验，最终产生由校验位形成的校验字符(7 位垂直校验位)，并附加在信息分组之后传输。水平垂直奇偶校验(也称方阵奇偶校验、纵横奇偶校验)是把水平和垂直两个方向的奇偶校验结合起来，纵向每个字符校验一次，水平方向组成每个字符的对应位也校验一次。表 2-1 所示是 A～G 共 7 个字符的 ASCII 编码的奇偶校验码表，其中右边一列水平校验位的 7 个码 0010110 分别为 A、B、C、D、E、F、G 共 7 个字符的 ASCII 编码对代码"1"进行水平偶校验得到的校验码；最下边一行垂直校验位的 7 个码 1000000 分别为以上 7 个字符的第 7 位至第 1 位码对代码"1"进行垂直偶校验得到的校验码。由此可见，水平或垂直奇偶校验只能检测出奇数个码错而不能检测出偶数个码错。而水平垂直校验在一定条件下可以纠错，如当检测出水平、垂直均有奇数个错时，即可确定错误码位，并可加以纠正。当差错位于矩形方阵的四个顶点时，无法被检测到。

表 2-1 奇偶校验码表

编码字母	信息比特							校验位
	7	6	5	4	3	2	1	
A	1	0	0	0	0	0	1	0
B	1	0	0	0	0	1	0	0
C	1	0	0	0	0	1	1	1
D	1	0	0	0	1	0	0	0
E	1	0	0	0	1	0	1	1
F	1	0	0	0	1	1	0	1
G	1	0	0	0	1	1	1	0
校验位	1	0	0	0	0	0	0	1

奇偶校验的检错能力低,只能检测出奇数个码出错,这种检错法所用设备简单,容易实现。

2. 循环冗余校验码

循环冗余校验码也称 CRC(cycle redundancy check)码,简称循环码。它是由将要传送的信息 K 位后附加一个校验序列(r 位串)构成,并以该循环码的形式发送并传输。任何一个信息报文都可写成一个多项式的形式 $M(x)$,再选取一个生成多项式 $G(x)$,用 $G(x)$ 去除 $x^n M(x)$(n 为 $G(x)$ 的阶),所得余式 $R(x)$ 就是所要求的检验序列。在发送端,将信息码和检验序列(冗余码)一起传送。在接收端,对收到的信息码用同一个生成多项式去除,若除尽,则说明信息传输没错误,否则说明传输有错误。有错误时,一般要求反馈重发。在接收端把收到的编码信息尾部的校验序列去掉,即可恢复原来信息。

以上结论是由多个数学公式、定理证明和推导得出的,涉及复杂的数学理论,在此不再赘述。

2.7 思考练习

1. 理解数据、信息和信号的概念,举例说明它们之间的联系和区别。
2. 什么是单工通信、半双工通信和全双工通信?它们各有什么特点?
3. 异步传输和同步传输的特点和主要区别是什么?
4. 数据在信道中传输时有哪几种编码方法?
5. 常用的数据交换方式有哪些?各有什么特点和适用于什么场合?

计算机网络体系结构和协议

计算机网络的体系结构就是为不同的计算机之间互连和互操作提供相应的规范和标准。网络体系结构与网络协议是网络技术中两个最基本的概念，是计算机网络互连、互通、互操作的基础。本章将通过分析数据传输过程，引出层次、功能、协议与接口的基本概念，并分析参考模型及其各层的主要功能，以便读者循序渐进地学习与掌握相关内容。

3.1 计算机网络体系结构概述

计算机网络体系结构是指计算机网络层次结构模型，它是各层的协议以及层次之间端口的集合。在计算机网络中实现通信必须依靠网络通信协议，目前广泛采用的是 ISO 提出的开放系统互连(open system interconnection, OSI)参考模型和 TCP/IP 体系结构。

3.1.1 网络体系结构相关概念

在网络体系结构中，经常会用到网络协议(protocol)、实体(entity)、接口(interface)、层次(layer)，以及服务形式等相关概念。

1. 网络协议

计算机网络的协议主要由语义、语法和语序三要素构成，协议是用来描述两个进程之间信息交换规则的术语集合。语义规定通信双方彼此"讲什么"，即确定协议元素的类型，如规定通信双方要发出的控制信息、执行的动作和返回的应答等。语法规定通信双方彼此"如何讲"，即确定协议元素的格式，如数据和控制信息的格式。语序(也称变化规则、定时或同步)规定通信双方彼此之间的"讲的顺序"，即通信过程中的应答关系和状态变化关系。

2. 实体

在网络分层体系结构中，每一层都由一些实体组成。这些实体抽象地表示了进行通信的软件元素或者硬件元素。因此，实体是指在网络通信过程中能够发送和接受信息的任何软硬件实体。

在网络层次结构中，人们经常提到"服务""功能"和"协议"这几个术语，它们有着完全不同的概念。"服务"是对高一层而言的，属于外观的表象；"功能"则是本层内部的活动，是为了实现对外服务而从事的活动；而"协议"则相当于一种工具，层次"内部"的功能和"对外"的服务都是在本层"协议"的支持下完成的。

3. 接口

接口是同一节点内、相邻层之间交换信息的连接点。同一节点内的各个相邻层之间都设有明确的接口，高层通过接口向低层提出服务请求，低层通过接口向高层提供服务。

4. 层次

邮政通信系统涉及全国乃至全世界各地区的亿万人民之间信件传送的复杂问题，它的解决方法如下：将总体要实现的很多功能分配在不同的层次中，每个层次要完成的任务和要实现的过程都有明确规定；各地区的系统为同等级的层次；不同系统的同等层次具有相同的功能；高层使用低层提供的服务时，并不需要知道低层服务的具体实现。邮政系统的层次结构与计算机网络层次化的体系结构有很多相似之处。层次结构对复杂问题采取"分而治之"的模块化方法，可以大大降低问题的复杂度。为了实现网络中计算机之间的通信，网络分层体系结构需要把每个计算机互连的功能划分成有明确定义的层次，并规定同层次进程通信的协议及相邻层之间的接口服务。

5. 服务形式

层间的服务有两种形式：面向连接的服务和面向无连接的服务。

面向连接的服务思想来源于电话传输系统。即在计算机开始通信之前，两台计算机必须通过通信网络建立连接，然后开始传输数据，待数据传输结束后，再拆除这个连接。因此，面向连接服务的通信过程可分为建立连接、传输数据和拆除连接 3 部分。

面向无连接服务的工作方式就像邮政系统。无论何时，计算机都可以向网络发送想要发送的数据，在两个通信计算机之间无须事先建立连接。与面向连接服务不同的是，以无连接服务方式传输的每个数据分组中必须包括目的地址，同时由于无连接方式不需要接收方的回答和确认，因此可能会出现分组丢失、重复或失序等错误。

3.1.2　网络层次结构

1. 网络层次结构问题的提出

计算机网络层次结构问题的提出主要基于以下 3 个方面的因素。

(1) 计算机网络是由数台、数十台乃至上千台计算机系统通过通信网络连接而成的一个非常复杂的系统。在这样的系统中，中间节点是通信线路与各有关设备的结合点，而端节点都要通过通信线路与中间节点相连。如果网络中的两个端节点相互通信，在网络中就要经过许多复杂的过程。如果网络中同时有多对端节点相互通信，则网络中的关系和信息传输的过程就更复杂了。

(2) 由于计算机网络系统综合了计算机、通信、材料及众多应用领域的知识和技术，如何使这些知识和技术共存于不同的软硬件系统、不同的通信网络以及各种外部辅助设备构成的系统中，是计算机网络设计者和研究者面临的主要难题。

(3) 为了简化对复杂的计算机网络的研究、设计和分析工作，同时也为了能使网络中不同的计算机系统、不同的通信系统和不同的应用能够互相连接(互连)和互相操作(互操作)，人们想过许多种方法，其中一种基本的方法就是针对计算机网络所执行的各种功能，设计出一种网络体系结构模型，从而可使网络的研究工作摆脱一些烦琐的具体事物，使问题抽象化、形象化，使复杂问题得到简化，同时也为不同的计算机系统之间的互连和互操作提供相应的规范和标准。

2. 层次划分的原则

分层是处理复杂问题的一种有效方法，但要做到正确分层却是一件非常困难的事情，目前很难总结出一套最佳的分层方法。一般来说，分层应遵循以下主要原则。

(1) 根据不同层次抽象分层。

(2) 每层应当实现一个明确的功能。每一层使用下一层提供的服务，并对上一层提供服务。

(3) 每层功能的选择应该有助于制定网络协议的国际标准。

(4) 层间接口要清晰。选择层间边界时，应尽量使通过界面的信息流量最少。相邻层之间通过接口，按照接口协议进行通信。

(5) 层的数目要适当，不能太少也不能太多。层数太少，可能引起层间功能划分不够明确，造成个别层次的协议太复杂。而层数太多，对完成和描述各层的拆装任务将增加不少的困难。

(6) 网络中各节点都划分为相同的层次结构。

(7) 不同节点的相同层次都有相同的功能，同层节点之间通过协议实现对等层之间的通信。

(8) 各层功能相对独立，不能因为某一层功能变化而影响整个网络体系结构。

3. 层次划分的优点

计算机网络采取层次结构具有以下优点。

(1) 灵活性好。当其中任何一层变化时，如更新改造实现技术变化，只要接口保持不变，就不会对上一层或者下一层产生影响。另外，当不再需要某一层提供服务时可以取消。

(2) 有利于促进标准化。这是因为每层的功能与所提供服务已有明确的说明。

(3) 各层都采用最合适的技术来实现，各层实现技术的改变不影响其他层。

(4) 各层之间相对独立，高层不知道低层如何实现，只知道该层通过层间的接口所提供的服务。

(5) 易于实现和维护。由于整个系统已被分解为若干个易于处理的部分，这种结构使得庞大而复杂系统的实现和维护变得容易。

4. 网络层次结构的概念

基本的网络体系结构模型就是层次结构模型，如图 3-1 所示。所谓层次结构就是指把一个复杂的系统设计问题分解成多个层次分明的局部问题，并规定每一层次所必须完成的功能。层次结构提供了一种按层次来观察网络的方法，它描述了网络中任意两个节点间的逻辑连接和信息传输。

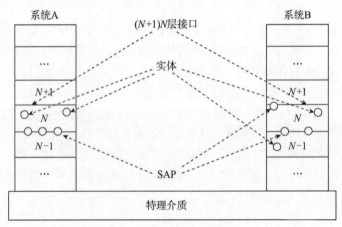

图 3-1　层次结构模型

同一系统体系结构中的各相邻层间的关系如下。

(1) 下层为上层提供服务，上层利用下层提供的服务完成自己的功能，同时再向更上一层提供服务。因此，上层可看成是下层的用户，下层可看成是上层的服务提供者。

(2) 不同系统的相同层称为同等层(或对等层)，如系统 A 的第 N 层和系统 B 的第 N 层是同等层。不同系统同等层之间存在的通信称为同等层通信。不同系统同等层上的两个通信实体称为同等层实体。

(3) 系统中的各层上都存在一些实体。实体是指除一些实际存在的物体和设备外，还有客观存在的与某一应用有关的事物，如含有一个或多个程序、进程或作业之类的成分。实体既可以是软件实体，也可以是硬件实体。

(4) 系统的顶层直接与用户接触，执行用户要求做的工作，可以是用户编写的程序或发出的命令。除顶层外，各层都能支持其上一层的实体进行工作(这就是服务)。系统的低层直接与物理介质相接触,通过物理介质使不同的系统、不同的进程沟通。

(5) 同一系统相邻层之间都有一个接口,接口定义了下层向上层提供的原语操作和服务。同一系统相邻两层实体交换信息的地方称为服务访问点(SAP),它是相邻两层实体的逻辑接口,也可说 N 层 SAP 就是 N+1 层可以访问 N 层的地方。每个 SAP 都有一个唯一的地址,供服务用户间建立连接。相邻层之间要交换信息,对接口必须有一个一致遵守的规则,这就是接口协议。从一个层过渡到相邻层所做的工作,就是两层之间的接口问题,在任何两相邻层间都存在接口问题。

3.1.3 OSI 参考模型

在 20 世纪 70 年代,计算机网络发展很快,种类繁多。各个计算机公司先后发表了各自的网络体系结构,导致世界上相继出现了十多种网络体系结构,如 IBM 的 SNA、数字网络体系结构 DNA、传输控制协议/互联网协议 TCP/IP 等。而这些网络体系结构所构成的网络之间无法互通信和互操作。为了在更大范围内共享网络资源和相互通信,人们迫切需要一个共同的可以参照的标准,使得不同厂家的软硬件资源和设备能够互通信和互操作。为此,国际标准化组织 ISO(international organization for standardization)于 1977 年公布了网络体系结构的七层参考模型 RM(reference model),即著名的开放式系统互连 OSI 参考模型,简称 OSI/RM。在提出 OSI/RM 后, ISO 又分别为它的各层制定了协议标准,从而使 OSI 网络体系结构更为完善。OSI/RM 已成为国际上通用的或标准的网络体系结构。

ISO 提出 OSI 参考模型的目的有以下几点。

(1) 使在各种终端设备之间、计算机之间、网络之间、操作系统之间以及人与人之间互相交换信息的过程中,能够逐步实现标准化。

(2) 参照这种参考模型进行网络标准化,能使得各个系统之间都是“开放”的,而不是封闭的。

凡是遵守这一标准化的系统之间都可以互相连接使用。ISO 还希望能够用这种参考模型来解决不同系统之间的信息交换问题,使不同系统之间也能交互工作,以实现分布式处理。含有通信子网的 OSI 参考模型如图 3-2 所示。

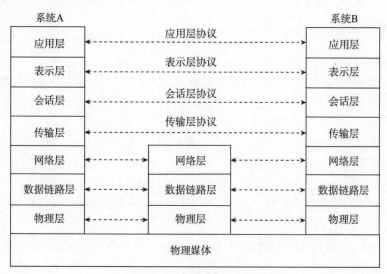

图 3-2　OSI 参考模型示意图

OSI 参考模型的七层自下而上分别称为物理层、数据链路层、网络层、传输层、会话层、表示层和应用层，用数字排序自下而上分别为第 1 层、第 2 层、……、第 7 层，用各层名称的英文缩写字母表示分别为 Ph 层、DL 层、N 层、T 层、S 层、Pr 层和 A 层。应用层由 OSI 环境下协调操作的应用实体组成，其下较低的层提供应用实体协同操作有关的服务。由下而上的第 1 层至第 6 层和 OSI 的物理介质一起，提供逐步增强的通信服务。

3.2 OSI 参考模型功能概述

OSI 参考模型主要分为物理层、数据链路层、网络层、传输层、会话层、表示层和应用层共 7 层。本节将介绍 OSI 参考模型各层的主要功能及相关联系。

3.2.1 物理层(Physical Layer)

物理层控制节点与信道的连接，提供物理通道和物理连接及同步，实现比特信息的传输，为它的上一层对等实体间建立、维持和拆除物理链路提供所必需的特性规定，这些特性是指机械、电气、功能和规程特性。如物理层协议规定"0"和"1"的电平是几伏，一个比特持续多长时间，数据终端设备(DTE)与数据线路设备(DCE)接口采用的接插件的形式等。物理层的功能是接通、断开和保持物理链路，并对网络节点间通信线路的特性和标准及时钟同步进行规定。物理层是整个 OSI 七层协议的最低层，利用传输介质，完成在相邻节点之间的物理连接。该层的协议主要完成两个功能。

(1) 为一条链路上的 DTE(如一台计算机)与信道上的 DCE(如一个调制解调器)之间的物理电路建立、维持、拆除电气连接，并控制这种连接，确保两端设备按预定规程同步完成操作。

(2) 在上述链路两端的设备接口上，通过物理接口规程实现接口之间的内部状态控制和数据比特的变换与传输。

物理层定义使所有厂家生产的计算机和通信设备都能从传输设备和接口上兼容，并使这些接口的定义独立于厂家生产的设备。这使物理层通过机械、电气、功能、规程 4 大特性在 DTE 与 DCE 之间实现物理连接。

1. 机械特性

机械特性也称物理特性，它规定了 DTE 和 DCE 之间的连接器形式，包括连接器的形状、几何尺寸、引线数目和排列方式、固定和锁定装置等。由于与 DTE 连接的 DCE 设备多种多样，所以连接器的标准有多种。常用的机械特性标准有以下 5 种。

(1) ISO 2110 和 25 针插头的 DTE-DCE 接口连接器，它与美国的 EIA-RS-232C、EIA-RS-366A 兼容，常用于串行和并行的音频调制解调器、公共数据网接口、自动呼叫设备接口等。

(2) SO 2593 和 34 针插头的 DTE-DCE 接口连接器，用于 ITU-T V.35 建议的宽带调制解调器。

(3) ISO 4902 和 37 针插头的 DTE-DCE 接口连接器，它与美国的 EIA-RS-449 兼容，常用于串行音频调制解调器、宽带调制解调器。

(4) ISO 4903 和 15 针插头的 DTE-DCE 接口连接器，常用于 ITU-T X.20、X.21、X.22 建议所规定的公共数据网接口。

(5) RJ-45 和数据通信用 8 针 DTE-DCE 接口连接器，可用于 IEEE 802 局域网中的 10/100M Base-T 网络接口中。

2. 电气特性

在 DTE 和 DCE 之间有多条信号线，除了地线之外，每条信号线都有其发送器和接收器。电气特性规定了 DTE 与 DCE 之间多条信号线的连接方式、发送器和接收器的电气参数及其他有关电路的特征，包括信号源的输出阻抗、负载的输入阻抗、信号"1"和"0"的电压范围、传输速率、平衡特性和距离的限制等。DTE 与 DCE 接口的电气连接有非平衡方式、半平衡方式(差动接收的非平衡)和平衡方式 3 种。最常见的电气特性的技术标准有 ITU-T 的 V.30、V.11 和 V.28，与之兼容的分别是 EIA 的 RS-423A、RS-422A 和 RS232-C。

物理层采用的一些电气特性的标准如下。

(1) ITU-T V.10/X.26 建议：在数据通信中，通常与集成电路一起使用新型的非平衡式接口电路的电气特性(它与 EIA-RS-423A 兼容)。

(2) ITU-T V.11/X.27 建议：在数据通信中，通常与集成电路一起使用新型的平衡式接口电路的电气特性(它与 EIA-RS-422A 兼容)。

(3) ITU-T V.28 建议：非平衡式接口电路的电气特性(它与 IEA-RS-232C 兼容)。

(4) ITU-T V.35 建议：平衡式接口电路的电气特性。

3. 功能特性

功能特性对接口各信号线的功能给出了确切的定义，说明某些连线上出现的某一电平的电压所表示的意义。与功能特性有关的国际标准主要有 ITU-T 的 V.24 和 X.24。接口信号线按其功能一般可分为接地线、数据线、控制线和定时线等几类。

物理层采用的一些功能特性的标准如下。

(1) ITU-T V.24 建议：DTE-DCE 接口定义表提出了 100 系列接口和 200 系列接口。与 100 系列兼容的有 EIA RS-232C 和 EIA RS-449，与 200 系列兼容的有 EIA-RS-366A。我国的国家标准 GB/T 3454-1982(现已被 GB/T 3454-2011 所取代)与 V.24 兼容。

(2) ITU-T X.24 建议：DTE-DCE 接口定义表是在 X.20、X.21 和 X.22 的基础上发展而成的，用于公共数据网。

4. 规程特性

规程特性规定了 DTE 和 DCE 之间各接口信号线实现数据传输的操作过程，也就是在物理连接建立、维持和拆除时，DTE 和 DCE 双方在各电路上的动作顺序及维护测试操作等。规程特性反映了在数据通信过程中，通信双方可能遇到的各种事件。由于这些事件出现的先后顺序不尽相同，且又有多种组合，因而规程特性往往比较复杂。常见的规程特性标准包括 ITU-T 的 V.24、V.25、V.54、X.20、X.21 等。

ISO 物理层采用的一些规程特性的标准如下。

(1) ITU-T X.20 建议：公共数据网上起止式操作的 DIE-DCE 接口规程。

(2) ITU-T X.21 建议：公共数据网上同步工作的 DTE-DCE 接口规程。

(3) ITU-T X.22 建议：公共数据网上多路时分复用的 DTE-DCE 接口规程。

(4) ITU-T X.24 建议：交换电路之间建立起相互联系需要提供的标准规程性特性，它与 EIA-RS-232C 和 RS-449 具有相同的规程特性。

(5) ITU-T X.25 建议：在普通电话交换网上使用自动呼叫应答设备的线路接线控制规程。

3.2.2 数据链路层(Data Link Layer)

数据链路是构成逻辑信道的一段点到点式数据通路，是在一条物理链路基础上建立起来的、具有它自己的数据传输格式(帧)和传输控制功能的节点至节点间的逻辑连接。设立该层的目的是无论采用什么样的物理层，都能保证向上层提供一条无差错、高可靠的传输线路，从而保证数据在相邻节点之间正确传输。数据链路层协议保证数据块从数据链路的一端正确地传送到另一端，如使用差错控制技术来纠正传输差错，按一定格式组成帧。如果线路可以双向发送，就会出现 A 到 B 的应答帧和 B 到 A 的数据帧竞争问题，数据链路层的软件就能处理这个问题。

1. 数据链路层的主要功能

总之，数据链路层的功能是在通信链路上传送二进制码，具体应完成如下主要功能。

(1) 完成对网络层数据包的组帧/拆帧。

(2) 实现以帧为传送单位的同步传输。

(3) 在多址公共信道的情况下，为端系统提供接入信道的控制功能。

(4) 对数据链路上的传输过程实施流量控制和差错控制等。

2. 数据链路层的主要协议

数据链路层面向字符型协议规定在链路上以字符为单位发送，在链路上传送的控制信息也必须由若干指定的控制字符构成。这种面向字符的数据链路控制规程，在计算机网络的发展过程中曾起到重要作用，但它存在通信线路利用率低、可靠性较差、不易扩展等缺点。而后来居上的面向比特型协议具有更大的灵活性和更高的效率，逐渐成为数据链路层的主要协议。

下面以典型的 HDLC 协议为例，介绍协议的特点及有关命令和响应，并举例说明 HDLC 的传输控制过程。

HDLC 协议是一种面向比特型的传输控制协议，其数据单位为帧，有一个固定的统一格式。在链路上传输信息采用连续发送方式，即发送一帧信息后，不用等到对方的应答就可以发送下一帧信息，直到接收端发出请求重发某一信息帧时才中断原来的发送。

(1) HDLC 的配置与数据传输模式

为了适应不同配置和不同数据传输模式，HDLC 定义了 3 种类型的站、2 种链路配置和 3 种数据传输模式。

HDLC 定义的 3 种类型的站如下。

① 主站：主要功能是发出命令帧，接收响应帧，并负责整个链路的控制。

② 从站：主要功能是发出响应帧，接收主站的命令帧，并配合主站参与差错恢复等链路控制。

③ 复合站：具有主站和从站的双重功能，既能发送又能接收命令帧和响应帧，并负责整个链路的控制等。

HDLC 定义的 2 种链路配置如下。

① 非平衡配置：适用于点对点或点对多点链路，这种配置是由一个主站和一个或多个从站组成，支持半双工或全双工通信。

② 平衡配置：只适用于点到点链路，由两个复合站组成，支持半双工或全双工通信。

HDLC 定义的 3 种数据传输模式如下。

① 正常响应模式(NRM)：这是一种不平衡配置的传输模式。只有主站才能启动数据传输，从

站仅当收到主站的询问命令后才能发送数据。从站的响应信息可由一个或多个帧组成，并指出哪一个是最后一帧，从站发出最后的响应帧后将停止发送。在这种模式中，主站负责管理整个链路，负责对超时、重发和各类恢复操作的控制，并有查询从站和查询从站向从站发送信息的权利。

② 异步响应模式(ARM)：这也是一种不平衡配置的传输模式，但这种传输模式与正常响应模式的不同之处在于，从站不必确切地接收到来自主站的允许传输的命令就可开始传输。在传输帧中可包含信息帧，或是仅以控制为目的而发送的帧，由从站来控制超时或重发。异步传输可以是一帧，也可以是多帧。

③ 异步平衡模式(ABM)：这是一种平衡配置的传输模式。它传输的可以是一帧或多帧，传输是在复合站之间进行的。在传输过程中，一个复合站不必接收到另一个复合站的允许就可以开始发送。

(2) HDLC 的帧格式

无论是信息报文，还是监控报文，都是以帧为单位传输的，有固定的帧格式。帧格式如图 3-3 所示，它由 F、A、C、I、FCS、F 这 6 个字段组成。

8位	8位	8位	任意长	16位	8位
F	A	C	I	FCS	F

图 3-3　HDLC 帧格式

① 标志 F(Flag)字段：F 字段是由 8 位固定编码 01111110 组成，放在一个帧的开头和结尾处。由于帧长度可变，因此可用 F 标志一个帧的开始和结束。F 还可以用作帧的同步和定时信号：当连续发送数据时，前一帧的结束标志 F 又可以作为后一帧的开始标志；当不连续发送数据时，帧和帧之间可连续发送 F(帧间填充)。为了保证 F 编码不会在数据中出现，HDLC 采用了"0"比特插入和删除技术。其工作过程是：在发送时，发送端要监测两标志间的比特序列，当发现有 5 个连续的"1"时，就在第 5 个"1"后自动插入一个"0"比特。这样就保证了除标志字段外，帧内不出现多于连续 5 个"1"的比特序列，因此也就不能将其与标志字段相混。在接收时，接收端检查比特序列，当发现有连续 5 个"1"时，就将其后的"0"比特删除，使之恢复原信息比特序列。例如，当信源发出二进制序列 011111111001 时，发送端自动在连续的第 5 个"1"后插入一个"0"，使发送线路上的信息变为 0111110111001。在接收端，再将收到的信息中的第 5 个"1"后的"0"删除掉，即得原信息 011111111001。

② 地址 A(address)字段：A 字段由 8 位码组成，用以指明从站的地址。对于命令帧，它指接收端(从站)的地址；对于响应帧，它指发送该响应帧的站点地址，即主站把从站的地址填入 A 字段中发送命令帧，从站则把本站的地址填入 A 字段中以返回响应帧。

③ 控制 C(control)字段：C 字段由 8 位组成，用以进行链路的监视和控制，它是 HDLC 协议的关键部分。该字段有 3 种不同的格式(将在下面介绍)。

④ 信息 I(information)字段：I 字段用来填充要传输的数据、报表等信息。HDLC 协议对其长度无限制，但实际上受各方面条件(如纠错能力、误码率、接口缓冲空间大小等)限制。在我国一般为 1～2KB。

⑤ 帧校验序列 FCS(frame check sequence)：FCS 是采用 16 位的 CRC 校验，以进行差错控制。它对两个标志字段之间的 A 字段、C 字段和 I 字段的内容进行校验。CRC 校验的生成多项式为

$$G(x)=x^{16}+x^{12}+x^5+1$$

除了标志字段和自动插入的"0"以外，一帧中其他的所有信息都要参加 CRC 校验。

(3) HDLC 的帧类型

帧控制字段的 8 位中有 2 位表示帧的传输类型。HDLC 的传送帧有 3 类：信息帧(I 帧)、监控帧(S 帧)和无编号帧(U 帧)，如表 3-1 所示。C 字段的第 1 位为"0"时表示该帧为信息帧，第 1、2 位为"10"时表示该帧为监控帧，第 1、2 位为"11"时表示该帧为无编号帧。

表 3-1 控制字段位格式

位 类	1	2	3	4	5	6	7	8
I 帧	0	N(S)			P/F	N(R)		
S 帧	1	0	S	S	P/F	N(R)		
U 帧	1	1	M	M	P/F	M	M	M

信息帧中包括信息(I)字段，用于传输用户数据。C 字段中，N(S)为发送的帧序号，N(R)为希望接收的帧序号。N(S)指明当前发送帧的编号，具有命令的含义；N(R)用于确定已正确接收 N(R)之前的各信息帧，并希望接收第 N(R)帧，具有应答含义。N(S)和 N(R)字段均为 3 位，因此发送和接收的帧序号为 0～7。P/F 位为轮询/结束位，对于主站，P＝1 时，表示主站请求从站响应，从站可传输信息帧；对于从站，F＝1 时，表示这是最后响应帧。

监控帧(S 帧)中没有 I 字段，用于完成链路的监控功能，监视链路上的常规操作。S 帧可告知发送方发送帧后接收方接收的情况及待接收的帧号。S 帧的 N(R)、P/F 的含义与 I 帧相同。S 帧 C 字段第 3、4 位可组合成 00、01、10、11 共 4 种情况，因此对应有 4 种不同的 S 帧。

① 00：表示接收准备好(RR)。该帧的功能是做好接收第 N(R)帧准备，期待接收第 N(R)帧，并表示第 N(R)-1 号帧及以前各帧均已正确接收。

② 01：表示接收未准备好(BNR)。该帧的功能是没有做好接收第 N(R)帧准备，告知对方暂停发送第 N(R)帧，并表示第 N(R)-1 号帧及以前各帧均已正确接收。

③ 10：表示拒绝接收(REJ)。该帧的功能是做好接收第 N(R)帧准备，告知对方将第 N(R)帧及以后各帧重新发送，并表示第 N(R)-1 号帧及以前各帧均已正确接收。

④ 11：表示选择拒绝(SREJ)。该帧的功能是做好接收第 N(R)帧准备，告知对方只将第 N(R)帧重新发送，并表示第 N(R)-1 号帧及以前各帧均已正确接收。

无编号帧(U 帧)本身不带编号，即无 N(S)和 N(R)，它使用 5 个位(控制字段的第 3、4、6、7、8 位)表示不同的 U 帧。U 帧用于链路的建立和拆除阶段。U 帧由主站和从站来扩充链路控制功能。它可以在任何需要的时刻发出，而不影响带序号信息帧的交换顺序。

3.2.3 网络层(Network Layer)

网络层又称通信子网层，负责控制通信子网的运行，管理从发送节点到接收节点的虚电路(逻辑信道)。网络层协议定义了网络节点和虚电路之间的一种标准接口，负责完成网络连接的建立、拆除和通信管理。此外，它还负责解决控制工作站间的报文组交换、路径选择和流量控制的有关问题。

1. 网络层的主要功能

网络层功能的不同决定了一个通信子网向用户提供服务的不同，具体应完成如下主要功能。

(1) 接收从传输层递交的进网报文，为它选择合适和适当数目的虚电路。

(2) 对进网报文进行打包形成分组，对出网的分组则进行卸包并重装成报文。

(3) 对子网内部的数据流量和差错在进/出层上或虚电路上进行控制。

(4) 对进/出子网的业务流量进行统计，作为计费的基础。

(5) 在上述功能的基础上，完成子网络之间互连的有关功能。

2. 网络层协议

网络层协议规定了网络节点和虚电路的一种标准接口，完成虚电路的建立、维持和拆除。网络层有代表性的协议有 ITU-T 的 X.25 协议、3X(X.28、X.3、X.29)协议和 X.75 协议(网络互连协议)等。

X.25 协议适用于包交换(分组交换)通信，主要定义了数据是如何从数据终端设备发送到数据电路终端设备的。X.25 协议提供了点对点的面向连接的数据传输，而不是点对多点的无连接通信。X.25 最初引入时，其传输速率是被限制在 64kb/s，后来高达 2.048Mb/s。X.25 协议速率不高，但有以下优点。

(1) 全球性认可。

(2) 具有可靠性。

(3) 具有连接老式的 LAN 和 WAN 的能力。

(4) 具有将老式主机和微型机连接到 WAN 的能力。

3X 协议适用于非分组终端入网及组包拆包器(PAD)。X.3 协议是数据包拆装器，简写为 PAD，是一种将数据打包成 X.25 格式并添加 X.25 地址信息设备。当包到达目标 LAN 时，可以删除 X.25 的格式信息。PAD 中的软件可以将数据格式化并提供广泛的差错控制功能。X.28 协议说明了 DTE 和 PAD 之间接口。X.29 协议说明了控制信息是如何在 DTE 和 PAD 之间发送的，以及控制信息发送的格式是怎样的。

X.75 协议也称网关协议，是将 X.25 网络连接到其他包交换网络的互联网协议，如帧中继网络等。X.121 协议是将 X.25 WAN 网络连接到其他 WAN 网络的互联网协议。

3. 网络层服务

网络层所提供的服务有两大类：面向连接的网络服务和无连接的网络服务。面向连接的网络服务是在数据交换之前，必须先建立连接，当数据交换结束后，再拆除这个连接。无连接的网络服务是两个实体之间的通信，不需要先建立一个连接，通信所需的资源无须事先预定保留，而是在数据传输时动态地进行分配。

面向连接的网络服务是可靠的报文序列服务；无连接的服务却不能防止报文的丢失、重复或失序，但无连接服务灵活方便，速度快。在网络层中，面向连接的网络服务与无连接的网络服务的具体实现是虚电路服务和数据报服务。

3.2.4 传输层(Transport Layer)

传输层也称为传送层，又称为"主机-主机层"或"端-端层"，主要功能是为两个会晤实体建立、拆除和管理传送连接，最佳地使用网络所提供的通信服务。这种传输连接是从源主机的通信进程出发，穿过通信子网到另一主机端通信进程的一条虚拟通道，这条虚拟通道可能由一条或多条逻辑信道组成。在传输层以下的各层中，其协议是每台机器和它直接相邻机器的协议，而不是源机器与目标机器之间的协议，由于网络层向上提供的服务有的很强，有的较弱，传输层的任务就是屏蔽这些通信细节，使上层看到的是一个统一的通信环境。具体完成如下主要功能。

(1) 接收来自会话层的报文，为它们赋予唯一的传送地址。

(2) 给传输的报文编号，加报文标头数据。

(3) 为传输报文建立和拆除跨越网络的连接通路。

(4) 执行传输层上的流量控制等。

3.2.5 会话层(Session Layer)

会话层又称会晤层或会议层。会话层、表示层和应用层统称为 OSI 的高层，这 3 层不再关心通信细节，面对的是有一定意义的用户信息。用户间的连接(从技术上讲指两个描述层处理之间的连接)称为会话，会话层的目的是组织、协调参与通信的两个用户之间对话的逻辑连接，是用户进网的接口，着重解决面向用户的功能，如会话建立时，双方必须核实对方是否有权参加会话，由哪一方支付通信费用，在各种选择功能方面取得一致。会话层的功能是实现各进程间的会话，即网络中节点交换信息。具体完成如下主要功能。

(1) 为应用实体建立、维持和终结会话关系，包括对实体身份的鉴别(如核对密码)，选择对话所需的设备和操作方式(如半双工或全双工)。一旦建立了会话关系，实体间的所有对话业务即可按规定方式完成对话过程。

(2) 对会话中的"对话"进行管理和控制，例如，对话数据交换控制、报文定界、操作同步等。目的是保证对话数据能完全可靠地传输，以及保证在传输连接意外中断过后仍能重新恢复对话等。

3.2.6 表示层(Presentation Layer)

表示层又称描述层，主要解决用户信息的语法问题，特别是处理两个通信器中数据格式不一致的问题。它明确了数据加密解密、数据的压缩恢复等操作的具体方法，并能有效描述和实现特定功能。表示层将数据从适合于某一用户的语法，变换为适合于 OSI 系统内部使用的传送语法。这种功能描述是十分必要的，它不是让用户编写详细的机器指令去解决哪个问题，而是用功能描述(用户称之为实用子程序库)的方法去完成解题。当然，这些子程序也可以放到操作系统中去，但这会使操作系统变得十分庞大，对于需要保持适度规模的具体应用而言，可能并非最佳选择。表示层的功能是对各处理机、数据终端所交换信息格式予以编排和转换，如定义虚拟终端、压缩数据和进行数据管理等。

3.2.7 应用层(Application Layer)

应用层又称用户层，直接面向用户，是利用应用进程为用户提供访问网络的手段。应用层的功能是采用用户语言，执行应用程序，如传送网络文件、数据库数据、通信服务及设备控制等。

最后需要指出的是，OSI 是在普遍意义下考虑一般情况而推荐给国际上参考采用的模式，它提出了 3 个主要概念，即服务、接口和协议。但 OSI 也存在一些不足，如与会话层和表示层相比，数据链路层和网络层功能太多，会话层和表示层没有相应的国际标准等。到目前为止，还没有按此模型建网的先例。

3.3 TCP/IP 参考模型

OSI 参考模型最初是开发网络通信协议簇的一个工业参考标准。通过严格遵守 OSI 参考模型标准，不同的网络技术之间可以轻易地实现互操作。但由于 Internet 在全世界飞速发展，TCP/IP 协议簇成为一种事实上的标准，并形成了 TCP/IP 参考模型。不过，OSI 参考模型的制定也参考了 TCP/IP 协议簇及其分层体系结构的思想，而 TCP/IP 参考模型在不断发展的过程中也吸收了 OSI 参考模型标准中的概念及特征。

3.3.1 TCP/IP 的基本概念

TCP/IP 协议是美国 DARPA 为 ARPANet 制定的协议，它是一种用于异构网络互连的通信协议，旨在通过它实现各种异构网络或异种机之间的互连通信。TCP/IP 协议同样适用于在局域网环境中实现异种机之间的互连通信。TCP/IP 虽然不是国际标准，但已被世界广大用户和厂商所接受，并发展成为当今计算机网络最成熟、应用最广的互联网协议之一。

在一个网络上，大大小小的计算机只要它们安装了 TCP/IP 就能相互连接和通信。运行 TCP/IP 的网络是一种采用包(或称分组)交换的网络。

TCP/IP 模型中似乎只包括了两个协议，即 TCP 和 IP，但事实上它是由约 200 多种协议组成的协议族。由于 TCP 和 IP 是其中两个非常重要的协议，因此就以它们命名。

TCP 和 IP 两个协议分别属于传输层和网络层，在 Internet 中起着不同的作用。简单地说，IP(internet protocol)提供数据报协议服务，负责网际主机间无连接、不纠错的网际寻址及数据报传输；TCP(transmission control protocol)以建立虚电路方式提供信源与信宿机之间的可靠的面向连接的服务。

TCP/IP 协议族还包括一系列标准的协议和应用程序，如在应用层上有远程登录(Telnet)、文件传输(FTP)和电子邮件(SMTP)等，它们构成 TCP/IP 的基本应用程序。这些应用层协议为任何联网的单机或网络提供了互操作能力，提供了用户计算机入网共享资源所需的基本功能。

TCP/IP 协议之所以能够迅速发展起来并成为事实上的标准，是因为它完美地适应了世界范围内数据通信的需要。它有以下特点。

(1) 协议标准是完全开放的，可以供用户免费使用，并且独立于特定的计算机硬件与操作系统。

(2) 独立于网络硬件系统，可以运行在广域网，更适合于互联网。

(3) 网络地址统一分配，网络中每一设备和终端都具有一个唯一地址。

(4) 高层协议标准化，可以提供多种多样可靠网络服务。

TCP/IP 参考模型网络体系结构是以 TCP/IP 为核心的协议族。TCP/IP 的网络体系结构与 OSI/RM 相比，结构更简单、层次更少。如图 3-4 所示，TCP/IP 分为 4 层，即网络接口层、网络层、传输层和应用层。

3.3.2 TCP/IP 模型的网络接口层

在 TCP/IP 网络模型中，网络接口层是最低一层，负责通过网络发送和接收 IP 数据报。网络接口层与 OSI 模型中的数据链路层和物理层相对应。事实上，TCP/IP 本身并没有这两层，而是其他通信网上的数据链路层和物理层与 TCP/IP 的网络接口层进行链接。网络接口层负责接收 IP 数据报，并把这些数据报发送到指定网络中。

网络接口层没有规定具体的协议，它指出计算机应用何种协议可以连接到网络中，是计算机接入网络的接口。如图 3-4 所示，计算机可以应用各种物理网协议，如局域网的 Ethernet、Token Ring 和分组交换网的 X.25 等。

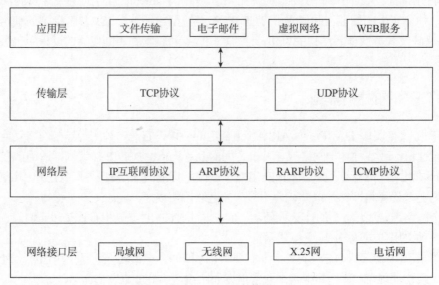

图 3-4　TCP/IP 结构图

3.3.3　TCP/IP 模型的网络层

在 TCP/IP 模型中，网络层是第二层，相当于 OSI 模型网络层的无连接网络服务。网络层负责解决主机到主机的通信问题。在发送端，网络层接受一个请求，将来自传输层的一个报文分组，与发送给宿主机的表示码一起发送出去；网络层把这个报文分组封装在一个 IP 数据报中，再填好数据报报头；使用路由选择算法，确定是将该数据报直接发送出去还是发送给一个网间连接器，然后把数据报传递给相应的网络接口再发送出去。在接收端，网络层处理到来的数据报，首先校验其有效性；如果数据报有效，则删除报头，使用路由选择算法确定该数据报应当在本地处理还是转发出去等。从功能上来讲，TCP/IP 模型的网络层与 OSI 参考模型的网络层功能相似。

1. 网络层的主要功能

网络层的主要功能如下。

(1) 处理来自传输层的分组发送请求。在收到数据发送请求后，将数据组装成 IP 数据包，通过路由选择算法选择一条最佳路径把数据包发送到输出端。

(2) 接收数据包处理。接收到其他主机发来数据包后，首先检查数据包中的地址，如果数据包中源地址与目的地址相同，则删除数据包中包头并将数据包交给传输层处理；如果数据包中的源地址与目的地址不同，则选择一条最佳路径转发出去。

(3) 进行网络互连的路径选择、流量控制和拥塞控制，保证数据传输可靠性和正确性。

2. 网络层的主要协议

网络层协议有 IP 协议、地址解析协议 ARP、逆向地址解析协议 RARP、网络控制报文协议

ICMP、网络分组管理协议 IGMP 等。

(1) 地址解析协议 ARP 和逆向地址解析协议 RARP。在局域网中，所有站点共享通信信道都是使用网络介质访问控制的 MAC 地址，来确定报文的目的地，而在 Internet 中，目的地址是靠 IP 规定的地址来确定的。由于 MAC 地址与 IP 地址之间没有直接的关系，也就是说由 IP 地址不能算出 MAC 地址，因此需要通过 IP 协议集中的两个协议动态地发现 MAC 地址和 IP 地址的关系，这两个协议分别是地址解析协议 ARP(address resolution protocol) 和逆向地址解析协议 RARP(reverse address resolution protocol)。

① 地址解析协议 ARP：当一个主机向另一个主机发送报文时，只有知道与对方 IP 地址相应的物理地址之后，才能在物理网络上进行传输。对于具有广播能力的网络，比如各种类型的局域网，地址解析的一般方法是发送方发送附带接收方 IP 地址、本节点 IP 地址和物理地址的 ARP 请求，符合该 IP 地址的节点(接收方节点)给予响应，返回接收方的物理地址，即完成了从 IP 地址向物理地址的转换，把远程网的 IP 地址映射到局域网的硬件地址，从而保证双方可以用物理地址在通信网中进行通信。另外，对于无广播能力的网络，比如 X.25 网络，必存在某个 Internet 网关，该网关记录了 X.25 网络中连入 Internet 的部分用户主机的 X.25 地址和 IP 地址的映射表，ARP 报文发往该网关，网关通过查询地址表，返回指定 IP 地址对应的 X.25 网络地址。

② 逆向地址解析协议 RARP：ARP 协议的一个显著问题是，如果某台设备不知道自身的 IP 地址，它就无法发出请求或做出应答。通常一台新入网的设备(通常为无盘工作站)会发生这种情况，它只知其物理地址(由网络接口开关或软件设置)。解决这个问题的一个简单方法是利用逆向地址解析协议 RARP。与 ARP 过程相反，它通过 RARP 发送广播式请求报文来请求自己的 IP 地址，而 RARP 服务器负责对该请求做出应答，从而完成物理地址向 IP 地址的转换。这样，不知道 IP 地址的主机可以通过 RARP 来获取自己的 IP 地址。

(2) 网络控制报文协议 ICMP。由于 IP 协议提供了无连接的数据报传输服务，在传送过程中若发生差错或意外情况，如数据报目的地址不可到达，数据报在网络中滞留时间超过生存期，中间节点或目的节点主机因缓冲区不足等原因无法处理数据报，这就需要一种通信机制来向源节点报告差错情况，以便源节点对此做出相应的处理。ICMP(internet control message protocol)就是一种面向连接的协议，用于传输错误报告控制信息。ICMP 是 IP 的有机组成部分，提供了一致、易懂的出错报文和不同版本信息。

大多数情况下，ICMP 发送的错误报文返回到发送原数据的设备，因为只有发送设备才是错误报文的逻辑接收者。发送设备随后可根据 ICMP 报文确定发生错误的类型，并确定如何才能更好地重发失败的数据报。ICMP 报文的格式如图 3-5 所示。

图 3-5 ICMP 报文格式

其中，类型(type)是 1 字节，表示 ICMP 信息的类型。代码(code)也是 1 字节，表示报文类型进一步的信息。校验和占双字节，提供对整个 ICMP 报文的校验。常用的 ICMP 消息类型及其含义如表 3-2 所示。

表 3-2 ICMP 消息类型及其含义

消息类型	消息含义
Destination Unreachable	目的地不可达
Time Exceeded	生存期变为 0,可能有路由循环
Parameter Problem	IP 包头的字段有错
Source Quench	抑制该类包的发送
Redirect	告诉发送者网络结构,可以采用更佳的路由
Echo Request	询问一台机器协议运行是否正常
Echo Reply	是正常工作的
Timestamp Request	和 Echo Request 一样,但要返回时间戳
Timestamp Reply	和 Echo Reply 一样,但带有时间戳

3. IP 协议

IP 协议是 Internet 中最关键的基础协议之一,由 IP 协议控制的单元称为 IP 数据报。IP 提供不可靠的、尽最大努力的、无连接的数据报传递服务。IP 的基本任务是通过互联网传输数据报,各个 IP 数据报独立传输。主机上的 IP 层基于数据链路层向传输层提供传输服务,IP 从源传输层实体获得数据,再通过物理网络传送给目的主机的 IP 层。IP 不保证传送的可靠性,在主机资源不足的情况下,它可能丢弃某些数据报,同时 IP 也不检查被数据链路层丢弃的报文。在传送时,高层协议将数据传给 IP,IP 将数据封装成 IP 数据报后通过网络接口发送出去。如目的主机直接连在本地网中,IP 将直接把数据报传送给本地网中的目的主机;如目的主机在远程网上,则 IP 将数据报传送给本地路由器,由本地路由器将数据报传送给下一个路由器或目的主机。这样,一个 IP 数据报通过一组互联网从一个 IP 实体传送到另一个 IP 实体,直到到达目的地。

(1) IP 数据报格式

IP 数据报由报头和报文数据两部分组成,如图 3-6 所示。

4	4	8	16
版本	IHL	服务级别	报文长度
标 识		标志	分段偏移
生存期	上层协议号	报头校验和	
源IP地址			
目的IP地址			
任选项		填充域	
数据			

图 3-6 IP 数据报格式

IP 数据报中各个字段的含义简要说明如下。

① 版本:4 位,IP 的版本号,IPv4 版本值为 4。

② IP 报头长度(IHL):4 位,以 32 位为单位的 IP 数据报的报头长度。

③ 服务级别:8 位,用于规定优先级、传送速率、吞吐量和可靠性等参数。

④ 报文长度：16 位，以字节为单位的数据报报头和数据两部分的总长度。

⑤ 标识：16 位，它是数据报的唯一标识，用于数据报的分段和重装。

⑥ 标志：3 位，数据报是否分段的标志。

⑦ 分段偏移：13 位，以 64 位为单位表示的分段偏移。

⑧ 生存期：8 位，允许数据报在互连的网中传输的存活时间。

⑨ 上层协议号：8 位，指出发送数据报的上层协议。

⑩ 报头校验和：16 位，用于对报头的正确性检查。

⑪ 源 IP 地址：32 位，指出发送数据报的源主机 IP 地址。

⑫ 目的 IP 地址：32 位，指出接收数据报的目的主机的 IP 地址。

⑬ 任选项：可变长度，提供任选的服务，如时间戳、错误报告和特殊路由等。

⑭ 填充域：可变长度，保证 IP 报头以 32 位边界对齐。

(2) IP 数据报的分段与重装

① 数据报的分段：由于各类物理网中都有最大帧长的限制，因此为使较大的数据报能以适当的大小在物理网上传输，IP 首先要根据物理网所允许的最大帧，对上层协议提交的数据报进行长度检查，必要时把数据报分成若干段发送。在数据报分段时，每个段都要加上 IP 报头。

② 数据报重装：在互联网中，被分段的各个 IP 数据报会进行独立的传输。它们在经过中间路由器转发时可能选择不同的路由。这样到达目的主机的 IP 数据报顺序与发送的顺序可能不一致。因此，目的主机上的 IP 必须根据 IP 数据报中相关字段(标识、长度、偏移和标志等)将分段的各个 IP 数据报重新组装成完整的原始数据报，然后再提交给上层协议。

(3) IP 路由

IP 数据报的传输可能跨越多个子网，不同子网由 IP 地址中的网络标识表示。子网的划分保证每个子网限定在同一个物理网络，路由器或多穴主机实现不同子网间的互连。跨越子网的 IP 数据报由 IP 路由算法控制。IP 算法的思想是：IP 模块根据 IP 数据报中接收方 IP 地址来确定是否为本网投递。若为本网投递(即接收方与发送方具有相同的网络标识)，利用 ARP 取得对应 IP 地址的物理地址，形成数据帧(或分组)，IP 数据报填入数据，直接将帧(或分组)发往目的地，结束 IP 路由算法；若为跨网投递(即接收方和发送方具有不同的网络标识)，利用 ARP 取得 Internet 网关的 IP 地址所对应的物理地址，形成数据帧(或分组)，IP 数据报填入数据域，直接将帧(或分组)发往网关，网关软件取出 IP 数据报，并重复 IP 路由算法。

3.3.4　TCP/IP 模型的传输层

在 TCP/IP 模型中，传输层是参考模型的第三层，它负责主机应用程序之间端口到端口的数据传输。传输层的基本任务是提供应用程序之间的通信，这种通信通常称为端到端通信。传输层对信息流有调节作用，并能提供可靠传送，确保数据到达无错且不颠倒顺序。为此，在接收端安排发回确认功能以及重发丢失报文的功能。传送软件把发送的数据流分成若干小段，有时把这些小段称为报文分组。把每个报文分组连同一个目标地址一并传递给下一层，以便发送。这与 OSI 模型中传输层功能相同。

传输层的主要功能有以下几点。

(1) 实现端口到端口数据传输服务，提供在网络节点之间的预定通信和授权通信的能力，并可以将数据进行向上层或者向下层传输。

(2) 实现数据传输特殊响应要求，如数据传输速率、可靠性、吞吐量等。

(3) 实现面向连接传输服务和面向无连接传输服务。

TCP/IP 为传输层提供了两个主要的协议：传输控制协议 TCP 和用户数据报协议 UDP。

1. TCP 协议

TCP 是 TCP/IP 协议族中最关键、最主要的协议，但它具有很高的独立性，它对下层网络协议只有基本的要求，很容易在不同的网络上应用，因而可以在众多的网络上工作。TCP 是在 IP 提供的服务基础上，支持面向连接的、可靠的、面向数据流的传输服务。TCP 将应用程序之间传输的数据视为无结构的字节流，面向流服务保证收发的字节顺序完全一致。数据流传输之前，TCP 收发模块之间需建立连接(类似虚电路)，其后的 TCP 报文在此连接基础上传输。TCP 连接报文通过 IP 数据报进行传输，由于 IP 数据报的传输导致 ARP 地址映射表的产生，从而保证后继的 TCP 报文可能具有相同的路径。发送方 TCP 模块在形成 TCP 报文的同时形成一个"累计核对"，它类似于校验和，随 TCP 报文一同传输。接收方 TCP 模块据此判断传输的正确性，若不正确，则接收方丢弃该 TCP 报文，否则进行应答。发送方若在规定时间内未获得应答，则自动重新传输。

(1) TCP/IP 的协议机制

两个使用 TCP 进行通信的对等实体间的一次通信，一般都要经历建立连接、数据传输(双向)和终止连接阶段。TCP 通过一套完整状态转换机制来保证各个阶段的正确执行，为上层应用程序提供双向、可靠、顺序且无重复的数据流传输服务。

在 TCP 中，建立连接要通过"三次握手"机制来完成。这种"三次握手"的机制既可以是由一方 TCP 发起同步握手过程而由另一方 TCP 响应该同步过程，也可以是由通信双方同时发起连接的同步握手。最常见的三次握手过程如下。

① TCP 实体 A 向 TCP 实体 B 发送一个同步 TCP 段请求建立连接。

② TCP 实体 B 将确认 TCP 实体 A 的请求，同时向 TCP 实体 A 发出同步请求。

③ TCP 实体 A 将确认 TCP 实体 B 的请求，向 TCP 实体 B 发送确认 TCP 段。

在连接建立后，TCP 实体 A 在已建立的连接上开始传输 TCP 数据段。

此外，在建立连接的过程中，对于出现的异常情况，如本地同步请求与过去遗留在网络中的同步连接请求序号相重复，因系统异常使通信双方处于非同步状态等，TCP 要通过使用复位(RST)TCP 段来加以恢复，即发现异常情况的一方发送复位 TCP 段，通知对方来处理异常。

由于 TCP 连接是一个全双工的数据通道，一个连接的关闭必须由通信双方共同完成。当通信的一方没有数据需要发送给对方时，可以使用拆除连接段(FIN)，向对方发送关闭连接请求。这时，它虽然不再发送数据，但并不排斥在这个连接上继续接收数据。只有当通信的对方也递交了关闭连接请求后，这个 TCP 连接才会完全关闭。关闭连接的请求，既可以由一方发起而另一方响应，也可以双方同时发起。TCP 连接的关闭过程同样也是一个"三次握手"的过程。

(2) TCP 端口和连接

TCP 模块以 IP 模块为传输基础，同时可以面向多种应用程序提供传输服务。使用 TCP 的网络应用程序可分为两大类：一类应用程序为其他主机提供服务，称为服务程序；另一类应用程序使用服务程序提供的服务，主动向服务程序发送连接请求，称为客户程序。为了能够区分出所对应的应用程序，引入了 TCP 端口的含义。对于客户程序，可以任意选择其通信端口的端口号，服务程序则使用较固定的端口号。

TCP 端口与一个 16 位的整数相对应，该整数值称为 TCP 端口号。需要服务的应用进程(应用程序的执行)与某个端口号进行连接，TCP 模块就可以通过该 TCP 端口与应用进程通信。例如，Telnet 的服务端使用 23 号端口，FTP 使用 21 号端口，SMTP 电子邮件使用 25 号端口等。

2. UDP 协议

(1) UDP 的功能

UDP(user datagram protocol)是 TCP/IP 协议族中与 TCP 同处于传输层的通信协议。它与 TCP 不同的是，UDP 是直接利用 IP 进行 UDP 数据报的传输，因此 UDP 提供的是无连接、不保证数据完整到达目的地的投递服务。由于在网络环境下的 C/S 模式应用常常采用简单的请求/响应通信方式，如 DNS 应用中域名系统的域名地址与 IP 地址的映射请求和应答采用 UDP 进行传输等，在这些应用中，若每次请求都建立连接，通信完成后再释放连接，额外的开销太大，这时无连接的 UDP 就比 TCP 显得更合适。总之，由于 UDP 比 TCP 简单得多，它又不使用复杂的流控制或错误恢复机制，只充当数据报的发送者和接收者，因此开销小，效率高，适合于高可靠性、短延迟的 LAN。在多媒体应用中，视频与音频数据流传输采用 UDP，在不需要 TCP 全部服务的情况下，可用 UDP 来替代 TCP。采用 UDP 的高层应用主要有网络文件系统 NFS 和简单网络管理协议 SNMP 等。

(2) UDP 的报文格式

一条 UDP 报文也称一条用户数据报，UDP 数据报格式如图 3-7 所示。

信源端口	信宿端口
长度	校验和
数　据	

图 3-7　UDP 数据报格式

① 信源端口字段：标识发送应用程序的端口，该字段可选(不选时为 0)。

② 信宿端口字段：标识信宿主机上的接收应用程序。

③ 长度字段：整个数据报长度，包括头标和数据。

④ 校验和字段：对数据报的校验和，事实上这里使用一个伪头标用以保证数据的完整性，这一点与 TCP 一样。伪头标包括 IP 地址，并作为校验和计算的一部分。信宿主机对伪头标(还包括 UDP 数据报的其余部分)进行补码校验和操作，从而证实数据正确地到达信宿主机。

UDP 在 IP 之上，它对 IP 提供最大的扩充、提供、复用功能。在 UDP 报头中，也包括了源和目的应用程序的端口号，这样就可以区分在同一台主机内部的多个不同的应用。

3.3.5　TCP/IP 模型的应用层

应用层为协议的最高层。应用程序与协议相互配合，发送或接收数据。TCP/IP 的应用层大致和 OSI 的会话层、表示层和应用层对应，但没有明确的划分。

1. 应用层的功能

应用层的功能主要有如下几点。

(1) 向用户提供调用网络和访问网络中各种应用程序的接口。

(2) 向用户提供各种标准的程序和相应协议。

(3) 支持用户根据自己需要建立的应用程序。

2. 应用层的主要协议

应用层的主要协议有多种，划分为如下几类。

(1) 依赖于面向连接的 TCP 协议的应用层协议有如下几种。

① Telnet：远程登录服务协议，默认使用端口号 23。它允许用户登录到远程另一台主机，并在该主机进行工作，用户所在的主机就像远程主机的终端一样。

② SMTP：简单电子邮件传输协议，默认使用端口号 25。它主要用于电子邮件的接收和发送，确保用户能快速和便捷地传输信息。

③ FTP：文件传输协议，默认使用端口号 21，它允许将文件从一台主机传输到另一台主机上，也可以从 FTP 服务器下载文件或者向 FTP 服务器上传文件。

(2) 依赖于面向无连接的 UDP 协议的应用层协议有如下几种。

① SNMP：简单网络管理协议，用于实现网络管理功能，通过该协议可提高网络性能。

② DNS：域名服务协议，提供网络域名与网络地址转换服务。

③ RPC：远程过程调用协议，用于远程调用及远程登录。

(3) 既依赖于 TCP 协议又依赖于 UDP 协议的应用层协议有如下几种。

① HTTP：超文本文件传输协议，默认使用端口号 80，用于超文本文件和 Web 服务之间的数据传输与网页浏览。

② CMOT：通用管理信息协议，用于信息管理。

TCP/IP 网络应用层协议较多，可以为网络用户和应用程序提供各种服务和功能。后续章节还会涉及，这里不便做更多介绍。

3.3.6 OSI 参考模型与 TCP/IP 模型的比较

OSI 参考模型与 TCP/IP 参考模型有很多相似之处，它们都是基于独立的协议栈的概念，都有网络层、传输层和应用层，有些层的功能也大体相同。不同之处主要体现在以下几个方面。

(1) TCP/IP 模型虽然也分层，但层的数量不同，OSI 模型有 7 层，而 TCP/IP 模型只有 4 层，且层次之间的调用关系不像 OSI 参考模型那样严格。在 OSI/RM 模型中，两个 N 层实体之间的通信必须经过(N-1)层。但 TCP/IP 模型可以越级调用更低层提供的服务，这样做可以减少一些不必要的开销，从而提升数据的传输效率。

(2) TCP/IP 模型一开始就考虑到了异种网络的互连问题，并将互联网协议作为 TCP/IP 模型的重要组成部分，因此 TCP/IP 模型异种网络互连能力强。而 OSI 模型只考虑到用一种统一标准的公用数据网将各种不同的系统连在一起，根本未考虑到异种网络的存在，这是 OSI/RM 模型的一个很大的不足。

(3) TCP/IP 模型一开始就向用户提供可靠和不可靠的服务，而 OSI/RM 模型在开始时只考虑到向用户提供可靠服务。相对来说，TCP/IP 模型更注重于考虑提高网络的传输效率，而 OSI 模型更侧重考虑网络传输的可靠性。OSI/RM 模型在网络层支持无连接和面向连接的通信，但在传输层只有面向连接的服务。而 TCP/ IP 模型在网络层仅有一种通信模式(无连接)，但在传输层支持两种模式，给了用户选择的机会。这种选择对简单的请求-应答协议是十分重要的。

(4) 系统中体现智能的位置不同。OSI/RM 模型认为，通信子网是提供传输服务的设施，因此，智能性问题如监视数据流量、控制网络访问、记账收费，甚至路径选择、流量控制等都由通信子网解决，这样留给主机的工作就相对较少。相反，TCP/IP 模型则要求主机参与所有的智能性活动。

因此，OSI/RM 网络可以连接比较简单的主机，运行 TCP/IP 的网络是一个相对简单的通信子网，对入网主机的要求比较高。

3.4　思考练习

1. 简述计算机网络体系结构中相关概念。
2. 网络层次结构中各层次之间有什么关系？
3. OSI 参考模型设置了哪些层次，各层的作用如何？
4. TCP/IP 模型的网络层中有哪些主要协议，各自的作用如何？
5. OSI 参考模型与 TCP/IP 模型有哪些不同之处？

第4章 局域网组网技术

社会对信息资源的广泛需求及计算机技术的普及，促进了局域网技术的迅猛发展。在当今的计算机网络技术中，局域网技术已经占据了十分重要的地位。本章将介绍局域网的类型及体系结构、组建局域网的相关技术等内容。

4.1　局域网概述

局域网(local area network, LAN)是一种在有限的地理范围内，将大量计算机及各种设备互连在一起实现数据传输和资源共享的计算机网络。随着计算机应用的不断发展，以及用户对资源共享要求的提高，局域网进入高速发展的阶段。

4.1.1　局域网的特点和类型

局域网广泛应用于办公自动化、工厂自动化、信息处理自动化，以及金融、电信、交通、教育等部门。其主要用途包括：共享打印机、绘图机等费用较高的外部设备；通过公共数据库共享各类信息；向用户提供诸如电子邮件之类的应用服务等。

1. 局域网的特点

局域网具有以下主要特点。

(1) 地理分布范围较小，一般为数百米，可覆盖一幢大楼、一所校园或一个企业。

(2) 数据传输速率高，一般为 0.1～100Mb/s，目前已出现速率高达 1 000Mb/s 的局域网。可交换各类数字和非数字(如语音、图像、视频等)信息。

(3) 误码率低，一般在 10^{-11}～10^{-8} 之间或更低。这是因为局域网通常采用短距离基带传输，可以使用高质量的传输媒体，从而提高了数据传输质量。

(4) 以 PC 为主体，包括终端及各种外设，网中一般不设中央主机系统。

(5) 一般包含 OSI 参考模型中的低三层功能，即涉及通信子网的内容。

(6) 协议简单，结构灵活，建网成本低，周期短，便于管理和扩充。

2. 局域网的拓扑结构

网络的拓扑结构是指网络中通信线路和站点(计算机或设备)相互连接的几何形式。按照拓扑结构的不同，可以将网络分为总线型网络、星型网络和环型网络 3 种基本类型。在这 3 种类型的网络结构基础上，可以组合出树型网、簇星型网等其他类型拓扑结构的网络，如图 4-1 所示。

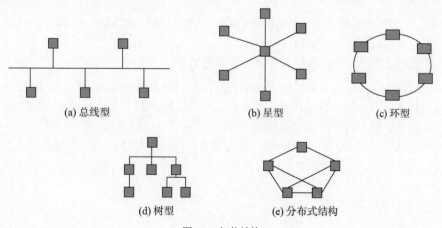

(a) 总线型　　　(b) 星型　　　(c) 环型

(d) 树型　　　(e) 分布式结构

图 4-1　拓扑结构

4.1.2　局域网的体系结构

IEEE 802 标准遵循 OSI/RM 参考模型的原则，解决最低两层(即物理层和数据链路层)的功能以及与网络层的接口服务、网际互连有关的高层功能。IEEE 802 LAN 参考模型与 OSI/RM 参考模型的对应关系如图 4-2 所示。

图 4-2　IEEE 802 LAN 参考模型与 OSI/RM 参考模型的对应关系

1. IEEE 802 LAN 参考模型中的物理层

物理层实现比特流的传输与接收、数据的同步控制等。IEEE 802 规定了局域网物理层所使用的信号与编码、传输介质、拓扑结构和传输速率等规范。

(1) 采用基带信号传输。

(2) 数据的编码采用曼彻斯特编码。

(3) 传输介质可以是双绞线、同轴电缆和光缆等。

(4) 拓扑结构可以是总线型、树型、星型和环型。

(5) 传输速率有 10Mb/s、16Mb/s、100Mb/s、1 000Mb/s。

2. IEEE 802 LAN 参考模型的数据链路层

LAN 的数据链路层分为逻辑链路控制子层(LLC)和介质访问控制子层(MAC)两个功能子层，它们的功能如下。

(1) 将数据组成帧，并对数据帧进行顺序控制、差错控制和流量控制，使不可靠的物理链路变为可靠的链路。

(2) LAN 可以支持多重访问，即实现数据帧的单播、广播和多播。

划分 LLC 和 MAC 子层的原因如下。

(1) OSI 模型中的数据链路层不具备局域网所需的介质访问控制功能。

(2) 局域网基本上采用共享介质环境，因此数据链路层必须考虑介质访问控制机制。

(3) 介质访问控制机制与物理介质、物理设备和物理拓扑等涉及硬件实现的部分直接有关。

(4) 分为两个子层，可保证层服务的透明性，在形式上保持与 OSI 模型的一致性。

(5) 使整个体系结构的可扩展性更好，以备将来能够更容易地适应和接纳新的介质与介质访问控制方法。

4.1.3　介质访问控制技术

介质访问控制方法控制网络节点何时能够发送数据。

IEEE 802 规定了局域网中最常用的介质访问控制方法。

(1) IEEE 802.3：载波监听多路访问/冲突检测(CSMA/CD)。

(2) IEEE 802.5：令牌环(token ring)。

(3) IEEE 802.4：令牌总线(token bus)。

1. CSMA/CD 介质访问控制技术

总线型 LAN 中，所有的节点对信道的访问是以多路访问方式进行的。任一节点都可以将数据帧发送到总线上，所有连接在信道上的节点都能检测到该帧。

CSMA/CD 是在 CSMA 基础上发展起来的一种随机访问控制技术。简言之，CSMA/CD 可以概括为先听后发、边听边发、冲突停止、延时重发。CSMA/CD 的工作流程如图 4-3 所示。

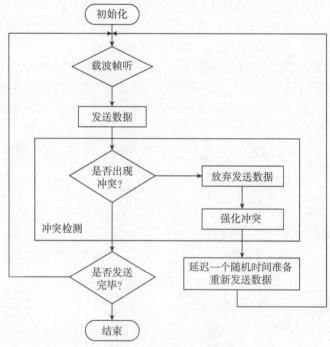

图 4-3　CSMA/CD 工作流程

CSMA/CD 协议的特点如下。

(1) 在采用 CSMA/CD 协议的总线 LAN 中，各节点通过竞争的方法强占对媒体的访问权利，出现冲突后，必须延迟重发。因此，节点从准备发送数据到成功发送数据的时间是不能确定的，它不适合传输对时延要求较高的实时性数据。

(2) 结构简单，网络维护方便，增删节点容易，网络在轻负载(节点数较少)的情况下效率较高。但是随着网络中节点数量的增加，传递信息量增大，即在重负载时，冲突概率增加，总线 LAN 的性能就会明显下降。

2. 令牌环介质访问控制技术

在令牌环介质访问控制方法中，使用了一个沿着环路循环的令牌。网络中的节点只有截获令牌时才能发送数据，没有获取令牌的节点不能发送数据，因此使用令牌环的 LAN 中不会产生冲突，如图 4-4 所示。

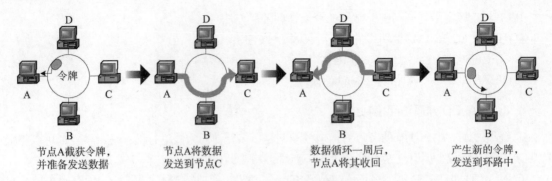

节点A截获令牌，　　　　节点A将数据　　　　数据循环一周后，　　　产生新的令牌，
并准备发送数据　　　　发送到节点C　　　　节点A将其收回　　　　发送到环路中

图 4-4　令牌环介质访问控制方法

令牌环的基本工作原理是：当环启动时，一个"自由"令牌或空令牌沿环信息流方向转圈，想要发送信息的站点接收到此空令牌后，将它变成忙令牌(将令牌包中的令牌位置为1)，即可将信息包尾随在忙令牌后面进行发送。该信息包被环中的每个站点接收和转发，目的站点接收到信息包后经过差错检测后将它复制传送给站主机，并将帧中的地址识别位和帧复制位置为 1 后再转发。当原信息包绕环一周返回发送站点后，发送站检测地址识别位和帧复制位是否已经为 1，如是，则将该数据帧从环上撤销，并向环插入一个新的空令牌，以继续重复上述过程，如图 4-5 所示。

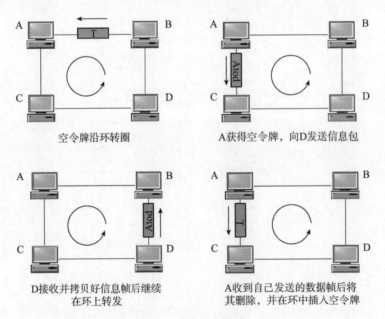

空令牌沿环转圈　　　　　　　　　　A获得空令牌，向D发送信息包

D接收并拷贝好信息帧后继续　　　　A收到自己发送的数据帧后将
在环上转发　　　　　　　　　　　　其删除，并在环中插入空令牌

图 4-5　令牌环工作示例

令牌环的工作过程如图 4-6 所示，令牌环的特点如下。

(1) 由于每个节点不是随机的争用信道，不会出现冲突，因此称它是一种确定型的介质访问控制方法，而且每个节点发送数据的延迟时间可以确定。在轻负载时，由于存在等待令牌的时间，效率较低；在重负载时，对各节点公平，且效率高。

(2) 采用令牌环的局域网还可以对各节点设置不同的优先级，具有高优先级的节点可以先发送数据，比如某个节点需要传输实时性的数据，就可以申请高优先级。

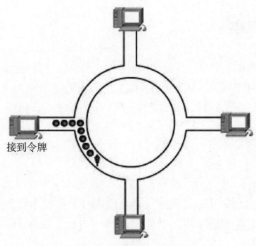

图 4-6　令牌环工作过程

3. 令牌总线介质访问控制技术

令牌总线(token bus)访问控制是在物理总线上建立一个逻辑环。从物理连接上看，它是总线型结构的局域网；但从逻辑上看，它是环型拓扑结构。

连接到总线上的所有节点组成了一个逻辑环，每个节点被赋予一个顺序的逻辑位置。和令牌环一样，节点只有取得令牌才能发送帧，令牌在逻辑环上依次传递。在正常运行时，当某个节点发送完数据后，就要将令牌传送给下一个节点。

令牌总线的工作过程是：令牌总线在物理上是一根线形或树形的电缆，其上连接各个站点；在逻辑上，所有站点构成一个环，如图 4-7 所示。每个站点知道自己左边和右边站点的地址。逻辑环初始化后，站号最大的站点可以发送第一帧。此后，该站点通过发送令牌(一种特殊的控制帧)给紧接其后的邻站，把发送权转给它。令牌绕逻辑环传送，只有令牌持有者才能够发送帧。因为任一时刻只有一个站点拥有令牌，所以不会产生冲突。

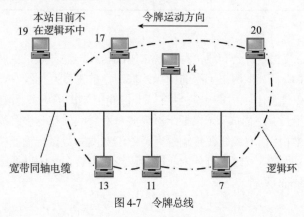

图 4-7　令牌总线

令牌总线的特点如下。

(1) 令牌总线适用于重负载的网络中，数据发送的延迟时间确定，适合实时性的数据传输等。

(2) 网络管理较为复杂，网络必须有初始化的功能，以生成一个顺序访问的次序。

(3) 令牌总线访问控制的复杂性高(网络中的令牌丢失、出现多个令牌、将新节点加入到环中、从环中删除不工作的节点等)。

4.2 局域网的组建

局域网是各种类型网络中的一大分支，有着非常广泛的应用。随着计算机的发展，人们越来越意识到网络的重要性，通过网络，人们拉近了彼此之间的距离。本来分散在各处的计算机被网络紧紧地联系在一起了。下面从硬件、软件和连通 3 个方面介绍局域网的组建。

4.2.1 需要的硬件环境

组建小型局域网通常用的设备和工具有计算机、带有 RJ-45 接口的网卡、5 类非屏蔽双绞线、RJ-45 连接器(RJ-45 接头)、压线钳、通断测线器、Fluke 测试仪(可选)、集线器或交换机等。

由于目前很多网卡都支持即插即用的功能，对网卡进行手工配置的情况较少，因此，事先已将网卡安装到各台计算机中。

不同的传输介质具有不同的传输特性，适用的通信设备也各不相同，因而各有其不同的应用范围，如表 4-1 所示。

表 4-1　通信传输介质的类型、特点和应用

介质类型		特　点	应　用
有线通信	双绞线	成本低、易受外部电磁波干扰，误码率高，传输距离有限(100m)	固定电话本地的回路、计算机局域网等
	同轴电缆	传输特性和屏蔽特性良好，可作为传输干线长距离传输载波信号，成本较高	固定电话中继线路，有线电视接入等
	光缆	传输损耗小，通信距离长，容量大，屏蔽特性好，不易被窃听，重量轻。缺点是强度稍差	电话、电视等通信系统的远程干线，计算机网络的干线
无线通信	自由空间	建设费用低，无线接入使得通信更加方便，但容易被干扰和窃听	广播、电视、移动通信系统，计算机无线局域网等

1. 双绞线

双绞线(twisted pair, TP)是综合布线工程中最常用的一种传输介质，由两根具有绝缘保护层的铜导线组成，如图 4-8 所示。把两根绝缘的铜导线按一定的密度互相绞在一起，可降低信号干扰的程度，每一根导线在传输中辐射的电波会被另一根线上发出的电波抵消。双绞线一般由两根 22～26 号绝缘铜导线相互缠绕而成。如果把一对或多对双绞线放在一个绝缘套管中便成了双绞线电缆。与其他传输介质相比，双绞线在传输距离、信道宽度和数据传输速度等方面均受一定的限制，但价格较为低廉。目前，双绞线可分为非屏蔽双绞线 UTP(unshielded twisted pair)和屏蔽双绞线 STP(shielded twisted pair)两种。

图 4-8　双绞线

双绞线主要是用来传输模拟信号的,但同样适用于数字信号的传输,特别适用于距离较短的信号传输。在传输期间,信号的衰减比较大,并会产生波形畸变。采用双绞线的局域网带宽取决于所用导线的质量、长度及传输技术。在短距离传输时,传输率可达100～155Mb/s。由于利用双绞线传输信号时要向周围辐射电磁波,很容易被窃听,因此要加以屏蔽。屏蔽双绞线电缆的外层由铝箔包裹,以减小辐射。屏蔽双绞线相对非屏蔽双绞线价格较高,安装时须配有支持屏蔽功能的特殊连接器。屏蔽双绞线能支持较高的传输速率,100m内传输速率可达155Mb/s。

另外,非屏蔽双绞线电缆具有以下优点。

(1) 无屏蔽外套,直径小,节省所占用的空间。

(2) 重量轻、易弯曲、易安装。

(3) 将串扰减至最小或加以消除。

(4) 具有阻燃性。

(5) 具有独立性和灵活性,适用于结构化综合布线。

2. 同轴电缆

同轴电缆分为基带同轴电缆和宽带同轴电缆两种,如图4-9所示。

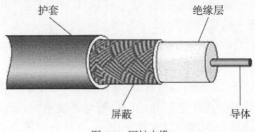

图 4-9　同轴电缆

同轴电缆以硬铜线为芯,外包一层绝缘材料,这层绝缘材料用密织的网状导体环绕,网外又覆盖一层保护性材料。常用的同轴电缆有两种,一种是50Ω,主要用于数字传输,多用于基带传输,也称基带同轴电缆或细缆;另一种是75Ω,主要用于模拟传输,也称宽带同轴电缆或粗缆。

3. 光纤

光纤是一种能够传送光波的介质,通常由非常透明的石英拉成细丝,直径约为10～100μm,由纤芯和包层构成,如图4-10所示。纤芯用来传导光波。

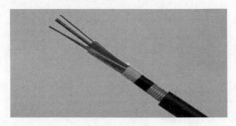

图 4-10　光纤

按传输模式光纤可分为单模光纤(single-mode fiber)和多模光纤(multi-mode fiber)。单模光纤的纤芯直径很小,在给定的工作波长上只能以单一模式传输,传输频带宽,传输容量大。多模光纤是在给定的工作波长上,能以多个模式同时传输的光纤。与单模光纤相比,多模光纤的传输性能较差。

光纤是利用传递光脉冲进行通信的，因此，利用光纤传送电信号时，需要先把电信号变换为光信号，接收端利用光电二极管做成的光检测器，将光信号还原成电信号。

光纤通信系统的主要优点如下。

(1) 传输频带宽，通信容量大。

(2) 线路损耗低，传输距离远。

(3) 抗干扰能力强，应用范围广。

(4) 线径细，重量轻。

(5) 抗化学腐蚀能力强。

(6) 光纤制造资源丰富。

在网络工程中，一般用 62.5μm/125μm 规格的多模光纤，有时也用 100μm/125μm 和 100μm/140μm 规格的光纤。当户外布线大于 2km 时可选用单模光纤。

4. 无线传输介质

使用有线传输媒体时，若通信线路要通过一些高山或岛屿，有时就很难施工。即使是在城市中，挖开马路铺设电缆也不是一件很容易的事。当通信距离很远时，铺设电缆既昂贵又费时。但利用无线电波在自由空间的传播就可较快地实现多种通信。由于这种通信方式不使用上面所介绍的各种线缆，因此称为"无线传输媒体"。

在最近的十几年中，无线电通信得到了迅速发展，并且在运动中利用无线信道进行信息的传输成为重要的通信手段之一。

无线传输所使用的频段很广。如图 4-11 所示的是电信领域使用的电磁波的频谱，从图中可以看出，人们现在已经利用了多个波段进行通信。目前还不能用紫外线和更高的波段来通信。图的最下方还给出了 ITU 对波段命名的正式名称。例如，LF 波段的波长是从 10km～1km(对应于 30kHz～300kHz)。LF、MF 和 HF 的中文名称分别是低频、中频和高频。更高频段中的 V、U、S 和 E 分别对应于 Very、Ultra、Super 和 Extremely，相应频段的中文名称分别是甚高频、特高频、超高频和极高频，最高一个频段中的 T 是 Tremendously，目前尚无标准译名。在低频 LF 之下还有几个更低的频段，如甚低频 VLF、特低频 ULF、超低频 SLF 和极低频 ELF 等，因不用于一般的通信，故未画在图中。

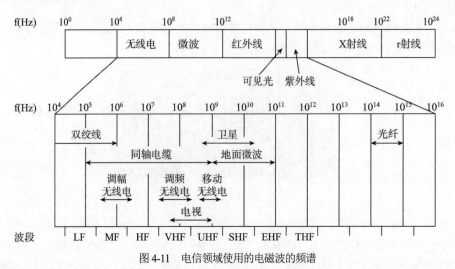

图 4-11　电信领域使用的电磁波的频谱

短波(高频，HF)通信主要是靠电离层的反射。但电离层的不稳定所产生的衰减现象和电离层反射所产生的多径效应，使得短波信道的通信质量较差。因此，当必须使用短波无线电台传送数据时，一般都是低速传输，即速率为一个标准模拟话路(速率为几十至几百比特/秒)。只有在采用复杂的调制解调技术后，才能使数据的传输速率达到几千比特/秒。

无线电微波通信在数据通信中占有重要的地位。微波的频率范围为300MHz～300GHz，其中，20～40GHz 的频率范围被广泛使用。微波在空间主要是直线传播。由于微波会穿透电离层而进入宇宙空间，因此它不像短波那样可以经电离层反射传播到地面上很远的地方。所以，微波通信有两种主要方式：地面微波接力通信和卫星通信。

由于微波在空间中是直线传播，而地球表面是一个曲面，因此其传播距离受到限制，一般只有 50km 左右。但若采用 100m 高的天线塔，则传播距离可增大到 100km。为了实现远距离通信，必须在一条无线电通信信道的两个终端之间建立若干个中继站。中继站把前一站送来的信号经过放大后再发送到下一站，故称为"接力"。大多数长途电话业务使用 4～6GHz 的频率范围。

微波接力通信可传输电话、电报、图像、数据等信息。其主要特点如下。

(1) 微波波段频率很高，其频段范围也很宽，因此其通信信道的容量很大。

(2) 因为工业干扰和天电干扰的主要频谱成分比微波频率低得多，对微波通信的危害比对短波和米波通信小得多，因而微波传输质量较高。

(3) 相较于相同容量和长度的电缆载波通信，微波接力通信建设投资少，见效快。

当然，微波接力通信也存在如下的一些缺点。

(1) 相邻站之间必须直视，不能有障碍物。有时，一个天线发射出的信号也会分成几条略有差别的路径到达接收天线，因而会造成失真。

(2) 微波的传播有时也会受到恶劣气候的影响。

(3) 与电缆通信系统相比，微波通信的隐蔽性和保密性较差。

(4) 大量中继站的使用和维护要耗费一定的人力和物力。

5. 调制与解调技术

由于导体存在电阻，电信号直接传输的距离不能太远。高频振荡的正弦波信号在长距离通信中能够传输更远的信号，因此可以把这种信号作为携带信息的"载波"。信息传输时，利用信源信号去调整载波的某个参数(幅度、频率或相位)，这个过程称为"调制"，经过调制后的载波携带着被传输的信号在信道中进行长距离传输，到达目的地时，接收方再把载波所携带的信号检测出来恢复为原始信号的形式，这个过程称为"解调"。

数字信号的载波调制有以数字基带信号控制正弦载波的振幅、频率和相位三种方法，实现幅度键控(ASK)、频率键控(FSK)、相位键控(PSK)。

对载波进行调制所使用的设备称为"调制器"，调制器输出的信号可以在信道上进行长距离传输，到达目的地后再由接收方使用"解调器"进行解调，以恢复出被传输的基带信号。由于大多数情况下通信总是双向进行的，所以调制器和解调器往往被整合在一起，这样的设备称为"调制解调器"(modem)，如图 4-12 所示为光纤调制解调器。调制解调器能把计算机的数字信号翻译成可沿通信介质线路传送的模拟信号，而这些模拟信号又可被线路另一端的另一个调制解调器接收，并译成计算机可懂的语言。这一简单过程完成了两台计算机间的通信。

图4-12 光纤调制解调器

6. 制作并测试网络电缆

首先要制作两种网络电缆：一种用于连接计算机与集线器(或交换机)，称为直通电缆；另一种用于集线器(或交换机)之间的连接，称为交叉电缆。根据 8 根电缆的颜色标识，将每根电缆按照连线的顺序排列好，并插入到 RJ-45 连接头中(要注意每个 RJ-45 连接头编号为 1 的位置)，并确认 8 根线是否完全插紧，然后使用压线钳将 RJ-45 头与线固定在一起。按照同样规则，制作相同电缆的另一端接头。在制作交叉线时，一定要注意电缆两端的连接顺序是不一样的，一个采用 568B 的连接顺序，另一个采用 568A 的连接顺序。

然后使用通断测线器测试直通电缆，查看该电缆的 8 根线是否全部直通。若经过测试，发现电缆不通时，可以再使用压线钳重新压线一次，再进行测试；若还不通，则剪断该电缆的一端，重新做线，直到测试通过。使用通断测线器是最简单的测线方法，在具备实验条件的情况下，可以使用专用的双绞线测试仪，例如美国 Fluke 公司的 Fluke DP-100。使用专用的测线器不但可以测试线路的通断和交叉、电缆长度，而且可以测量每根线的衰减值。若有专用的测线仪，可将做好的双绞线连接到测线仪上，在指导老师的协助下进行测试，并记录测试结果。测试内容包括线路的通断和交叉、电缆长度、传输延时、阻抗、传输衰减值和近端串扰等。

4.2.2 需要的软件环境

组建小型局域网可以使用 Windows Sever 2019/Windows 10 操作系统。并需要对 TCP/IP 参数进行配置。例如，可以设置一个 IP 地址段，如 192.168.1.1 到 192.168.1.90，子网掩码为 255.255.255.0。

要实现对等网中各台计算机能够连接到网络中，除了硬件连接外，还必须安装软件系统，如网络协议软件。本例使用典型的 TCP/IP 软件。在 Windows Sever 2019/Windows 10 操作系统中，由于 TCP/IP 默认已安装在系统中，所以可以直接配置 TCP/IP 参数。

在设计和组建一个网络时，必须要对网络进行规划，其中也包括对网络地址的规划和使用。例如，使用哪一类 IP 地址；需要为多少台计算机分配 IP 地址；每台计算机是自动获取 IP 地址(动态 IP 地址，通过 DHCP 服务实现)，还是通过手工方式进行设置(静态 IP 地址)等。本例采用手工方式设置 IP 地址。

手工配置 TCP/IP 参数的方法如下。

(1) 单击任务栏中的网络按钮▦，在打开的面板中选择"网络设置"选项，如图 4-13 所示。

(2) 打开"设置"窗口，选择"更改适配器选项"选项，如图 4-14 所示。

图 4-13　单击"网络设置"链接

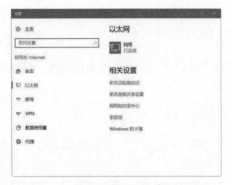

图 4-14　单击"更改适配器选项"链接

(3) 打开"网络连接"窗口，双击"以太网"选项，如图 4-15 所示。

(4) 打开"以太网状态"窗口，单击"属性"按钮，如图 4-16 所示。

图 4-15　双击"以太网"图标

图 4-16　单击"属性"按钮

(5) 打开"以太网属性"窗口，双击"Internet 协议版本 4(TCP/IPv4)"选项，如图 4-17 所示。

(6) 打开"Internet 协议版本 4(TCP/IPv4)属性"对话框，在"IP 地址"文本框中输入本机的 IP 地址，按下 Tab 键会自动填写子网掩码，然后分别在"默认网关""首选 DNS 服务器"和"备用 DNS 服务器"中设置相应的地址，最后单击"确定"按钮完成 IP 地址的设置，如图 4-18 所示。

图 4-17　双击"Internet 协议版本 4(TCP/IPv4)"选项

图 4-18　设置 IP 地址

4.2.3 网络连通测试

配置网络协议后，还需要使用 ping 命令来测试网络连通性，查看计算机是否已经成功接入局域网当中。

1. 网络连通测试程序 ping

在 TCP/IP 协议簇中，网络层 IP 是一个无连接的协议，使用 IP 传送数据包时，数据包可能会丢失、重复或乱序，因此，可以使用网络控制报文协议(ICMP)对 IP 提供差错报告。ping 就是一个基于 ICMP 的实用程序，通过该程序，可以对源主机与目的主机之间的 IP 链路进行测试，测试的内容包括 IP 数据包能否到达目的主机，是否会丢失数据包，传输延时有多大，以及统计丢包率等数据。

在任务栏搜索框中输入命令"cmd"，然后按下 Enter 键，打开"命令提示符"窗口。在窗口命令行下，输入 ping 127.0.0.1，其中 127.0.0.1 是用于本地回路测试的 IP 地址(127.0.0.1 代表 Localhost，即本地主机)，按下 Enter 键后就会显示出测试结果(也称为"回波响应")，如图 4-19 所示。

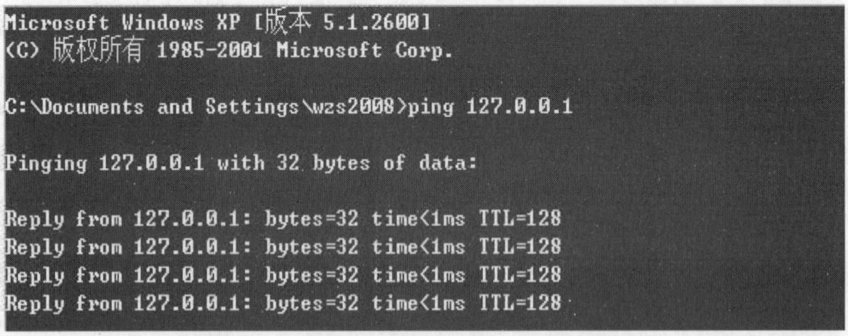

```
Microsoft Windows XP [版本 5.1.2600]
<C> 版权所有 1985-2001 Microsoft Corp.

C:\Documents and Settings\wzs2008>ping 127.0.0.1

Pinging 127.0.0.1 with 32 bytes of data:

Reply from 127.0.0.1: bytes=32 time<1ms TTL=128
Reply from 127.0.0.1: bytes=32 time<1ms TTL=128
Reply from 127.0.0.1: bytes=32 time<1ms TTL=128
Reply from 127.0.0.1: bytes=32 time<1ms TTL=128
```

图 4-19　回波响应

使用 ping 命令后，可以通过接收对方的应答信息，来判断源主机与目的主机之间的链路状况。若链路良好，则会接收到如图 4-20 所示的应答信息。

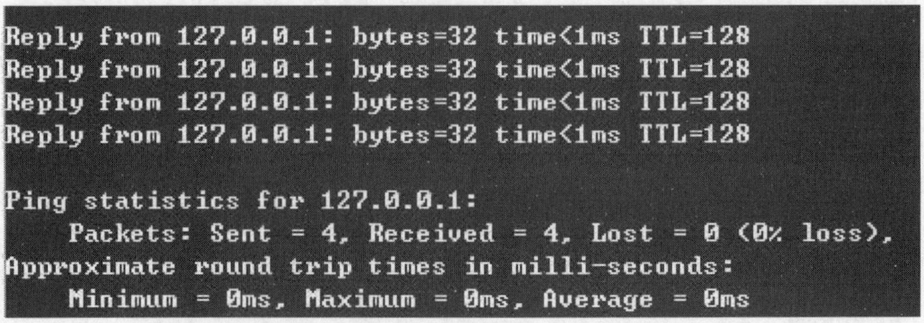

```
Reply from 127.0.0.1: bytes=32 time<1ms TTL=128
Reply from 127.0.0.1: bytes=32 time<1ms TTL=128
Reply from 127.0.0.1: bytes=32 time<1ms TTL=128
Reply from 127.0.0.1: bytes=32 time<1ms TTL=128

Ping statistics for 127.0.0.1:
    Packets: Sent = 4, Received = 4, Lost = 0 <0% loss>,
Approximate round trip times in milli-seconds:
    Minimum = 0ms, Maximum = 0ms, Average = 0ms
```

图 4-20　应答信息

其中，bytes 表示测试数据包的大小，time 表示数据包的延迟时间，TTL 表示数据包的生存期。图 4-20 的统计数据结果为：总共发送 4 个测试数据包，实际接收应答数据包也是 4 个，丢包率为 0%，最大、最小和平均传输延时为 0ms(这个延时是数据包的往返时间)。

如果接收到如图 4-21 所示的应答信息，就表示数据包无法达到目的主机或数据包丢失。

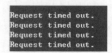

图 4-21　错误应答

在命令行窗口中，输入 ping 命令后按下 Enter 键，可以获取 ping 命令的帮助提示。该命令有很多的开关参数设置，其中常用的有-t、-n、-l，这些参数的实际使用方法如下。

(1) -t：用于连续性测试链路，例如使用 ping X -t(X 表示目的主机的 IP 地址，如 192.168.1.10)，就可以不间断地测试源主机与目的主机之间的链路，直到用户使用中断退出(按 Ctrl+C 组合键)。在测试过程中，可以随时按 Ctrl+Break 组合键来查看统计结果。

(2) -n：表示发送测试数据包的数量，在不指定该参数时，其默认值为 4。例如，要发送 1 000个数据包测试链路，可以使用 ping X -n 1000 命令。

(3) -l：表示发送测试数据包的大小，例如发送 100 个 1024 字节大小的数据包，就可以使用ping X -n 100 -l 1024。

2. 测试网络的连通性

首先，检查一下本机 TCP/IP 的配置情况。在"命令提示符"窗口下输入 ipconfig，按 Enter键，显示本机 TCP/IP 的配置。若要进一步查看更为详细的信息，可以执行 ipconfig/all 命令，显示如图 4-22 所示的内容。

```
C:\Documents and Settings\wzs2008>ipconfig/all

Windows IP Configuration

        Host Name . . . . . . . . . . . . : hk-wzs
        Primary Dns Suffix  . . . . . . . :
        Node Type . . . . . . . . . . . . : Unknown
        IP Routing Enabled. . . . . . . . : No
        WINS Proxy Enabled. . . . . . . . : No

Ethernet adapter 本地连接:

        Connection-specific DNS Suffix  . :
        Description . . . . . . . . . . . : Realtek RTL8139/810X Family PCI Fast
Ethernet NIC
        Physical Address. . . . . . . . . : 00-0F-EA-15-00-8B
        Dhcp Enabled. . . . . . . . . . . : No
        IP Address. . . . . . . . . . . . : 192.168.1.88
        Subnet Mask . . . . . . . . . . . : 255.255.255.0
        Default Gateway . . . . . . . . . : 192.168.1.1
        DNS Servers . . . . . . . . . . . : 202.101.224.68
                                            202.101.226.68
```

图 4-22　执行 ipconfig/all 命令的结果

下面开始网络的测试。

(1) 在命令行中输入 ping 127.0.0.1，然后按 Enter 键，如果能接收到正确的应答且没有数据包丢失，则表示本机的 TCP/IP 协议栈工作正常。若应答响应不正确(数据包丢失或目的主机无法达到等)，则查看网络设置，确认本机是否安装了 TCP/IP。

(2) 输入 ping X，其中 X 就是 ipconfig 命令获取的地址，若记录的地址为 192.168.1.88，则输入 ping 192.168.1.88。按 Enter 键后，如果能接收到应答信息且没有数据包丢失，则表示本机 TCP/IP的配置正确，且该计算机在网络上可以进行通信；否则，重新检查或设置本机的 TCP/IP 协议配置参数(很多时候都是因为 IP 地址或子网掩码输入错误造成)。

(3) 同样，输入 ping X，其中 X 代表另外一台已连通到网络上的计算机所使用的 IP 地址。按Enter 键后，如果同样能够接收到对方正确的应答信息且没有数据包丢失，则表示本机与对方计算机之间可以互相通信,并正确地连接到网络上。如果不通,则检查网络电缆是否插好(包括本机一端和集线器一端);若还出现问题,则重新测试或制作网络电缆;若还不能解决问题,则说明地址解析可能出现问题(ARP 工作不正常),解决方法是将 TCP/IP 删除并重新安装。

(4) 将网络的硬件连接好,然后进行相应的软件和协议配置,当所有这些操作结束后,并不意味着网络就能够连通,或者说并非所有的计算机都能连接到网络上,其中可能会出现各种各样的问题。因此,用户需要通过网络连通的检测和测试,以确定问题的根源,并针对这些问题采取相应的解决措施。

4.3 以太网技术

以太网(ethernet)是一种局域网通信协议,是当今现有局域网采用的最通用的标准,形成于 20 世纪 70 年代早期。以太网是一种传输速率为 10Mb/s 以上的常用局域网(LAN)标准。在以太网中,所有计算机连接在一条同轴电缆上,采用具有冲突检测的载波监听多路访问(CSMA/CD)方法,采用竞争机制和总线拓扑结构。基本上,以太网由共享传输媒体(如双绞线电缆或同轴电缆),以及多端口集线器、网桥或交换机构成。在星型或总线型配置结构中,集线器、交换机、网桥通过电缆使得计算机、打印机和工作站彼此之间相互连接。

IEEE 802.3 标准中提供了以太帧结构。当前以太网支持光纤和双绞线媒体支持下的 4 种传输速率。

(1) 10Mb/s:10Base-T Ethernet(802.3)。

(2) 100Mb/s:Fast Ethernet(802.3u)。

(3) 1 000Mb/s:Gigabit Ethernet(802.3z)。

(4) 10Gb/s Ethernet:IEEE 802.3ae。

4.3.1 传统以太网技术

传统以太网只有 10Mb/s 的传输速率,使用的是带有冲突检测的载波监听多路访问(carrier sense multiple access/collision detection, CSMA/CD)控制方法,这种早期的 10Mb/s 以太网称为标准以太网。以太网可以使用粗同轴电缆、细同轴电缆、非屏蔽双绞线、屏蔽双绞线和光纤等多种传输介质进行连接,并且在 IEEE 802.3 标准中,为不同的传输介质制定了不同的物理层标准。在这些标准中前面的数字表示传输速度,单位是 Mb/s;最后的一个数字表示单段网线长度(基准单位是 100m);Base 表示"基带"的意思。传统以太网标准比较如表 4-2 所示。

表 4-2 传统以太网标准比较

特　　性	10Base-5	10Base-2	10Base-T	10Base-F
数据速率(Mb/s)	10	10	10	10
信号传输方法	基带	基带	基带	基带
最大网段长度	500m	185m	100m	2 000m
网络介质	50Ω 粗同轴电缆	50Ω 细同轴电缆	UTP	光缆
拓扑结构	总线型	总线型	星型	点对点

(1) 10Base-5：使用直径为 0.4in(英寸)、阻抗为 50Ω 的粗同轴电缆，也称粗缆以太网，最大网段长度为 500m，基带传输方法，拓扑结构为总线型。10Base-5 组网主要硬件设备有粗同轴电缆、带有 AUI 插口的以太网卡、中继器、收发器、收发器电缆、终结器等。

(2) 10Base-2：使用直径为 0.2in(英寸)、阻抗为 50Ω 的细同轴电缆，也称细缆以太网，最大网段长度为 185m，基带传输方法，拓扑结构为总线型。10Base-2 组网主要硬件设备有细同轴电缆、带有 BNC 插口的以太网卡、中继器、T 型连接器、终结器等。

(3) 10Base-T：使用双绞线电缆，最大网段长度为 100m，拓扑结构为星型。10Base-T 组网主要硬件设备有 3 类或 5 类非屏蔽双绞线、带有 RJ-45 插口的以太网卡、集线器、交换机、RJ-45 插头等。

(4) 10Base-F：使用光纤传输介质，传输速率为 10Mb/s。

4.3.2　快速以太网技术

随着网络的发展，传统标准的以太网技术已难以满足日益增长的网络数据流量速度需求。在 1993 年 10 月以前，对于要求 10Mb/s 以上数据流量的 LAN 应用，只有光纤分布式数据接口(FDDI) 可供选择，但它是一种价格非常昂贵的、基于 100Mb/s 光缆的接口技术。

快速以太网是指任何一个速率达到 100Mb/s 的以太网。快速以太网在保持帧格式、MAC(介质存取控制)机制和 MTU(最大传送单元)质量的前提下，其速率比 10Base-T 的以太网增加了 10 倍。二者之间的相似性使得 10Base-T 以太网上现有的应用程序和网络管理工具能够在快速以太网上使用。快速以太网基于扩充的 IEEE 802.3 标准。

快速以太网可以满足日益增长的网络数据流量速度需求。100Mb/s 快速以太网标准分为 100Base-TX、100Base-FX、100Base-T4 三个子类。快速以太网技术可以有效地保障用户在布线基础设施上的投资，它支持 3、4、5 类双绞线以及光纤的连接，能有效地利用现有的设施。

(1) 100Base-TX：一种使用 5 类非屏蔽双绞线或屏蔽双绞线的快速以太网技术。它使用两对双绞线：一对用于发送数据，另一对用于接收数据。在传输中使用 4B/5B 编码方式，信号频率为 125MHz。符合 EIA-586 的 5 类布线标准和 IBM 的 SPT 1 类布线标准。使用同 10Base-T 相同的 RJ-45 连接器。它的最大网段长度为 100m，支持全双工的数据传输。

(2) 100Base-FX：一种使用光缆的快速以太网技术，可使用单模和多模光纤(62.5μm 和 125μm)。多模光纤连接的最大距离为 550m，单模光纤连接的最大距离为 3 000m。在传输中使用 4B/5B 编码方式，信号频率为 125MHz。100Base-FX 以太网使用 MIC/FDDI 连接器、ST 连接器或 SC 连接器。它的最大网段长度为 150m、412m、2 000m 或更长至 10km，这与所使用的光纤类型和工作模式有关，它支持全双工的数据传输。100Base-FX 特别适合于有电气干扰的环境、较大距离连接或高保密环境等场景。

(3) 100Base-T4：一种可使用 3、4、5 类非屏蔽双绞线或屏蔽双绞线的快速以太网技术。它使用 4 对双绞线，3 对用于传送数据，1 对用于检测冲突信号。在传输中使用 8B/6T 编码方式，信号频率为 25MHz，符合 EIA-586 结构化布线标准。它使用与 10Base-T 相同的 RJ-45 连接器，最大网段长度为 100m。

4.3.3　高速以太网技术

千兆位以太网是一种新型高速局域网，可以提供 1Gb/s 的通信带宽，采用和传统 10/100Mb/s 以太网同样的 CSMA/CD 协议、帧格式和帧长，因此可以实现在原有低速以太网基础上平滑的网络升级，从而能最大限度地保护用户以前的投资。以太网技术是当今应用最为广泛的网络技术。然而，随着网络通信流量的不断增加，传统 10Mb/s 以太网在 C/S 计算环境中已难以满足需求。

从目前的发展趋势来看，最合适的解决方案是千兆以太网。千兆以太网可以为园区网络提供 1Gb/s 的通信带宽，而且具有以太网的简易性，以及和其他类似速率的通信技术相比具有价格低廉的特点。千兆以太网能够在当前以太网基础之上实现平滑过渡，综合平衡了现有的端点工作站、管理工具和培训基础等各种因素，如图 4-23 所示。千兆以太网采用同样的 CSMA/CD 协议、帧格式和帧长。对于广大的网络用户来说，这就意味着现有的投资可以在合理的初始开销上延续到千兆以太网，无须对技术支持人员和用户进行重新培训，也无须做另外的协议和中间件的投资，从而保持用户总体开销的较低水平。

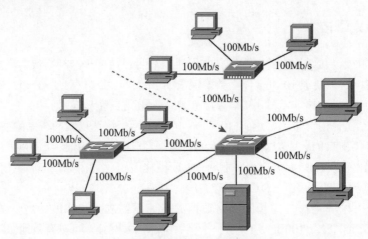

图 4-23　快速以太网向千兆以太网迁移

如今在千兆以太网的基础上，已经开发出万兆以太网及百万兆以太网。IEEE 802.3ae 标准经过改编，纳入了通过光缆进行的全双工发送的 10Gb/s 的以太网。原始以太网的 IEEE 802.3ae 标准和 IEEE 802.3 标准非常类似，由于帧格式及其他以太网第 2 层规格与之前的标准兼容,因此 10Gb/s 以太网可以为那些能与现有网络基础架构交互操作的个别网络提供更高的带宽。

2010 年 6 月，融合 40G/100G 的 IEEE 802.3ba 规范获得批准，新标准将支持 40Gb/s 速率下 100m 多模光纤传输、10m 铜线传输和 1m 背板传输。在 100Gb/s 领域，新标准将支持 10km、40km 单模光纤传输、100m 多模光纤传输和 10m 铜线传输。40Gb/s 主要面向服务器，而 100Gb/s 则面向网络汇聚和骨干。IEEE 802.3ba 标准解决了数据中心、运营商网络和其他流量密集高性能计算环境中数量越来越多的应用的宽带需求。而数据中心内部虚拟化和虚拟机数量的繁衍，以及融合网络业务、视频点播和社交网络等的需求也是推动制定该标准的幕后力量。

4.4　组建局域网的相关技术

局域网组建的相关技术主要有交互机技术、路由技术、IP 地址管理以及新一代网络协议 IPv6 等。

4.4.1　交换机技术

局域网的交换机技术主要包括端口交换、帧交换、信元交换。

1. 端口交换

端口交换技术最早出现在插槽式的集线器中,这类集线器的背板通常划分有多条以太网段(每条网段为一个广播域),不用网桥或路由器连接,网络之间是互不相通的。以太网模块插入后通常被分配到某个背板的网段上,端口交换用于将以太网模块的端口在背板的多个网段之间进行分配、平衡。根据支持的程度,端口交换还可进行如下细分。

(1) 模块交换:将整个模块进行网段迁移。

(2) 端口组交换:通常模块上的端口被划分为若干组,每组端口允许进行网段迁移。

(3) 端口级交换:支持每个端口在不同网段之间进行迁移。这种交换技术是在 OSI 模型的第一层上实现的,具有灵活性和负载平衡能力。如果配置得当,该技术还可以在一定程度上提供容错能力。然而,由于它并未改变共享传输介质的特点,因而不能称为真正的交换。

2. 帧交换

帧交换是目前应用最广的局域网交换技术,它通过对传统传输媒介进行微分段,提供并行传送的机制,以减小冲突域,获得高的带宽。一般来讲,不同公司的产品的实现技术会有所不同,但对网络帧的处理方式一般有以下两种。

(1) 直通交换:提供快速处理能力,交换机只读出网络帧的前 14 字节,便将网络帧传送到相应的端口上。

(2) 存储转发:通过对网络帧的读取进行检错和控制。

前一种方法的交换速度非常快,但缺乏对网络帧进行更高级的控制,包括智能性和安全性方面的不足,且可能无法支持具有不同速率的端口交换。因此,许多厂商将存储转发技术视为重点发展方向。

有的厂商甚至对网络帧进行分解,将帧分解成固定大小的信元,该信元处理极易通过硬件实现,处理速度快,并支持如优先级控制等高级功能(例如,美国 MADGE 公司的 LET 集线器就采用了类似技术)。

3. 信元交换

ATM 技术代表了网络和通信技术发展的未来方向,也是解决目前网络通信中众多难题的一剂"良药"。ATM 采用固定长度 53 字节的信元交换,由于长度固定,因而便于用硬件实现。ATM 采用专用的非差别连接,并行运行,可以通过一个交换机同时建立多个节点,但并不会影响每个节点之间的通信能力。ATM 还容许在源节点和目标节点建立多个虚拟链接,以保障足够的带宽和容错能力。ATM 采用了统计时分电路进行复用,因而能大大提高通道的利用率。ATM 的带宽可以达到 25Mb/s、155Mb/s、622Mb/s 甚至数 Gb/s 的传输能力。

4.4.2　路由技术

路由技术涵盖了路由选择算法以及因特网的路由选择协议的特点及分类。其中,路由选择算法可以分为静态路由选择算法和动态路由选择算法。因特网的路由选择协议的特点是:它们是自适应的选择协议(即动态的);采用分布式架构,并且是分层次的,具体分为自治系统内部和自治系统外部路由选择协议。因特网的路由选择协议划分为内部网关协议(IGP,具体的协议有 RIP 和 OSPF 等)和外部网关协议(EGP,目前使用最多的是 BGP)两大类。

动态路由是指一种路由选择方法，其中路由协议可以根据实际情况自动更新和维护路由表。动态路由的主要优点是：当存在多条到达目的站点的路径时，在运行了路由选择协议(如 RIP 或 IGRP)之后，而正在进行数据传输的某条路径发生中断的情况下，路由器可以自动地选择另外一条路径传输数据，这对于构建和维护大型网络尤为重要，如图 4-24 所示。

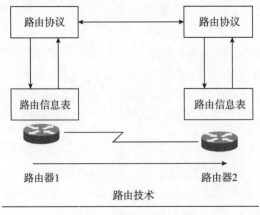

图 4-24　动态路由原理

4.4.3　IP 地址管理

ICANN(互联网名称与数字地址分配机构)将部分 IP 地址分配给地区级的互联网注册机构(regional internet registry, RIR)，RIR 负责该地区的 IP 地址分配，登记注册。通常 RIR 会将地址进一步分配给区内大的本地级互联网注册机构或因特网服务供应商(LIR/ISP)，然后由他们做更进一步的分配。RIR 共有 3 个，分别为 ARIN、RIPE 和 APNIC，如图 4-25 所示。

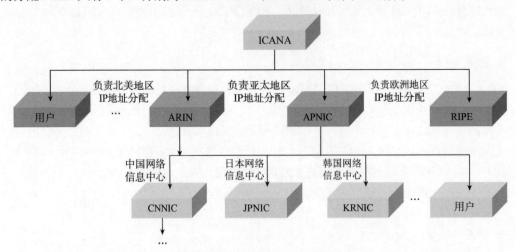

图 4-25　ICANN 的 IP 地址分配

(1) ARIN 主要负责北美地区 IP 地址的分配管理。

(2) RIPE 主要负责欧洲地区 IP 地址的分配管理。

(3) APNIC 主要负责亚太地区 IP 地址的分配管理。

1. IP 地址组成与类别

要分配的 IP 地址必须遵循 TCP/IP 协议规定。传统的 IP 地址是由 32 个二进制位组成的，由于二进制使用起来不方便，常用"点分十进制"方式来表示，即将 IP 地址分为 4 字节，每字节以十进制数 0～255 来表示，各个数之间以圆点来分隔。

IP 地址的格式是一共 4 段(4 字节，每字节占 8 位，共 32 位二进制数)，中间用小数点隔开。例如，218.91.234.210。

点分十进制就是把每字节二进制数值转换成十进制数，然后用点号将它们隔开。例如，11000000.10101000.00000001.00000110 对应的十进制数为 192.168.1.6。

2. IP 地址的分类

为了区别不同的网络及网络中每台计算机的标识，IP 地址可以分为两部分：网络标识 NetID 和主机标识 HostID。

为了适应不同的网络规模，人们将 IP 地址划分为 A、B、C、D、E 五大类。划分的依据是网络号和主机号所占分段数目的不同，如图 4-26 所示。

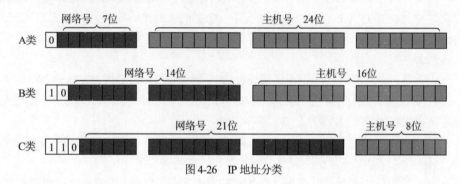

图 4-26　IP 地址分类

(1) A 类地址：第一段为网络号，其余段为主机号，适用于大型网络、网络数少、主机数很多的情况。

(2) B 类地址：前两段为网络号，后两段为主机号，适用于中型网络、网络数目中等、主机数目中等的情况。

(3) C 类地址：前三段为网络号，最后一段为主机号，适用于小型网络、网络数量较多、网络中的主机数目较少的情况，如小型企业。

(4) D 类地址：组播地址。

(5) E 类地址：保留地址，准备留作今后使用。

各类 IP 地址对应的第一字节表示的十进制数的范围如表 4-3 所示。

表 4-3　各类 IP 地址对应十进制数的范围

IP 地址类型	第一字节表示的十进制数的范围
A 类	1～126
B 类	128～191
C 类	192～223
D 类	224～239
E 类	240～255

3. 子网与子网掩码

(1) 子网

一个网络上的所有主机都必须有相同的网络 ID，这是识别网络主机属于哪个网络的根本方法。但是当网络规模扩大时，这种 IP 地址特性会引发问题。解决这个问题的办法是将规模较大的网络内部划分成多个部分，对外像一个单独网络一样动作，这在因特网上称为子网(subnet)。

对于网络外部来说，子网是不可见的，因此分配一个新子网不必与 NIC 联系或改变程序外部数据库。比如第一个子网可能使用以 130.107.16.1 开始的 IP 地址，第二个子网可能使用以 130.107.16.200 开始的 IP 地址，以此类推。

(2) 子网掩码

子网掩码(subnet mask)是可以从 IP 地址中识别出网络 ID 的二进制数，它能区分 IP 地址中的网络号与主机号。当 TCP/IP 网络上的主机相互通信时，就可利用子网掩码得知这些主机是否在相同的网络区段内。子网掩码的另一个用途是，可将网络分割为多个以 IP 路由器(IP router)连接的子网。子网的划分是通过路由器来实现的。

例如，假设有 4 个分布于各地的局域网络，每个网络都各有约 15 台主机，而只向 NIC 申请了一个 C 类网络号，其为 203.66.77。正常情况下，C 类的子网掩码应该设为 255.255.255.0，但此时所有的计算机必须在同一个网络区段内，可是现在网络却是分布于 4 个地区，而只申请了一个网络号，该怎么办呢？

解决办法就是在子网掩码上动脑筋，假设此时将子网掩码设为 255.255.255.224。注意，最后 1 字节为 224，不是 0。224 的二进制值为 11100000，它用来表示原主机 ID 的最高 3 位是子网掩码，也就是说我们将主机 ID 中最高的 3 位拿来分割子网。

这 3 位共有 000、001、010、011、100、101、110、111 等 8 种组合，扣掉不可使用的 000(代表本身)与 111(代表广播)，还有 6 种组合，也就是它一共可提供 6 个子网。

每个子网可提供的 IP 地址是什么呢？IP 地址的前 3 字节当然还是 203.66.77，而第 4 字节则是：

① 第一个子网为 00100001 到 00111110，也就是 33 到 62；
② 第二个子网为 01000001 到 01011110，也就是 65 到 94；
③ 第三个子网为 01100001 到 01111110，也就是 97 到 126；
④ 第四个子网为 10000001 到 10011110，也就是 129 到 158；
⑤ 第五个子网为 10100001 到 10111110，也就是 161 到 190；
⑥ 第六个子网为 11000001 到 11011110，也就是 193 到 222。

因此各子网提供的 IP 地址为：

① 第一个子网为 203.66.77.33 到 203.66.77.62；
② 第二个子网为 203.66.77.65 到 203.66.77.94；
③ 第三个子网为 203.66.77.97 到 203.66.77.126；
④ 第四个子网为 203.66.77.129 到 203.66.77.158；
⑤ 第五个子网为 203.66.77.161 到 203.66.77.190；
⑥ 第六个子网为 203.66.77.193 到 203.66.77.222。

每个子网都可支持 30 台主机，足以应付 4 个子网各 15 台主机的需求。由这 6 个子网的 IP 地址可以发现，经过分割后，有一些 IP 地址就无法使用了，例如第一、二子网之间的 203.66.77.63 与 203.66.77.64 这两个地址。

4. 域名系统

域名系统(domain name system, DNS)是因特网的一项核心服务，它作为可以将域名和 IP 地址相互映射的一个分布式数据库，能够使人更方便地访问互联网，而无须记忆复杂的、能够被机器直接读取的 IP 数串。

与人的姓名不同，域名和 IP 一样，每个域名必须对应一组 IP，而且是独一无二的，同样，域名也不可重复。

域名系统采用树型层次结构，按地理区域或机构区域进行分层。在书写时，采用圆点 "." 将各个层次域隔开。

域名的格式为：三级域名.二级域名.顶级域名。

最左边的一个字段为主机名。每一级域名由英文字母或阿拉伯数字组成，长度不超过 63 个字符，字母不区分大小写。一个完整的域名的总字数不得超过 255 个字符。

5. Web 服务

Web 服务(web service)是基于 XML 和 HTTPS 的一种服务，其通信协议主要基于 SOAP，服务的描述通过 WSDL 完成，通过 UDDI 来发现和获得服务的元数据。

Web 服务是一种新的且重要的程序架构。它允许通过 XML 来进行服务的发现、描述和访问。在这一领域有许多活动，但有 3 种主要的用于 Web 服务的 XML 标准。

(1) SOAP：简单对象访问协议(simple object access protocol)。SOAP 定义了一个 XML 文档格式，该格式描述如何调用一段远程代码的方法。应用程序创建一个描述希望调用的方法的 XML 文档，并传递给它所有必需的参数，然后应用程序通过网络将该 XML 文档发送给那段代码。代码接收 XML 文档，解释它，调用请求的方法，然后发回一个描述结果的 XML 文档。SOAP 规范版本 1.1 位于 w3.org/TR/SOAP/。可访问 w3.org/TR/以了解 W3C 中 SOAP 相关的所有活动。

(2) WSDL：Web 服务描述语言(web services description language)。它是一个描述 Web 服务的 XML 词汇表。编写一段接收 WSDL 文档然后调用其以前从未用过的 Web 服务的代码，这是可能的。WSDL 文件中的信息定义 Web 服务的名称、它的方法的名称、这些方法的参数和其他详细信息。可以在 w3.org/TR/wsdl(结尾没有斜杠符号)找到最新的 WSDL 规范。

(3) UDDI：统一描述、发现和集成(universal description, discovery and integration)。该协议向 Web 服务注册中心定义 SOAP 接口。如果有一段代码希望作为 Web 服务部署，UDDI 规范定义如何将服务描述添加至注册中心；如果寻找一段提供某种功能的代码，UDDI 规范定义如何查询注册中心以找到需要的信息。有关 UDDI 的所有资料来源都可以在 uddi.org 上找到。

6. FTP 服务

FTP(file transfer protocol)是文件传输协议的简称。

FTP 的主要作用是让用户连接一个远程计算机(这些计算机上运行着 FTP 服务器程序)查看其有哪些文件，然后把文件从远程计算机上复制到本地计算机，或把本地计算机的文件传送到远程计算机。

FTP 的工作原理是：当启动 FTP 从远程计算机复制文件时，事实上启动了两个程序——一个本地机上的 FTP 客户程序，它向 FTP 服务器提出复制文件的请求；另一个是启动在远程计算机上的 FTP 服务器程序，它响应请求把指定的文件传送到计算机中。FTP 采用 "客户机/服务器" 方式，用户端在自己的本地计算机上安装 FTP 客户程序。FTP 客户程序有字符界面和图形界面两种：字符界面的 FTP 的命令复杂、繁多；图形界面的 FTP 客户程序，操作上要简洁方便得多。

4.4.4 新一代网际协议 IPv6

目前的全球因特网所采用的协议族是 TCP/IP 协议族。IP 是 TCP/IP 协议族中网络层的协议，是 TCP/IP 协议族的核心协议。IPv6 正处在不断发展和完善的过程中，它将逐步取代目前被广泛使用的 IPv4。IPv6 是 Internet Protocol Version 6 的缩写，其中 Internet Protocol 译为"互联网协议"。

1. IPv6 地址

(1) IPv6 地址格式

IPv6 地址大小是 128 位元。IPv6 地址表示法为 x:x:x:x:x:x:x:x，其中每一个 x 都是十六进制值，共 8 个 16 位元地址片段。

(2) IPv6 地址分类

IPv6 地址可分为 3 种。

① 单播地址：单播地址标示一个网络接口，协议会把送往地址的分组投送给其接口。IPv6 的单播地址可以有一个代表特殊地址名字的范畴，如 link-local 地址和唯一区域地址(unique local address, ULA)。

② 任播地址：任播地址用于指定给一群接口，通常这些接口属于不同的节点。若分组被送到一个任播地址，则会被转送到成员中的其中之一。通常会根据路由协议，选择"最近"的成员。任播地址通常无法轻易区分，它们拥有和正常单播地址一样的结构，只是会在路由协议中将多个节点加入网络中。

③ 多播地址：多播地址也被指定到一群不同的接口，送到多播地址的分组会被传送到所有的地址。

(3) IPv6 地址分配

如果用户需要 IPv4 网络地址，通常必须和 ISP 协商方案，ISP 将按照 CIDR 类型地址集聚来分配地址块。IPv4 网络地址最终由 Internet 分配号码授权机构(IANA)来控制。但是，如果用户需要 IPv6 地址，事情就不是这样简单。正如在 RFC 1881(IPv6 地址分配管理)中的定义，IANA 将 IPv6 地址空间块指派给区域或其他类型的登记机构，这些机构再将较小块地址空间分配给网络供应商或其他子机构，然后子机构依次将地址分配给请求 IPv6 地址的商业公司、机构或个人。

2. IPv6 协议基本格式

IPv6 报文格式从简单性来看，比 IPv4 简单，而且 IPv6 的基本头部的长度是固定的。相较于 IPv4，IPv6 去掉了一些头部，并把这些头部全部整合到了后面的扩展头部中。IPv6 的报文格式如下：

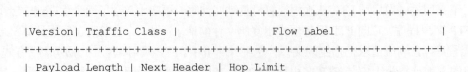

```
+-+-+-+-+-+-+-+-+-+-+-+-+-+-+-+-+-+-+-+-+-+-+-+-+-+-+-+-+-+-+-+-+
|Version| Traffic Class |             Flow Label              |
+-+-+-+-+-+-+-+-+-+-+-+-+-+-+-+-+-+-+-+-+-+-+-+-+-+-+-+-+-+-+-+-+
| Payload Length | Next Header | Hop Limit
```

```
+-+-+-+-+-+-+-+-+-+-+-+-+-+-+-+-+-+-+-+-+-+-+-+-+-+-+-+-+-+-+-+-+
|                                                              |
+                                                              +
|                                                              |
+                      Source Address                          |
+                                                              +
|                                                              |
+-+-+-+-+-+-+-+-+-+-+-+-+-+-+-+-+-+-+-+-+-+-+-+-+-+-+-+-+-+-+-+-+
|                                                              |
+                                                              +
|                                                              |
+                   Destination Address                        |
|                                                              |
+                                                              +
|                                                              |
+-+-+-+-+-+-+-+-+-+-+-+-+-+-+-+-+-+-+-+-+-+-+-+-+-+-+-+-+-+-+-+-+
```

3. IPv6 扩展首部

(1) IPv6 扩展首部概述

位于 IPv6 首部和上层协议首部之间的扩展首部被用来在数据包中携带一些与 IP 层相关的信息。IPv6 数据包可以有 0 个、1 个或多个扩展首部。IPv6 首部和扩展首部中的下一个首部字段用来指明当前首部后面是哪个扩展首部或上层协议首部。

(2) IPv6 扩展首部举例

下面是几个扩展首部的例子：

```
+---------------------+---------------------------------------
| ipv6 header | tcp header + data
| |
| next header = tcp |
| |
+---------------------+---------------------------------------
+---------------------+--------------------+----------------------
| ipv6 header | routing header | tcp header + data
| | |
| next header = | next header = tcp |
| routing | |
| | |
+---------------------+--------------------+----------------------
```

一般情况下(hop-by-hop 选项首部例外)，扩展首部在数据包的传递过程中，中间的任何节点不会检测和处理，一直到这个 IPv6 首部中目的地址所标识的那个节点。

特例：hop-by-hop 选项首部，携带了包的传送路径中的每个节点都必须检测和处理的信息，包括源节点和目的节点。如果 hop-by-hop 选项首部存在，就必须紧跟在 IPv6 首部后面。

4. ICMPv6

(1) ICMPv6 报文格式

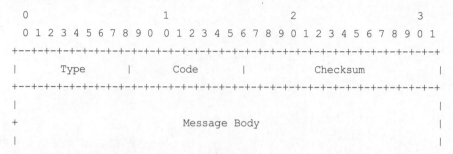

(2) ICMPv6 报文举例

移动 IPv6 规范定义了 4 种新的 ICMPv6 报文。

① 动态归属代理地址发现请求(dynamic home agent address discovery request)报文：移动节点有时需要请求其归属网络上最新的归属代理列表，当请求该列表时，移动节点发送动态归属代理地址发现请求报文，这是一种新定义的 ICMPv6 报文。

② 动态归属代理地址发现应答(dynamic home agent address discovery reply)报文：用作动态归属代理地址发现请求报文的应答报文。各个归属代理监听其他归属代理发出的路由器广告报文，并在必要时进行更新，以维护其归属网络中的归属代理列表。当归属代理接收到动态归属代理地址发现请求报文时，它就向移动节点回复一个动态归属代理地址发现应答报文，该报文包含最新的归属代理列表。

③ 移动前缀请求(mobile prefix solicitation)报文：一种新定义的 ICMPv6 报文。当移动节点想要得到归属网络的最新前缀信息时，它就会发送这种报文。在归属地址到期之前要延长其寿命的话，通常就是发送这种报文。

④ 移动前缀广告(mobile prefix advertisement)报文：一种新定义的 ICMPv6 报文。它用来向移动节点提供归属网络的前缀信息。这种报文用作从移动节点发出的移动前缀请求报文的响应报文。另外，归属代理可能向在它那里注册的所有移动节点发送这种报文，以告知这些移动节点归属网络的更新信息，即使这些节点并未明确请求该信息。

5. Internet 的域名机制

域名(domain name)，是由一串用点分隔的名字组成的 Internet 上某一台计算机或计算机组的名称，用于在数据传输时标识计算机的电子方位(有时也指地理位置)。域名是 IP 地址的助记符，便于记忆和沟通网络上的服务器的地址(如网站、电子邮件、FTP 等)。域名作为通信地址，用来标识互联网参与者的名称，如计算机、网络和服务。

(1) Internet 的域名结构。现在的 Internet 采用了层次树状结构的命名方法。目前顶级域名 TLD(top level domain)有以下 3 类。

① 国家顶级域名：采用 ISO 3166 规定。如 cn 表示中国，us 表示美国。

② 国际顶级域名：采用.int 国际性的组织可在 int 下注册。

③ 通用顶级域名：根据 RFC1591 规定，最早的顶级域名共 6 个：com 公司企业、org 非营利性组织、edu 教育机构、gov 政府部门(美国专用)、mil 军事部门(美国专用)、int 国际组织。

(2) 我国的域名结构。根据《中国互联网络域名注册暂行管理办法》，在中国的国别顶级域名代码下,对应有 6 个二级类别域名代码和 34 个二级行政区域域名代码,前者分别为 ac(科研机构)、com(工、商、金融等企业)、edu(教育机构)、gov(政府部门)、net(互联网、接入网络的信息中心和运营中心)及 org(非营利组织),后者则分别对应着 34 个省级行政区域单位,如 bj(北京)、sh(上海)、mo(澳门)等。

4.5　虚拟局域网

虚拟局域网 VLAN(virtual LAN)其实只是局域网给用户提供的一种服务,而并不是一种新型局域网。它是将局域网上的节点划分成若干个"逻辑工作组",组内的用户或节点可以根据部门、功能、应用等因素划分而无须考虑其所处的物理位置。

4.5.1　广播域和 VLAN

广播域是指本地广播帧所能到达的一个网络范围。如果一个数据报文的目标地址是这个网段的广播地址或者目标计算机的 MAC 地址是 FF:FF:FE:FF:FF:FF,那么这个数据报文就会被这个网段的所有计算机接收并响应,这就叫作广播。通常广播用来进行 ARP 寻址,但是广播域无法控制,也会对网络带宽和网络延迟带来严重影响。这种广播所能覆盖的范围就叫作广播域,数据链路层的交换机是转发广播的,所以不能分割广播域,因此在局域网中采用了 VLAN 技术。

随着网络规模的扩大,网络内主机的数量急剧增加,而一个局域网内的主机属于同一个广播域,怎样才能避免网络利用率下降的情况呢?人们首先想到将大的广播域隔离成多个较小的广播域,这样主机发送的广播报文就只能在自己所属的某一个小的广播域内传播,从而提高整个网络的带宽利用率。使用路由器可以做到这一点,但是用路由器来划分广播域,无论在网络建设成本上还是在管理上都存在许多不利因素。为此 IEEE 专门制定了一种 IEEE 802.1q 的协议标准,这就是 VLAN 技术,它利用软件实现了二层广播域的拆分。

VLAN 就是将局域网上的用户或资源按照一定的原则进行划分,把一个物理的网络划分成若干个小的"逻辑工作组",这些小的网络形成各自的广播域。每一个 VLAN 的帧都有一个明确的标识符,指明发送这个帧的工作站是属于哪一个 VLAN。

VLAN 建立在局域网交换机之上,它以软件方式实现逻辑工作组的划分与管理。因此,逻辑工作组的用户或站点可以根据功能、部门、应用等因素划分而无须考虑所处的物理位置,只要以太网交换机是互联的,同一逻辑工作组的成员既可以连接在同一个局域网交换机上,也可以连接在不同局域网交换机上,但它们之间的通信就像在同一个物理网段上一样。当一个站点从一个逻辑工作组转移到另一个逻辑工作组时,只需要通过软件设定,而不需要改变它在网络中的物理位置。

4.5.2　VLAN 的组网方法

通常,通过以太网交换机就可以配置 VLAN。以太网交换机的每个端口都可以分配给一个 VLAN,同处一个 VLAN 的端口共享一个广播域,处于不同 VLAN 的端口不共享广播域,这将全面提高网络的性能。VLAN 的组网方法包括静态 VLAN 和动态 VLAN 两种。

1. 静态 VLAN

静态 VLAN 按端口来进行划分,即强制地将以太网交换机上的一些端口划分给某一个 VLAN。这些端口一直保持这种配置关系,直到人工改变它们。静态 VLAN 既可以在单台交换机中实现,也可以跨越多个交换机。尽管静态 VLAN 需要网络管理员通过配置交换机软件来改变其成员的隶属关系,但它们有良好的安全性,配置简单并可以直接监控,因此很受管理人员的欢迎。特别是站点设备位置相对稳定时,应用静态 VLAN 是一种最佳选择。

2. 动态 VLAN

动态 VLAN 是指交换机上 VLAN 端口是动态分配的,动态分配的原则以 MAC 地址、逻辑地址或数据包的协议类型为基础。如果以 MAC 地址为基础分配 VLAN,网络管理员可以通过指定具有某些 MAC 地址的计算机属于某一个 VLAN 来进行配置,而不必考虑这些计算机具体连接到哪个交换机的端口。这样,如果计算机从一个位置移动到另一个位置,连接的端口也就随之变换,此时,只要计算机的 MAC 地址不变(计算机使用的网卡不变),它仍将属于原 VLAN 的成员,无须网络管理员对交换机软件进行重新配置。

4.5.3 VLAN 的优点

VLAN 主要具有以下优点。

1. 控制广播活动

广播的频率依赖于网络应用类型、服务器类型、逻辑段数目及网络资源的使用方法。大量广播可以形成广播风暴,致使整个网络瘫痪,尽管以太网交换机可以利用端口/MAC 地址映射表来减少网络流量,但却不能控制广播数据包在所有端口的传播。一个 VLAN 中的广播流量不会传输到该 VLAN 之外。VLAN 越小,VLAN 中受广播活动影响的用户就越少。这种配置方式大大地减少了广播流量,为用户的实际流量释放了带宽。

2. 提供较好的网络安全性

在网络应用中,经常有机密和重要的数据在局域网中传递,机密数据通过对存取加以限制来实现其安全性。传统的共享式以太网存在着非常严重的安全问题,因为网上任一站点都需要侦听共享信道上的所有信息,因此通过插接到集线器的一个活动端口,用户就可以获得该段内所有流动的信息。网络规模越大,安全性就越差。利用 VLAN 将局域网分成多个广播域有助于提高安全性。通过适当地设置 VLAN(以及该 VLAN 与外界的连接),就可以提高网络的安全性。

3. 减少网络管理费用

部门重组和人员流动是网络管理的最大挑战之一。在传统的局域网中,通常一个工作组是在同一个网段上,多个逻辑工作组之间通过交换机(或路由器)等互联设备交换数据。VLAN 技术为控制这些改变和减少网络设备的重新配置提供了一个有效的方法。当 VLAN 的站点从一个位置移到另一个位置时,只要简单地将站点接到另一个交换机端口,并对该端口进行配置,使之仍隶属于 VLAN 即可。

4.6　实训演练

实训 1　局域网的组建

【实训目的】

(1) 掌握局域网的规划原理与基本组成要素。

(2) 掌握局域网交换机连接方法。

(3) 理解子网划分的过程。

(4) 掌握子网划分的方法及主机 TCP/IP 配置过程。

【实训环境】

(1) 6 台安装 Windows 10 操作系统的 PC 机。

(2) 网线若干。

(3) 交换机 4 个。

【实训任务】

(1) 实现两台计算机直连。

(2) 实现单一交换机结构的组网。

(3) 实现多交换机级联结构的组网。

【实训思考题】

(1) 某单位分到一个 B 类 IP 地址，其网络 ID 为 156.12.0.0。该单位有 4 000 多台计算机，分布在 16 个不同的地点。试为每一个地点分配一个子网号码，并计算每个地址主机号码的最小值和最大值。

(2) 一个主机的 IP 地址是 202.112.14.137，掩码为 255.255.255.224，要求计算这个主机所在网络的网络地址和广播地址。

实训 2　TCP/IP 实用程序的应用

【实训目的】

(1) 掌握如何使用 ping 实用程序来检测网络的连通性和可到达性。

(2) 掌握使用 tracert 命令测量路由情况的技能。

(3) 学会使用 ipconfig 实用程序查询本地 PC 当前的网络配置状态。

(4) 学会使用 netstat 命令查询网络当前的状态。

(5) 学会使用 nbtstat 命令查询 NetBIOS 名称。

【实训环境】

(1) 上网计算机若干台，运行 Windows 操作系统。

(2) 每台计算机都和校园网相连。

【实训任务】

(1) 使用 ping 命令。

(2) 使用 tracert 命令。

(3) 使用 ipconfig 命令。

(4) 使用 netstat 命令。

(5) 学会使用 nbtstat 命令。

4.7　思考练习

1. 常见局域网的拓扑结构有几种？
2. 在计算机网络中，主要使用的传输介质是什么？
3. 简述组建局域网所需的硬件环境和软件环境。
4. 简述 IP 地址的组成和分类。
5. 虚拟局域网的组网方法有哪些？

网络互连技术 第 **5** 章

在现实世界中，单一的网络无法满足用户的多种需求。因此，我们经常使用的计算机网络往往由许多种不同类型的网络互连而成。网络互连是计算机网络通信技术迅速发展的结果，也是计算机网络应用范围不断扩大的自然要求。本章将介绍网络互连的设备、路由器配置等内容。

5.1 网络互连基础知识

网络互连也称为网际互连，它是指两个以上的计算机网络通过一定的方法，用一种或多种通信处理设备互连起来，以构成更大的网络系统，实现更大范围的信息交换和资源共享。

5.1.1 网络互连的基本概念

互连(interconnection)是指网络在物理上的连接，两个网络之间至少有一条在物理上连接的线路，它为两个网络的数据交换提供了物质基础和可能性，但并不能保证两个网络一定能够进行数据交换，这要取决于两个网络的通信协议的兼容性。

互联(internetworking)是指网络在物理和逻辑上(尤其是逻辑上)的连接。

互通(intercommunication)是指两个网络之间可以交换数据。

互操作(interoperability)是指网络中不同计算机系统之间具有透明地访问对方资源的能力。

5.1.2 网络互连的网络形式

网络互连可分为 LAN-LAN、LAN-WAN、LAN-WAN-LAN 和 WAN-WAN 四种类型。

1. LAN-LAN

LAN-LAN 又分为同种 LAN 互连和异种 LAN 互连。常用互连设备有中继器和网桥。LAN-LAN 如图 5-1 所示。

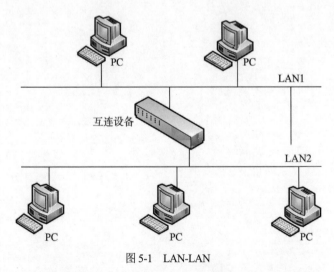

图 5-1　LAN-LAN

2. LAN-WAN

LAN-WAN 用来连接的设备是路由器或网关，如图 5-2 所示。

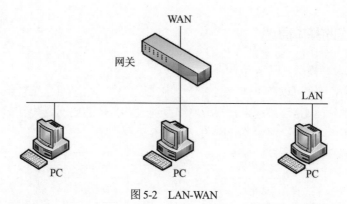

图 5-2　LAN-WAN

3. LAN-WAN-LAN

LAN-WAN-LAN 是将两个分布在不同地理位置的 LAN 通过 WAN 实现互连，连接设备主要有路由器和网关，如图 5-3 所示。

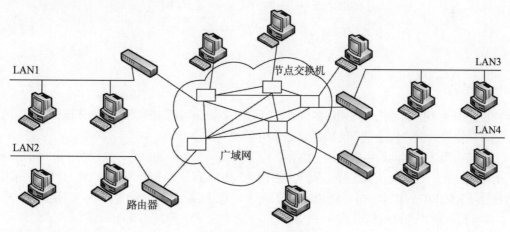

图 5-3　LAN-WAN-LAN

4. WAN-WAN

WAN-WAN 通过路由器和网关将两个或多个广域网互连起来，可以使分别连入各个广域网的主机资源实现共享，如图 5-4 所示。

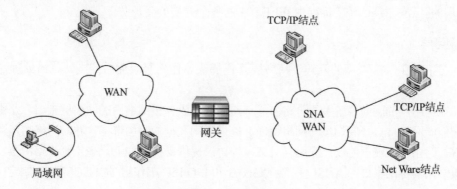

图 5-4　WAN-WAN

5.1.3 网络互连的基本原理

OSI 七层协议参考模型是网络互连的基本原理。

不同需求的网络互连可以在不同的网络分层中实现。由于网络间存在差异，所以需要用不同的网络互连设备将各个网络连接起来。根据网络互连设备工作的层次及其所支持的协议，可以将网间设备分为中继器、网桥、路由器和网关，如图 5-5 所示。

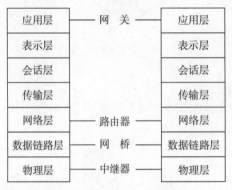

图 5-5 网络互连设备所处的层次

1. 物理层

物理层用于不同地理范围内网段的互连。通过互连，在不同的通信媒体中传送比特流，要求连接的各网络的数据传输速率和链路协议必须相同。

工作在物理层的网间设备主要是中继器，用于扩展网络传输的距离，实现两个相同的局域网段间的电气连接。它仅仅是将比特流从一个物理网段复制到另一个物理网段，而与网络所采用的网络协议(如 TCP/IP、IPX/SPX、NetBIOS 等)无关。物理层的互连协议最简单，互连标准主要由 EIA、ITU-T、IEEE 等机构制定。

2. 数据链路层

数据链路层用于互连两个或多个同一类型的局域网，传输帧。

工作在数据链路层的网间设备主要是网桥(桥接器)。网桥可以连接两个或多个网段，如果信息不是发向网桥所连接的网段，则网桥可以通过过滤避免网络出现瓶颈。局域网的连接实际上是 MAC 子层的互连，MAC 桥的标准由 IEEE 802 的各个分委员会开发。

3. 网络层

网络层主要用于广域网的互连。网络层互连解决路由选择、拥塞控制、差错处理、分段等问题。

工作在网络层的网间设备主要是路由器。路由器提供各种网络间的网络层接口。路由器是主动的、智能的网络节点，它们参与网络管理，提供网间数据的路由选择，并对网络的资源进行动态控制等。路由器依赖于协议，它必须对某一种协议提供支持，如 IP、IPX 等。路由器及路由协议种类繁多，其标准主要由 ANSI 任务组 X3S3.3 和 ISO/IEC 工作组 TC1/SC6/WG2 制定。

4. 高层

高层用于在高层之间进行不同协议的转换，它也最为复杂。

工作在第三层以上的网间设备称为网关，它的作用是连接两个或多个不同的网络，使之能相互通信。这种"不同"常常是物理网络和高层协议都不一样，网关必须提供不同网络间协议的相互转换。最常见的是将某一特定种类的局域网或广域网与某个专用的网络体系结构相互连接起来。

5.2　网络互连设备

网络互连的核心是网络之间的硬件连接和网间互连的协议。网络的物理连接是通过网络互连设备和传输线路实现的，所以网络互连设备是极为重要的，它直接影响互联网的性能。网络互连设备主要有工作在物理层的中继器(repeater)、工作在数据链路层的网桥(bridge)和第二层交换机、工作在网络层的路由器(router)和工作在常规层以上的网关(gateway)。现在常用的还有第二层、第三层交换机。

5.2.1　交换机

交换机作为网络设备和网络终端之间的纽带，是组建各种类型局域网都不可或缺的设备。交换机主要工作于 OSI 参考模型的数据链路层，对网络的传输速率、网络的稳定性、网络的安全性及网络的可用性都有重要影响。

1. 交换机和集线器的区别

从 OSI 体系结构来看，集线器属于 OSI 的第一层物理层设备，而交换机属于 OSI 的第二层数据链路层设备。这就意味着集线器只是对数据的传输起到同步、放大和整形的作用，对数据传输中的短帧、碎片等无法有效处理，不能保证数据传输的完整性和正确性。交换机不但可以对数据的传输做到同步、放大和整形，而且可以过滤短帧、碎片等。

从工作方式来看，集线器是一种广播模式，也就是说集线器的某个端口工作的时候其他所有端口都可以收听到信息，容易产生广播风暴。当网络规模较大时，网络性能可能会受到显著影响，那么用什么方法避免这种现象的发生呢？交换机就能够起到这种作用，当交换机工作的时候，只有发出请求的端口和目的端口之间相互响应而不影响其他端口，那么交换机就能够隔离冲突域和有效地抑制广播风暴的产生。

从带宽来看，集线器不管有多少个端口，所有端口都共享一条带宽，在同一时刻只能有两个端口传送数据，其他端口只能等待；同时，集线器只能工作在半双工模式下。对于交换机而言，每个端口都有一条独占的带宽，当两个端口工作时并不影响其他端口的工作。同时，交换机不但可以工作在半双工模式下也可以工作在全双工模式下。

2. 交换机的分类

(1) 从覆盖范围划分为：广域网、局域网交换机。

(2) 根据传输介质和传输速度划分为：快速、千兆、万兆交换机。

(3) 根据应用层次划分为：核心层、汇聚层、接入层交换机。

(4) 根据交换机的结构划分为：固定、模块化交换机。

(5) 根据交换机工作的协议层划分为：二层、三层、四层交换机。

5.2.2 路由器

常见路由器实物如图 5-6 所示。

图 5-6 路由器

路由器工作在网络层，用于连接多个逻辑上分开的网络。为了给用户提供最佳的通信路径，路由器利用路由表为数据传输选择路径，路由表包含网络地址以及各地址之间距离的清单，路由器利用路由表查找数据包从当前位置到目的地址的正确路径。路由器使用最少时间算法或最优路径算法来调整信息传递的路径，如果某一网络路径发生故障或堵塞，路由器可选择另一条路径，以保证信息的正常传输。路由器可进行数据格式的转换，是不同协议之间网络互连的必要设备。

路由器的工作过程如图 5-7 所示。LAN1 中的源节点 101 生成了一个或多个分组，这些分组带有源地址与目的地址。如果 LAN1 中的 101 节点要向 LAN2 中的目的节点 105 发送数据，那么它只按正常工作方式将带有源地址与目的地址的分组装配成帧发送出去。连接在 LAN1 的路由器接收到来自源节点 101 的帧后，路由器的网络层会检查分组，根据分组的目的地址查询路由表，确定该分组输出路径。路由器确定该分组的目的节点在另一局域网，它就将该分组发送到目的节点所在的局域网中。

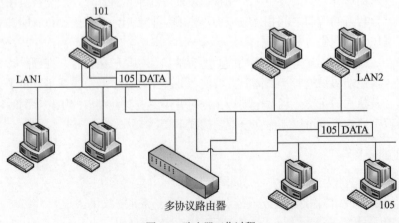

图 5-7 路由器工作过程

1. 路由器的功能

路由器的功能主要有以下几点。

(1) 路由选择：路由器中有一个路由表，当连接的一个网络上的数据分组到达路由器后，路由器根据数据分组中的目的地址，参照路由表，以最佳路径把分组转发出去。路由器还具备路由表的维护能力，可根据网络拓扑结构的变化，自动调节路由表。

(2) 协议转换：路由器可对网络层和以下各层进行协议转换。

(3) 实现网络层的一些功能：因为不同网络的分组大小可能不同，路由器有必要对数据包进行分段、组装，调整分组大小，使之适合于下一个网络对分组的要求。

(4) 网络管理与安全：路由器是多个网络的交汇点，网间的信息流都要经过路由器，在路由器上可以进行信息流的监控和管理。它还可以进行地址过滤，阻止错误的数据进入，起到"防火墙"的作用。

(5) 多协议路由选择：路由器是与协议有关的设备，不同的路由器支持不同的网络层协议。多协议路由器支持多种协议，能为不同类型的协议建立和维护不同的路由表，连接运作不同协议的网络。

2. 路由器与交换机的区别

传统交换机从网桥发展而来，属于 OSI 第二层(即数据链路层)设备，它根据 MAC 地址寻址，通过站表选择路由，站表的建立和维护由交换机自动进行。路由器属于 OSI 第三层(即网络层)设备，它根据 IP 地址进行寻址，通过路由表路由协议产生。交换机最大的优点是快速，由于交换机只需识别帧中 MAC 地址，直接根据 MAC 地址产生选择转发端口，算法简单，便于 ASIC 实现，因此转发速度极高。但交换机的工作机制也带来以下问题。

(1) 回路：根据交换机地址学习和站表建立算法，交换机之间不允许存在回路。一旦存在回路，必须启动生成树算法，阻塞掉产生回路的端口。而路由器的路由协议不存在这个问题，路由器之间可以有多条通路来平衡负载，提高可靠性。

(2) 负载集中：交换机之间只能有一条通路，使得信息集中在一条通信链路上，不能进行动态分配，以平衡负载。而路由器的路由协议算法可以避免这一点，OSPF 路由协议算法不但能产生多条路由，而且能为不同的网络应用选择各自不同的最佳路由。

(3) 广播控制：交换机只能缩小冲突域，而不能缩小广播域。整个交换式网络就是一个大的广播域，广播报文散到整个交换式网络。而路由器可以隔离广播域，广播报文不能通过路由器继续进行广播。

(4) 子网划分：交换机只能识别 MAC 地址。MAC 地址是物理地址，而且采用平坦的地址结构，因此不能根据 MAC 地址来划分子网。而路由器识别 IP 地址，IP 地址由网络管理员分配，是逻辑地址，且 IP 地址具有层次结构，被划分成网络号和主机号，这使得路由器能够非常方便地用于划分子网。

(5) 保密问题：虽说交换机也可以根据帧的源 MAC 地址、目的 MAC 地址和其他帧中内容对帧实施过滤，但路由器根据报文的源 IP 地址、目的 IP 地址、TCP 端口地址等内容对报文实施过滤，更加直观方便。

(6) 介质相关：交换机作为桥接设备，也能完成不同链路层和物理层之间的转换，但这种转换过程比较复杂，不适合 ASIC 实现，可能会降低交换机的转发速度。因此，目前交换机主要完成相同或相似物理介质和链路协议的网络互连，而不会用来在物理介质和链路层协议相差甚远的网络之间进行互连。路由器则不同，它主要用于不同网络之间互连，因此能连接不同物理介质、链路层协议和网络层协议的网络。路由器在功能上虽然占据了优势，但其价格昂贵，报文转发速度较低。

3. 路由器的分类

(1) 按性能划分为：高端、中低端路由器。

(2) 按结构划分为：模块、非模块路由器。

(3) 按网络位置划分为：核心、汇聚、接入路由器。

(4) 按功能划分为：通用、专用路由器。

(5) 按传输性能划分为：线速、非线速路由器。

4. 路由器的主要参数

(1) CPU

CPU 是路由器最核心的组成部分。不同系列、不同型号的路由器，其中的 CPU 也不尽相同。CPU 的好坏直接影响路由器的吞吐量(路由表查找时间)和路由计算能力(影响网络路由收敛时间)。

一般来说，CPU 主频在 100MHz 或以下的属于较低主频，这样的低端路由器适合普通家庭和 SOHO 用户的使用。100~200MHz 属于中等主频，200MHz 以上则属于较高主频，适合网吧、中小企业用户以及大型企业的分支机构使用。

(2) 内存

内存可以用 Byte(字节)做单位，也可以用 Bit(位)做单位，两者容量相差 8 倍(1Byte = 8Bit)。目前的路由器内存中，1~4MB 属于低等，8MB 属于中等，16MB 或以上就属于较大内存了。

(3) 吞吐量

网络中的数据由一个个数据包组成，对每个数据包的处理都要耗费资源。吞吐量是指在不丢包的情况下单位时间内通过的数据包数量，也就是指设备整机数据包转发的能力，是设备性能的重要指标。路由器吞吐量表示的是路由器每秒能处理的数据量，是路由器性能的一个直观上的反映。

(4) 支持网络协议

就像人们说话用某种语言一样，在网络上的各台计算机之间也有语言，不同的计算机之间必须共同遵守一个相同的网络协议才能进行通信。常见的协议有 TCP/IP 协议、IPX/SPX 协议、NetBEUI 协议等。在局域网中用得比较多的是 IPX/SPX 协议。用户如果访问 Internet，就必须在网络协议中添加 TCP/IP 协议。

(5) 线速转发能力

线速转发能力是指路由器在达到端口最大速率时，能够无丢包地传输数据。路由器最基本且最重要的功能就是数据包转发，在同样端口速率下转发小包是对路由器包转发能力的最大考验。全双工线速转发能力是指以最小包长(以太网 64B、POS 口 40B)和最小包间隔(符合协议规定)在路由器端口上双向传输同时不引起丢包。

线速转发是路由器性能的一个重要指标。简单来说就是进来多大的流量，就出去多大的流量，不会因为设备处理能力的问题而造成吞吐量下降。

(6) 带机数量

带机数量指的是路由器能负载的计算机数量。在厂商介绍的性能参数表上，经常可以看到路由器标称能支持 200 台、300 台甚至更多计算机，但是很多时候路由器的表现与标称的值存在较大差异。这是因为路由器的带机数量直接受实际使用环境的网络繁忙程度影响，不同的网络环境带机数量相差很大。

例如，在网吧里，几乎所有用户同时在线进行聊天、游戏和观看网络视频等活动，导致大量数据需要通过 WAN 口，路由器的负载很重。而在企业网中，由于同时在线人数较少，路由器负载较轻。因此，把一个能支持 200 台计算机的企业网中的路由器放到网吧环境中，可能连 50 台计算机都无法稳定支持。此外，要精确估计一个网络中每台计算机的平均数据流量是相当困难的。

5. 路由器的选购

作为局域网对外连接的设备，路由器这个名字对许多用户来说已经非常熟悉了。但对于大多数用户来说，要全面认识路由器，还是存在一定难度的。事实上，同其他产品一样，科学选择路由器也是有章可循的。

(1) 低端路由器：适用于分级系统中最低一级的应用，或者中小企业的应用，产品档次应该相当于 Cisco 2600 系列以下的产品。至于具体选用哪个档次的路由器，应该根据自己的需求来决定，考虑的主要因素包括包交换能力和端口数量。

(2) 中端路由器：适用于大中型企业和 Internet 服务供应商，或者行业网络中地市级网点的应用，产品的档次应该介于 Cisco 3600 系列与 Cisco 7200 系列之间，选用时主要考虑端口支持能力和包交换能力。

(3) 高端路由器：主要应用在核心和骨干网络上，端口密度要求极高，产品的档次应该相当于 Cisco 7600 系列、12000 系列及 CRS-1 等高端系列。选用高端路由器时，性能因素尤为重要。

路由器选购需遵循一定原则，对于用户来讲，要根据自己的实际使用情况，首先确定是选择接入级、企业级还是骨干级路由器，这是用户选择的大方向。然后，再根据路由器选择方面的基本原则，来确定产品的基本性能要求。具体来讲，应依据选型基本原则和可靠性要求进行选择。

可靠性是指故障恢复能力和负载承受能力，路由器的可靠性主要体现在接口故障和网络流量增大时的适应能力(保证这种适应能力的方式包括但不限于备份)。

5.2.3　中继器

常见中继器外形如图 5-8 所示。

中继器工作于网络的物理层，用于互连两个相同类型的网段(例如两个以太网段)，它在物理层内实现透明的二进制比特复制，补偿信号衰减。即中继器接收从一个网段传来的所有信号，进行放大后发送到下一个网段。

实际上，用中继器连接起来的网络相当于由同一条电缆组成的更大的局域网，而不是互联网。因此，中继器主要用于扩展网络的范围(延长传输距离)。例如，10Base-5 粗缆

图 5-8　中继器

以太网的收发器只能提供 500m 的驱动能力，而 MAC 协议允许粗缆最长为 2.5km，这样就可以利用中继器将几个网段互联起来。一般情况下，中继器的两端连接的是相同的媒体，但有的中继

器也可以完成不同媒体的转接工作。

中继器的主要优点是安装简单、使用方便、价格相对低廉，并能保持原来的传输速率。然而，中继器并不具备差错检查和纠正功能，也不具备隔离冲突的功能，它只负责将一种信号从一种电缆段传输到另一端电缆段上，而不管信号是否正常，即错误的数据经中继器后仍被复制到另一电缆段。由于中继器双向传输电缆段间的所有信息，故很容易形成"广播风暴"，导致网络上的信号拥挤；同时，当某个网段有问题时，会引起网段的中断。另外，中继器还会引起时延，影响网络性能。

中继器具有如下特性。

(1) 中继器仅作用于物理层。

(2) 只具有简单的放大、再生物理信号的功能。

(3) 由于中继器工作在物理层，在网络之间实现的是物理层连接，因此中继器只能连接相同的局域网。

(4) 中继器可以连接相同或不同传输介质的同类局域网。

(5) 中继器将多个独立的物理网连接起来，组成一个大的物理网络。

(6) 由于中继器在物理层实现互连，所以它对物理层以上各层协议完全透明，也就是说，中继器支持数据链路及其以上各层的所有协议。

使用中继器时应注意两点：一是不能形成环路；二是需要考虑网络的传输延迟和负载情况，不能无限制地连接中继器。

5.2.4 网桥

常见网桥实物如图 5-9 所示。

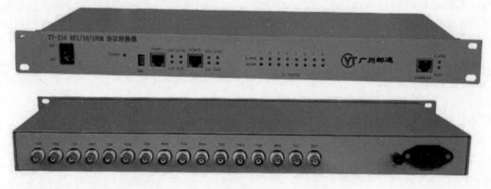

图 5-9 网桥

1. 网桥的工作原理

网桥是用于连接两个或两个以上具有相同通信协议、传输介质及寻址结构的局域网间的互连设备，能实现网段间或 LAN 与 LAN 之间互连，互连后成为一个逻辑网络。网桥也支持 LAN 与 WAN 之间的互连，其工作原理如图 5-10 所示。

如果 LAN2 中地址为 201 的计算机与同一局域网的 202 计算机通信，网桥就可以接收到发送帧，在进行地址过滤时，网桥会不转发并丢弃帧。如果要与不同局域网的计算机，例如同 LAN1 中的 105 通信，网桥检查帧的源地址和目标地址，目的地址和源地址不在同一个网络段上，就把帧转发到另一个网段上，这样计算机 105 就能接收到信息。

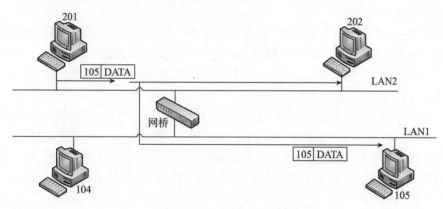

图 5-10　网桥的工作原理

2. 网桥的功能

(1) 帧转发和过滤功能：网桥的帧过滤特性十分有用，当某个网络因负载很重导致性能下降时，网桥可以最大限度地缓解网络通信繁忙的程度，提高通信效率。

(2) 源地址跟踪：网桥接到一个帧以后，将帧中的源地址记录到它的转发表中。转发表包括了网桥所能见到的所有连接站点的地址。这个地址表是互联网所独有的，它指出了被接收帧的方向。

(3) 生成树的演绎：因为回路会使网络发生故障，所以扩展局域网的逻辑拓扑结构必须是无回路的。网桥可使用生成树(spanning tree)算法屏蔽掉网络中的回路。

(4) 透明性：网桥工作于 MAC 子层，对于它以上的协议都是透明的。

(5) 存储转发功能：网桥的存储转发功能用来解决穿越网桥的信息量临时超载的问题，即网桥可以解决数据传输不匹配的子网之间的互连问题。网桥的存储转发功能一方面可以增加网络带宽，另一方面可以扩大网络的地理覆盖范围。

(6) 管理监控功能：网桥的一项重要功能就是对扩展网络的状态进行监控，其目的是更好地调整逻辑结构，有些网桥还可对转发和丢失的帧进行统计，以便进行系统维护。

3. 网桥带来的问题

(1) 广播风暴：网桥要实现帧转发功能，必须要保存一张"端口-节点地址表"。随着网络规模的扩大与用户节点数的增加，实际的"端口-节点地址表"的存储能力有限，会不断出现"端口-节点地址表"中没有的节点地址信息。当带有未知目的地址的数据帧出现时，网桥就会盲目地将该数据帧从除输入端口之外的其他所有端口中广播出去，这种做法就造成了"广播风暴"。

(2) 增加网络时延：网桥在互连不同的局域网时，需要对接收到的帧进行重新格式化，以符合另一个局域网 MAC 子层的要求，还要重新对新的帧进行差错校验计算，这就造成了时延的增加。

(3) 帧丢失：当网络上的负荷很重时，网桥会因为缓存的存储空间不够而发生溢出，造成帧丢失。

4. 网桥的分类

(1) 按路由算法的不同可分为透明网桥和源路由网桥：透明网桥亦称适应性网桥，工作在 MAC 子层，只能连接相同类型的局域网。源路由网桥同样工作在 MAC 子层，所谓源路由是指信源站事先知道或规定了到信宿站之间的中间网桥或路径,所以源路由网桥需要用户参与路径选择,可以选择最佳路径。

(2) 按连接的传输介质可分为内部网桥和外部网桥:内部网桥是文件服务的一部分,是通过文件服务器中的不同网卡连接起来的局域网,由文件服务器上运行的网络操作系统来管理。外部网桥安装在工作站上,实现两个相似或不同的网络之间的连接。外部网桥不运行在网络文件服务器上,而是运行在一台独立的工作站上。

(3) 按是否具有智能可分为智能网桥和非智能网桥:智能网桥在为信息包选择路由时,无须管理员给出路由信息,具有学习能力。非智能网桥则要求网络管理员提示路由信息。

(4) 按连接是本地网还是远程网可分为本地网桥和远程网桥:本地网桥指的是在传输介质允许长度范围内互连网络的网桥,而远程网桥指的是连接的距离超过网络的常规范围时使用的网桥。本地网桥与远程网桥如图 5-11 所示。

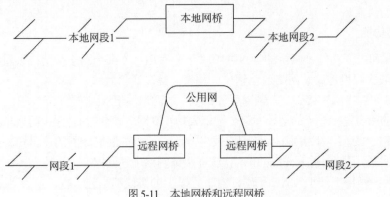

图 5-11　本地网桥和远程网桥

5.2.5　网关

网关用于类型不同且差别较大的网络系统间的互连,如不同体系结构的网络或者局域网与主机系统的连接。在互连设备中,它最为复杂,一般只能进行一对一的转换,或是少数几种特定应用协议的转换。网关的概念模型如图 5-12 所示。

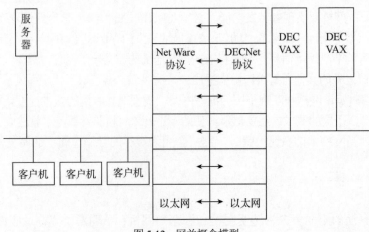

图 5-12　网关概念模型

1. 网关的工作原理

网关的工作原理如图 5-13 所示。当一个 NetWare 节点需要与 TCP/IP 的主机通信时，由于 NetWare 和 TCP/IP 协议是不兼容的，局域网中的 NetWare 节点无法直接与之通信。它们之间的通信必须由网关来完成。网关的作用是为 NetWare 产生的报文加上必要的控制信息，将它转换成 TCP/IP 主机支持的报文格式。当需要反方向通信时，网关同样要完成 TCP/IP 报文格式到 NetWare 报文格式的转换。

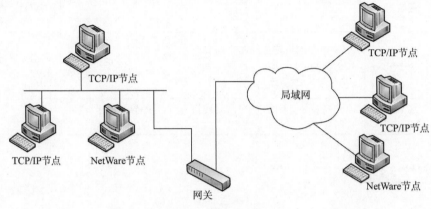

图 5-13　网关的工作原理

2. 网关的主要变换项目

网关的主要变换项目包括信息格式变换、地址变换和协议变换等。

(1) 格式变换：格式变换是将信息的最大长度、文字代码、数据的表现形式等变换成适用于对方网络的格式。

(2) 地址变换：由于每个网络的地址构造不同，因而需要变换成对方网络所需要的地址格式。

(3) 协议变换：把各层使用的控制信息变换成对方网络所需的控制信息，以确保信息的分割/组合、数据流量控制及错误检测等功能的实现。

3. 网关的分类

网关根据其功能可以分为协议网关、应用网关和安全网关 3 种类型。

(1) 协议网关：协议网关通常在使用不同协议的网络间做协议转换工作，这是网关最常见的功能。协议转换必须在数据链路层以上的所有协议层都运行，而且要对节点上使用这些协议层的进程透明。协议转换必须考虑两个协议之间特定的相似性和差异性，所以协议网关的功能十分复杂。

(2) 应用网关：应用网关是在应用层连接两部分应用程序的网关，是在不同数据格式间翻译数据的系统。这类网关一般只适合于某种特定的应用系统的协议转换。

(3) 安全网关：安全网关就是防火墙。与网桥一样，网关可以是本地的，也可以是远程的。另外，一个网关还可以由两个半网关构成。目前，网关已成为一种通用工具，使得网络上每个用户都能访问大型主机。

5.2.6　网络互连设备的比较

中继器、网桥、路由器和网关 4 种网络互连设备的主要特点和比较如表 5-1 所示。

表 5-1　中继器、网桥、路由器和网关的比较

互连设备	互连层次	适用场合	功　能	优　点	缺　点
中继器	物理层	互连相同LAN的多个网段	信号放大,延长信号传输距离	互连简单,费用低,基本无延迟	互连规模有限,不能隔离不必要的流量,无法控制信息的传输
网桥	数据链路层	各种 LAN 互连	连接 LAN,改善 LAN 性能	互连简单,协议透明,隔离不必要的信号,交换效率高	可能产生数据风暴,不能完全隔离不必要的流量,管理控制能力有限,有延迟
路由器	网络层	LAN 与 LAN 互连、LAN 与 WAN 互连、WAN 与 WAN 互连	路由选择,过滤信息,网络管理	适用于大规模复杂网络互连,管理控制能力强,充分隔离不必要的流量,安全性好	网络设置复杂,费用较高,延迟大
网关	传输层、应用层	互连高层协议不同的网络	在高层转换协议	互连差异很大的网络,安全性好	通用性差,不易实现

5.3　路由基础

在网络或子网内部,主机之间的相互通信无须任何网络层中间设备。但当主机需要与其他网络通信时,则需要中间设备(即路由器)来充当通往其他网络的出口。

5.3.1　IP 寻址和路由表

所谓 IP 寻址,就是利用网络层的 IP 地址对目的节点进行定位和寻找的过程。互联网包含成千上万台主机,如果在数据传输过程中,让每一个中间节点记住互联网络上其他所有计算机的地址,不仅将耗费巨大的存储资源,而且查找速度会变得缓慢,而 IP 地址编址方案有助于大大简化IP 寻址过程。

1. IP 寻址过程

人们在日常生活中通过邮局邮寄信件时,会在收件人信息中依次指明省、市、区、街道、门牌号、收件人姓名等信息,邮件在投递时,首先根据所标识的省的信息投递向去往该省的正确方向,然后再一步一步找到收件人。网络通信与此类似,网络终端发出数据包,先将数据层层封装起来,在网络层填入 IP 地址。IP 地址也是按范围大小顺序排列的,首先是网络号,然后是子网和主机地址。

全球的计算机网络通过路由设备(路由器)连接在一起,它就相当于现实生活中的邮局。当数据发送给远方的目的地时,中间要经过若干的路由器。每当路由器接收到一个数据包,它会首先拆出网络层 IP 数据报,解析出其网络号,并判断此数据包发往哪个方向,也就是确定下一个路由器。

这样,经过源节点到目的节点之间的这些路由设备的一次次转发,最终数据到达目的节点所在网络的路由器,由它将 IP 数据报直接发送给目的节点。

2. 路由表

每个路由器中都保存着一张路由表。从前面 IP 寻址的过程可以看出互联网路由选择的正确性

依赖于路由表的正确性，如果路由表出现错误，IP 数据报就不可能按照正确的路径转发。路由表中每条路由项都指明数据报到某个子网或某主机应通过路由器的哪个物理地址发送，然后就可以到达该路径的下一个路由器，或者不再经过别的路由器而传送到直接相连的网络中的目的主机。路由表结构如表 5-2 所示，它包含了下列关键项。

表 5-2 路由表结构

类 型	目的网络	网络掩码	下一跳 IP	输出接口	优 先 级
C	202.206.80.0	255.255.255.0	—	0/0	0/0
R	202.206.83.0	255.255.255.0	202.206.83.0	2/0	120/1
C	202.206.88.0	255.255.255.0	—	2/0	0/0

(1) 类型(type)：标识本条路由表项产生的方式，可为直连(C)路由、静态(S)路由、动态路由(R 或 O)等。

(2) 网络掩码(submask)：与目的地址一起标识目的主机或路由器所在的网段的地址。将目的地址和网络掩码进行逻辑"与"运算，可得到目的主机或路由器所在的网段的地址。如果没有划分子网，则采用标准(默认)网络播码，如 A 类地址的网络掩码为 255.0.0.0；若划分了子网，则采用实际的子网掩码，例如目的地址为 160.17.3.38，掩码为 255.255.255.0 的主机或路由器所在的网段地址为 160.17.3.0。掩码由若干个连续的"1"和连续的"0"构成，既可以用点分十进制表示，也可以用掩码中连续"1"的个数来表示。如上例中 IP 地址可表示为 160.17.3.38/24。

(3) 下一跳 IP(next hop IP)：是下一步要处理数据包的设备的地址。对网络中的主机而言，默认网关(路由器接口)的地址是以其他网络为目的地址的所有数据包的下一跳。在路由器的路由表中，每条路由都会列出该路由包含的每个目的地址的下一跳。每个数据包到达路由器时，路由器都会检查其目的网络地址并将之与路由表中的路由对比。确定了匹配的路由后，会使用该路由的下一跳地址将数据包转发到其目的地址。然后，该路由器从下一跳路由器连接的接口将数据包转发出去。下一跳路由器是通往中间目的以外网络的网关。因为直接连接到路由器的网络与该路由器之间不存在第 3 层中间设备，所以此类网络没有下一跳地址。路由器可以从接口将数据包直接转发到该网络中的目的主机。有些路由可能有多个下一跳 IP。这表示有多条路径可以通往同一个目的网络。这些路径是路由器可用于转发数据包的并行路由。

(4) 输出接口：指明 IP 数据报从该路由器的哪个接口转发。

(5) 本条路由的优先级(度量值)：针对同一目的地可能存在不同下一跳的若干条路由。这些不同的路由可能是由不同的路由协议发现的，也可能是手工配置的静态路由。此时优先级高(度量值小)的路由将成为当前的最优路由。用户可以配置多条到同一目的地但优先级不同的路由，路由设备将按照优先级顺序选择唯一的一条供 IP 数据报转发时使用。

3. 路由表的默认路由

在路由选择过程中，如果路由表未明确指明到达目的网络的路由信息，就将数据报转发到默认路由指定的路由器，这样有助于缩小路由表的长度。对默认路由，采用 0.0.0.0 作为目的网络，0.0.0.0 作为子网掩码，默认路由器的地址作为下一跳 IP 地址。

4. 网关

向本地网络外发送数据包需要使用网关，也称为默认网关。如果数据包目的地址的网络部分与发送主机的网络不同，则该数据包必须通过网关转发至外部网络。网关通常是连接到本地网络的路由器接口，网关接口具有与主机网络地址匹配的网络层地址。主机会将该地址配置为网关。

5. 路由表项的分类

根据路由的目的地不同，路由表项可被分为以下两种。

(1) 子网路由：目的地为某一子网(或网络号)的路由。

(2) 主机路由：就是为一台特定的主机建立路由表项。对单个主机(而不是网络)指定一条特别的路径，这样可以赋予本地网络管理人员更大的网络控制权，用于安全性、网络连通性调试及路由表正确性判断等。对特定主机路由，采用 255.255.255.255 作为子网掩码，以目的主机 IP 地址作为目的地址。

此外，根据目的地与该路由器是否直接相连，路由表项又可分为以下两种。

(1) 直连路由：目的地所在网络与路由器直接相连的路由，下一跳 IP 地址为"直接投递"。

(2) 间接路由：目的地所在网络与路由器不是直接相连的路由，下一跳 IP 地址指向所经由的下一个路由器。

6. 静态路由和动态路由

静态路由就是在路由器中设置固定的路由表项，由管理员负责创建和维护，除非网络管理员干预，否则静态路由不会发生变化。由于静态路由不能对网络的改变做出反应，一般用于网络规模不大、拓扑结构固定的网络中。

静态路由的优点是安全可靠、简单直观，避免了动态路由选择的开销。在所有的路由中，静态路由优先级最高，当动态路由与静态路由发生冲突时，以静态路由为准。

动态路由可以通过自身学习，按照一定的算法自动修改或刷新路由表。动态路由是指网络中的路由器之间相互通信，传递路由信息，利用收到的路由信息更新的路由表，它能实时地适应网络结构的变化。当路由更新信息表明网络发生了变化，路由选择软件就会重新计算路由，并将新的路由更新信息传送到各个网络，引起其他各个路由器重新执行其路由算法，更新各自路由表以动态反映网络的拓扑变化。

5.3.2 路由协议

按照是否在一个自治系统内部使用的原则，动态路由协议又分为内部网关协议(IGP)和外部网关协议(EGP)。这里的自治系统 AS(autonomous system)是指具有统一管理机构、统一路由策略的网络。自治系统内部采用的路由协议称为内部网关协议，常用的有 RIP 和 OSPF；用于多个自治系统之间的路由协议称为外部网关协议，常用的有 BGP 和 BGP-4。内部网关协议适用于只有单个管理员负责网络操作和运行的场合，对于由许多管理员共同分担责任的网络，则应考虑使用外部网关协议。

1. RIP 协议

路由信息协议 RIP(routing information protocol)是一个典型的基于距离-向量(distance-vector, DV)算法的路由协议。RIP 协议算法的基本思想是路由器周期性地向其相邻的路由器广播自己知道的路由信息，如自己可以到达的网络以及到达该网络的距离等，相邻路由器可根据收到的信息更新自己的路由表。

RIP 使用跳数(hop count)来衡量到达目的地的距离，作为路由器度量值(metric)。在 RIP 中，路由器到与其直接相连网络的跳数为 0，通过一个路由器可达的网络的跳数为 1，其余以此类推。RIP 规定 metric 取值为 0~15，大于或等于 16 的跳数被定义为无穷大，即目的网络或主机不可达。

　　RIP 协议算法简单，易于实现，它规定了路由器之间交换路由信息的时间、格式、错误的处理方式等内容。

　　RIP 协议规定，每隔 30s 定期发送一次更新报文。如果路由器经过 180s 没有收到来自某一路由器的路由更新报文，则将所有来自此路由器的路由信息标记为不可达。若在此后的 120s 内仍未收到更新报文，就将这些路由从路由表中删除。

　　对于 RIP 协议(以及其他路由协议)，网络上的路由器在一条路径不可用时，必须经历决定替代路径的过程，这个过程称为收敛(convergence)。RIP 协议的主要缺点是收敛时间过长。

2. OSPF 协议

　　开放式最短路径优先协议(open shortest path first, OSPF)是另一种经常被使用的路由选择协议。它采用链路–状态路由选择算法，可以在大规模的互联网环境下使用，与 RIP 相比，OSPF 要复杂得多。

　　链路–状态(link-state, LS)路由选择算法也称最短路径优先(shortest path first, SPF)算法。其基本思想是：互联网上的每个路由器周期性地向其他路由器广播自己与相邻路由器的连接关系，以使各个路由器可以画出一张互联网拓扑结构图。利用这张图和最短路径优先算法，路由器就可以计算出自己到达各个网络的最短路径。

　　根据互联网拓扑结构图,路由器可以按照最短路径优先算法计算出以本路由器为根的 SPF 树，它描述了该路由器到达每个网络的路径和距离。通过 SPF 树，路由器就能生成自己的路由表。

　　链路–状态路由选择算法与向量–距离路由选择算法有很大区别：前者需要了解整个互联网的拓扑结构图，利用拓扑图得到 SPF 树，再由 SPF 树生成路由表；而后者不需要了解整个互联网的拓扑结构，通过相邻的路由器即可了解到达每个网络的可能路径。

　　随着网络规模的不断扩大，网络中交换的路由信息量会成倍增加，路由表的计算也更为复杂。为了解决这个问题，OSPF 主要采用了分层和指派路由器的方法。分层就是将一个大型的互联网分成几个不同的区域，每个区域中的路由器只需要保存和处理本区域的网络拓扑和路由，区域之间的路由信息交换由几个特定的路由器完成；指派路由器是指在互联的网络中，路由器将自己与相邻路由器的关系发送给一个或多个处理能力较强的指定路由器，而不是广播给互联网上的所有路由器，指派路由器生成整个互联网的拓扑结构图，供其他路由器查询。

　　OSPF 协议具有收敛速度快、支持服务类型选路、提供负载均衡和身份认证等优点，适合于在规模庞大、环境复杂的互联网中使用。但是 OSPF 协议对路由器(尤其是指派路由器)的处理能力有较高要求，对互联网的带宽也有一定要求。

5.3.3　路由器基本配置

　　就大多数情况而言，专线以其性能稳定、扩充性好的优势成为普遍采用的方式。DDN 方式的连接在硬件的需求上是简单的，仅需要一台路由器(router)和代理服务器(proxy server)即可，但在系统的配置上对许多的人员来讲是一个比较棘手的问题。下面以路由器为例介绍其配置方法。

1. 环境构建

　　路由器是一台具有多个网络接口的计算机，和普通计算机一样，路由器也需要一个网络操作系统。

(1) 硬件设备

- 准备路由器 R2624 两台。
- 准备 PC 机两台。
- 准备两条直连线或双绞线、两条控制线和两条 V.35 线。

(2) 拓扑结构

路由器配置的拓扑结构如图 5-14 所示。

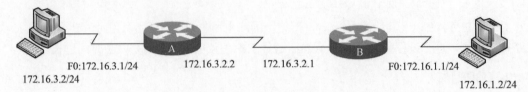

F0:172.16.3.1/24 172.16.3.2.2 172.16.3.2.1 F0:172.16.1.1/24

172.16.3.2/24   172.16.1.2/24

图 5-14 路由器配置拓扑结构

2. 路由器 A 的配置

(1) 配置路由器主机名

  Red-Giant>enable(注：从用户模式进入特权模式)

  Red-Giant#configure terminal(注：从特权模式进入全局配置模式)

  Red-Giant(config)#hostname A(注：将主机名配置为 A)

  A(config)#

(2) 配置路由器远程登录密码

  A(config)# line vty 0 4 (注：进入路由器 vty0 至 vty4 虚拟终端线路模式)

  A(config-line)#login

  A(config-line)#password star(注：将路由器远程登录口令设置为 star)

(3) 配置路由器特权模式口令

  A(config)#enable password star

或

  A(config)#enable secret star(注：将路由器特权模式口令设置为 star)

(4) 为路由器各接口分配 IP 地址

  A(config)#interface serial 0

  (注：进入路由器 serial 0 的接口配置模式，常见的路由器接口有 fastethernet 0、fastethernet 1、…、fastethernetn 或 serial 0、serial 1、…、serial n)

  A(config-if)#ip address 172.16.2.2 255.255.255.0

  (注：设置路由器 serial 0 的 IP 地址为 172.16.2.2，对应的子网掩码为 255.255.255.0)

  A(config)#interface fastethernet 0

  (注：进入路由器 fastethernet 0 的接口配置模式，常见的路由器接口有 fastethernet 0、fastethernet 1、…、fastethernet n 或 serial 0、serial 1、…、serial n)

  A(config-if)#ip address 172.16.3.1 255.255.255.0

  (注：设置路由器 fastethernet 0 的 IP 地址为 172.16.3.1，对应的子网掩码为 255.255.255.0)

(5) 配置接口时钟频率(DCE)

A(config)#interface serial 0

(注:进入路由器 serial 0 的接口配置模式,常见的路由器接口有 fastethernet 0, fastethernet 1,⋯, fastethernet n 或 serial 0, serial 1,⋯, serial n)

R2624(config-if)clock rate 64000

(注:设置接口物理时钟频率为 64kb/s)

3. 路由器 B 的配置

(1) 配置路由器主机名

Red-Giant>enable(注:从用户模式进入特权模式)

Red-Giant#configure terminal(注:从特权模式进入全局配置模式)

Red-Giant(config)#hostname B(注:将主机名配置为 B)

B(config)#

(2) 配置路由器远程登录密码

B(config)# line vty 0 4 (注:进入路由器 vty0 至 vty4 虚拟终端线路模式)

B(config-line)#login

B(config-line)#password star(注:将路由器远程登录口令设置为 star)

(3) 配置路由器特权模式口令

B(config)#enable password star

B(config)#enable secret star(注:将路由器特权模式口令设置为 star)

(4) 为路由器各接口分配 IP 地址

B(config)#interface serial 0

(注:进入路由器 serial 0 的接口配置模式,常见的路由器接口有 fastethernet 0、fastethernet 1、⋯、fastethernet n 或 serial 0、serial 1、⋯、serial n)

B(config-if)#ip address 172.16.2.1 255.255.255.0

(注:设置路由器 serial 0 的 IP 地址为 172.16.2.1,对应的子网掩码为 255.255.255.0)

A(config)#interface fastethernet 0

(注:进入路由器 fastethernet 0 的接口配置模式,常见的路由器接口有 fastethernet 0、fastethernet 1、⋯、fastethernet n 或 serial 0、serial 1、⋯、serial n)

A(config-if)#ip address 172.16.1.1 255.255.255.0

(注:设置路由器 fastethernet 0 的 IP 地址为 172.16.1.1,对应的子网掩码为 255.255.255.0)

验证命令:

show run

show controllers s 0

show int

show ip int brief

ping

telnet

4. 测试结果

(1) 查看路由器端口为 up。

(2) 两台路由器互相 ping Serial 口的地址(应该为通)。

(3) 两台主机分别 ping 与其直连的路由器的 Fastethernet 口(应该为通)。

(4) 从与路由器 A 相连的主机可以 telnet 到 A，与路由器 B 相连的主机可以 telnet 到 B。

5.4 实训演练

路由器的简单配置

【实训目的】

(1) 理解路由器的启动过程。

(2) 掌握路由器的基本配置方法。

(3) 学会路由器中的静态路由、默认路由和动态路由协议的基本配置方法。

【实训环境】

(1) 路由器 Cisco 2620 一台。

(2) Windows 操作系统 PC 机一台。

(3) Console 电缆一条。

(4) 通过 Console 电缆把 PC 机的 COM 端口和路由器的 Console 端口连接起来。

【实训任务】

(1) 配置路由器的主机名、Console 口令、远程登录口令、超级密码。

(2) 配置路由器接口的 IP 地址、速率等。

【实训思考题】

(1) 登录到路由器的 3 种方法是什么？

(2) 哪条配置命令用于设置路由器的控制台口令？如何设置？

(3) 哪条命令用于设置进入特权模式(即输入 enable 命令后)需要的口令？默认口令被加密了吗？

5.5 思考练习

1. 网络互连的基本原理是什么？

2. 中继器有哪些作用和限制？

3. 网桥有哪些功能？

4. 试叙述集线器与交换机的区别。

5. 路由器与网桥在功能上有哪些相同点和不同点？

无线局域网技术　第 **6** 章

伴随着计算机有线网络的广泛应用，以快捷高效、组网灵活为优势的无线网络技术也在飞速发展。无线局域网是计算机网络与无线通信技术相结合的产物，有效地解决了有线网络的诸多问题。本章将介绍无线局域网的概念和标准，以及配置无线局域网的相关技术等内容。

6.1 无线局域网基础知识

无线局域网利用了无线多址信道这一有效手段来支持计算机之间的通信,并为通信的移动化、个性化和多媒体应用提供了可能。通俗地说,无线局域网(wireless local-area network, WLAN)就是在不采用传统线缆的同时,提供以太网或者令牌网络的功能。

6.1.1 无线局域网概述

无线局域网是指以无线信道作为传输介质的计算机局域网络(WLAN)。它结合了最新的计算机网络技术和无线电技术,能够提供传统有线局域网的所有功能,使用户真正实现随时、随地、随意的宽带网络接入。无线局域网是在有线网的基础上发展起来的,它使网上的计算机具有可移动性,能快速、方便地解决有线方式不易实现的网络信道的连通问题。无线局域网要求以无线方式相连的计算机之间资源共享,具有现有网络操作系统(NOS)所支持的各种服务功能。计算机无线联网的常见形式包括:将远程计算机以无线方式连入一个计算机网络,使其作为网络中的一个节点,具备有线网上工作站同样的功能,从而获得网络上的所有服务;或者将数个有线或无线局域网连成一个区域网。当然,也可以用全无线方式构成一个局域网,或在一个局域网中混合使用有线与无线方式。此时,以无线方式入网的计算机将具有可移动性,可在一定的区域移动并随时与网络保持联系。

6.1.2 其他相关概念

1. 微单元和无线漫游

无线电波在传播过程中会不断衰减,导致 AP 的通信范围被限定在一定的范围之内,这个范围称为微单元。当网络环境存在多个 AP,且它们的微单元之间有一定程度的重合时,无线用户可以在整个无线局域网覆盖区内移动,无线网卡能够自动发现附近信号强度最大的 AP,并通过这个 AP 收发数据,保持不间断的网络连接,这就称为无线漫游。

2. 扩频

大多数的无线局域网产品都使用了扩频技术。扩频技术最初是军事通信领域中使用的宽带无线通信技术。使用扩频技术,能够使数据在无线传输中完整可靠,并且确保同时在不同频段传输的数据不会互相干扰。

3. 直序扩频

所谓直序扩频,就是使用具有高码率的扩频序列,在发射端扩展信号的频谱,在接收端用相同的扩频码序列进行解扩,把展开的扩频信号还原成原来的信号。

4. 跳频扩频

跳频扩频技术与直序扩频技术完全不同,是另外一种扩频技术。跳频的载频受一个伪随机码的控制,在其工作带宽范围内,其频率按随机规律不断改变。接收端的频率也按随机规律变化,并保持与发射端的变化规律一致。

跳频的高低直接反映跳频系统的性能，跳频越高，抗干扰的性能越好，军用的跳频系统可以达到每秒上万跳。实际上移动通信 GSM 系统也是跳频系统。出于成本的考虑，商用跳频系统跳速都较慢，一般在 50 跳/秒以下。由于慢跳跳频系统实现简单，因此低速无线局域网常常采用这种技术。

6.1.3　无线局域网的特点

WLAN 起初是作为有线局域网络的延伸而存在的，各机关、企业、事业单位广泛地采用了 WLAN 技术来构建其办公网络。但随着应用的进一步发展，WLAN 正逐渐从传统意义上的局域网技术发展成为"公共无线局域网"，并成为国际互联网的宽带接入方式。WLAN 具有以下特点。

(1) 具有高移动性，通信范围不受环境的限制，拓宽了网络的传输范围。在有线局域网中，两个站点的距离在使用铜缆时被限制在 500m 内，即使采用单模光纤也只能达到 3km，而无线局域网中两个站点间的距离理论上可以达到 50km。在有线网络中，网络设备的安放位置受网络信息点位置的限制。而无线局域网一旦建成后，在无线网的信号覆盖区域内任何一个位置都可以接入网络。

(2) 抗干扰性强。微波信号传输质量低，往往是因为在发送信号的中心频点附近有能量较强的同频噪声干扰，导致信号失真。无线局域网使用的无线扩频设备直扩技术产生的 11 位随机码元能将源信号在中心频点向上下各展宽 11MHz，使源信号独占 22MHz 的带宽，且信号平均能量降低。在实际传输中，接收端接收到的是混合信号，即混合了(高能量低频宽)噪声。混合信号经过同步随机码元解调，在中心频点处重新解析出高能的源信号，依据同样的算法，混合的噪声反而被解调为平均能量很低可忽略不计的背景噪声。

(3) 安全性能强。无线扩频通信起源于军事上的防窃听技术，扩频无线传输技术本身使盗听者难以捕捉到有用的数据。无线局域网实施严格的用户口令及认证措施，防止非法用户入侵。无线局域网设置附加的第三方数据加密方案，即使信号被窃听也难以理解其中的内容，对于有线局域网中的诸多安全问题，在无线局域网中基本上可以避免。

(4) 扩展能力强。无线局域网有多种配置方式，能够根据需要灵活选择，这样，无线局域网就能胜任从只有几个用户的小型局域网到上千用户的大型网络的任务，并且能够提供像"漫游(roaming)"等有线网络无法提供的特性。由于无线局域网具有这方面的优点，所以发展十分迅速。在最近几年里，无线局域网已经在医院、商店、工厂和学校等不适合网络布线的场合得到了广泛应用。在已有无线网络的基础上，只需通过增加 AP(无线接入点)及相应的软件设置，即可对现有网络进行有效扩展。无线网络的易扩展性是有线网络所不能比拟的。

(5) 建网容易，经济节约。由于有线网络缺少灵活性，这就要求网络规划者尽可能地考虑未来发展的需要，因此往往导致预设大量利用率较低的信息点。而一旦网络的发展超出了设计规划，又要花费较多费用进行网络改造，而无线局域网可以避免或减少以上情况的发生。相对于有线网络，无线局域网的组建、配置和维护较为容易，一般计算机工作人员都可以胜任网络的管理工作。

(6) 组网速度快。一般在网络建设中，施工周期最长、对周边环境影响最大的，就是网络布线施工工程。在施工过程中，往往需要破墙掘地、穿线架管。而无线局域网最大的优势就是免去或减少了网络布线的工作量，一般只要安装一个或多个接入点 AP 设备，就可以建立覆盖整个建筑或地区的局域网络，工程周期短。无线扩频通信可以迅速(数十分钟内)组建起通信链路，实现临时、应急、抗灾通信的目的，而有线通信则需要较长的时间。

(7) 开发运营成本低。无线局域网在人们的印象中是价格昂贵的，但实际上，在购买时不能只考虑设备的价格，因为无线局域网可以在其他方面降低成本。有线通信的开通必须架设电缆，或挖掘电缆沟架设架空明线。架设无线链路则无须架线挖沟，线路开通速度快。将所有成本和工程周期统筹考虑，无线扩频的投资是相当节省的。使用无线局域网不仅可以减少对布线的需求和与布线相关的一些开支，还可以为用户提供灵活性更高、移动性更强的信息获取方法。

(8) 受自然环境、地形及灾害的影响较有线通信小。除电信部门外，其他单位的通信系统没有在城区挖沟铺设电缆的权力，而无线通信方式则可根据客户需求灵活定制专网。有线通信受地势影响，不能任意铺设，而无线通信覆盖范围大，且几乎不受地理环境限制。

6.2 组建无线局域网的标准

由于 WLAN 基于计算机网络与无线通信技术，在计算机网络结构中，逻辑链路(LLC)层及其之上的应用层对不同的物理层的要求可以是相同的，也可以是不同的。因此，WLAN 标准主要是针对物理层和介质访问控制层(MAC)，涉及所使用的无线频率范围、空中接口通信协议等技术规范与技术标准。

无线接入技术目前比较流行的有 IEEE 802.11 标准、蓝牙、Home RF(家庭网络)等。

6.2.1 IEEE 802.11 标准

IEEE 802.11 无线局域网标准的制定是无线局域网技术发展的一个里程碑。IEEE 802.11 标准除了具备无线局域网的优点及多种性能外，还使得不同厂商的无线产品得以互连。该标准的颁布，使得无线局域网在各种有移动要求的环境中被广泛接受。IEEE 802.11 标准也是无线局域网目前最常用的传输协议，各个厂商都有基于该标准的无线网卡产品。

1990 年，IEEE 802 标准化委员会设立了 IEEE 802.11 WLAN 标准工作组。IEEE 802.11(别名 Wi-Fi，wireless fidelity，无线保真)是在 1997 年 6 月由众多专家审定通过的标准，该标准定义物理层和媒体访问控制(MAC)规范。物理层定义了数据传输的信号特征和调制，定义了两个 RF 传输方法和一个红外线传输方法，RF 传输标准是跳频扩频和直序扩频，工作在 2.4~2.4835GHz 频段。主要用于解决办公室局域网和校园网中用户与用户终端的无线接入，业务主要限于数据访问，速率最高只能达到 2Mb/s。随着 IEEE 802.11a、802.11b、802.11g、802.11n、802.11ac、802.11ax、802.11be 等标准的相继发布，WLAN 的速率也不断提高。

1. IEEE 802.11b

1999 年 9 月正式通过的 IEEE 802.11b 标准是 IEEE 802.11 协议标准的扩展。该标准规定 WLAN 工作频段在 2.4~2.4835GHz，数据传输速率达到 11Mb/s，传输距离控制在 50~150ft(英尺，1ft=0.3048m)。该标准是对 IEEE 802.11 的一个补充，采用补偿编码监控调制方式，以及 CCK 调制技术，支持点对点模式和基本模式两种运作模式，在数据传输速率方面可以根据实际情况在 11Mb/s、5.5Mb/s、2Mb/s、1Mb/s 间自动切换，它改变了 WLAN 设计状况，扩大了 WLAN 的应用领域。IEEE 802.11b 已成为当前主流的 WLAN 标准，被多数厂商所采用，所推出的产品广泛应用于办公室、家庭、宾馆、车站、机场等众多场合，但是由于许多 WLAN 新标准的出现，特别是 IEEE 802.11a 和 IEEE 802.11g，它们逐渐吸引了业界的更多关注。随着用户对数据速率要求的不断增长，11Mb/s 的最高传输速率已不能满足要求。

IEEE 802.11b 标准定义的数据传输速率较低，但是由于其设备元器件的价格较低，仍然有大量的用户群体使用。可以说所有的 Wi-Fi 技术无线网卡都支持这项技术，这充分证明了其高兼容性。

2. IEEE 802.11a

1999 年，IEEE 802.11a 标准制定完成，该标准规定 WLAN 工作频段在 5.15～5.35GHz 和 5.47～5.85GHz，数据传输速率可达到 54Mb/s，Turbo 模式下可达到 72Mb/s，传输距离控制在 10～100m。该标准也是 IEEE 802.11 的一个补充，扩充了标准的物理层，采用正交频分复用(OFDM)的独特扩频技术，采用 QFSK 调制方式，可提供 25Mb/s 的无线 ATM 接口和 10Mb/s 的以太网无线帧结构接口，支持多种业务，如话音、数据和图像等，一个扇区可以接入多个用户，每个用户可带多个用户终端。

IEEE 802.11a 标准是 IEEE 802.11b 的后续标准，其设计初衷是取代 IEEE 802.11b 标准，然而，工作于 2.4GHz 频带是不需要执照的，该频段属于工业、教育、医疗等专用频段，是公开的，工作于 5.725～5.85GHz 频带需要执照。一些公司仍没有表示对 IEEE 802.11a 标准的支持，而更加看好最新混合标准 IEEE 802.11g。

IEEE 802.11a 与 IEEE 802.11b 两个标准都存在着各自的优缺点。IEEE 802.11b 的优势在于价格低廉，但速率较低(最高 11Mb/s)；而 IEEE 802.11a 优势在于传输速率快(最高 54Mb/s)且受干扰少，但价格相对较高。另外，IEEE 802.11a 与 IEEE 802.11b 工作在不同的频段上，不能工作在同一 AP 的网络里，因此 IEEE 802.11a 与 IEEE 802.11b 互不兼容。由于 IEEE 802.11a 设备成本较高，且高频方式下面覆盖范围相对小，使用此项技术的用户群体要少于 2.4GHz 频道的用户。

3. IEEE 802.11g

IEEE 802.11g 标准提出具备与 IEEE 802.11a 相当的传输速率，安全性较 IEEE 802.11b 好，采用两种调制方式，含 IEEE 802.11a 中采用的 OFDM 与 IEEE 802.11b 中采用的 CCK，实现了与 IEEE 802.11a 和 IEEE 802.11b 兼容。

虽然 IEEE 802.11a 较适用于企业，但 WLAN 运营商为了兼顾现有 IEEE 802.11b 设备投资，选用 IEEE 802.11g 的可能性极大。

为了解决 IEEE 802.11b 数据传输速率低，IEEE 802.11a 兼容性差以及造价高的问题，IEEE 于2003 年 7 月批准了 IEEE 802.11g 标准，新的标准与以前的 IEEE 802.11 协议标准相比有两个特点：IEEE 802.11g 在 2.4GHz 频段使用 OFDM 调制技术，使数据传输速率提高到 54Mb/s 以上；IEEE 802.11g 标准能够与 802.11b 的 Wi-Fi 系统互相连通，共存在同一 AP 的网络里，确保了后向兼容性。这样原有的 WLAN 系统可以平滑地向高速无线局域网过渡，延长了 IEEE 802.11b 产品的使用寿命，降低了用户的升级成本。

4. IEEE 802.11n

IEEE 802.11n 计划将 WLAN 的传输速率从 IEEE 802.11a 和 IEEE 802.11g 的 54Mb/s 增加至最高 500Mb/s，这使得 IEEE 802.11n 成为 IEEE 802.11b、IEEE 802.11a、IEEE 802.11g 之后的又一重

要里程碑。和以往的 IEEE 802.11 标准不同,IEEE 802.11n 支持双频工作模式(包含 2.4GHz 和 5GHz 两个工作频段),从而确保了与以往标准的兼容。

在传输速率方面,IEEE 802.11n 可以将 WLAN 的传输速率由 IEEE 802.11a 和 IEEE 802.11g 提供的 54Mb/s 提高到 108Mb/s,甚至高达 500Mb/s。这得益于将 MIMO(多入多出)与 OFDM(正交频分复用)技术相结合而应用的 MIMO OFDM 技术,这一技术不但提高了无线传输质量,也使传输速率得到极大提升。

5. IEEE 802.11ac 和 IEEE 802.11ax

IEEE 802.11ac 和 IEEE 802.11ax 是 IEEE 802.11n 的后续标准。理论上,它能够提供最多 10Gb/s 带宽进行多站式无线局域网通信,或是最少 500Mb/s 的单一连接传输带宽。它采用并扩展了源自 IEEE 802.11n 的空中接口(air interface)概念,包括更宽的 RF 带宽、更多的 MIMO 空间流(spatial streams)、多用户的 MIMO,以及更高阶的调制(modulation)。

6.2.2 其他标准

1. 蓝牙

蓝牙(bluetooth)是一种近距离无线网络传输技术,原本设计用来取代红外传输技术,支持包括移动电话、PDA、无线耳机、笔记本电脑及相关外设等众多设备。"蓝牙"这个名字源自 10 世纪的一位丹麦国王,现用来命名这项技术,旨在统一无线局域网通信标准。蓝牙技术由爱立信、IBM 等 5 家公司在 1998 年联合推出。随后成立的蓝牙技术特殊兴趣组织(SIG)负责该技术的开发和技术协议的制定,如今全球已有 1 800 多家公司加盟该组织。

2. Home RF

Home RF 技术是一种专门为家庭用户设计的小型 WLAN 技术。它是 IEEE 802.11 标准与数字增强无绳通信(digital enhanced cordless telecommunications, DECT)系统标准相结合的产物,旨在降低语音通信的成本。使用 Home RF 技术进行数据通信时,采用了 IEEE 802.11 标准中的 TCP/IP;进行语音通信时,采用了数字增强无绳通信标准。

Home RF 技术的工作频率为 2.4GHz。其原来的最大数据传输速率为 2Mbit/s,2000 年 8 月,美国联邦通信委员会(federal communications commission, FCC)批准了 Home RF 技术的传输速率可以提高到 8~11Mbit/s。Home RF 技术可以实现最多 5 个设备之间的互连。

3. Wi-Fi

Wi-Fi 是当今使用最广的一种无线网络传输技术,几乎所有智能手机、平板电脑和笔记本电脑都支持这种技术,Wi-Fi 由 Wi-Fi 联盟提供,Wi-Fi 联盟是一个致力于促进 WLAN 的发展和应用的全球性非营利工业协会。在国际上,参与制定 WLAN 标准的组织主要有三个:ITU-R、IEEE 和 Wi-Fi 联盟。

(1) ITU-R 管理 RF 波段和卫星轨道的分配。RF 波段和卫星轨道被认为是固定无线网络、移动无线网络和全球定位系统等设备所需的有限自然资源。

(2) IEEE 开发和维护适用于局域网和城域网的标准,即 IEEE 802 LAN/MAN 系列标准。IEEE 802 系列标准由 IEEE 802 LAN/MAN 标准委员会(LMSC)管理。LMSC 负责监管多个工作组。IEEE

802 系列中居于主导地位的标准是 IEEE 802.3 以太网、IEEE 802.5 令牌环和 IEEE 802.11 无线 LAN。尽管 IEEE 已经制定了射频调制设备的标准，但并未制定生产标准，因而，不同供应商对 IEEE 802.11 标准的理解不尽相同，导致它们生产的设备之间可能存在互操作问题。

(3) Wi-Fi 联盟是由一群供应商组成的协会，联盟的目标是通过对遵守行业规范、合乎标准的供应商颁发证书的方式来强化 IEEE 802.11 标准的执行，从而提高产品之间的互操作性。认证覆盖所有三种 IEEE 802.11 射频技术、先行采用的待审 IEEE 草案(例如 IEEE 802.11n)以及基于 IEEE 802.11i 的 WPA 和 WPA2 安全标准。

以上三个组织的角色可归纳如下：ITU-R 管理 RF 频段的分配；IEEE 规定如何调制射频来传送信息；Wi-Fi 确保供应商生产的设备可互操作。

Wi-Fi 版本由 0 发展到了 6，随着最新的 IEEE 802.11be 标准发布，新的 Wi-F 标准名称也将定义为 Wi-Fi 7。2.4GHz 频段支持以下标准(IEEE 802.11b/g/n/ax/be)，5GHz 频段支持以下标准(IEEE 802.11a/n/ac/ax/be)，由此可见，IEEE 802.11n/ax 同时工作在 2.4GHz 和 5GHz 频段，所以这两个标准是兼容双频工作，而 Wi-Fi 7 还可以工作在 6GHz 频段。随着 Wi-Fi 技术的发展，其传输速率也由最初的 2Mb/s 增大到了 30Gb/s。

6.3　无线局域网的组成与拓扑结构

无线局域网由各种无线网络设备组成，并有特定的组成方式。无线局域网的拓扑结构主要有点对点型和点对多点型。

6.3.1　无线局域网的组成方式

无线局域网由无线网卡、无线接入点(AP)、无线宽带路由器、计算机和有关设备组成，采用单元结构，每个单元称为一个基本服务组(BSS)。BSS 的组成有以下方式。

1. 集中控制方式

每个单元由一个中心站控制，终端在该中心站的控制下相互通信，这种方式中 BSS 区域较大，中心站建设费用较昂贵。集中控制方式又称为有固定基础设施的无线局域网，如图 6-1 所示。

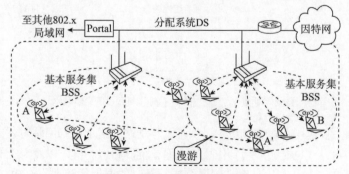

图 6-1　IEEE 802.11 基本服务集

一个基本服务集 BSS 包括一个基站和若干个移动站，所有的站在本 BSS 以内都可以直接通信，但在和本 BSS 以外的站通信时，都要通过本 BSS 的基站。基本服务集内的基站称为接入点

AP，其作用和网桥相似。当网络管理员安装 AP 时，必须为该 AP 分配一个不超过 32 字节的服务集标识符 SSID 和一个信道。一个基本服务集可以是孤立的，也可以通过接入点 AP 连接到一个主干分配系统 DS，然后再接入到另一个基本服务集，从而构成扩展服务集 ESS(extended service set)。ESS 还可通过门户(portal)为无线用户提供到非 802.11 无线局域网(例如，到有线连接的因特网)的接入，门户的作用就相当于一个网桥。如移动站 A 从某一个基本服务集漫游到另一个基本服务集(到 A'的位置)，仍可保持与另一个移动站 B 进行通信。

一个移动站若要加入到一个基本服务集 BSS，就必须先选择一个接入点 AP，并与此接入点建立关联。建立关联就表示这个移动站加入了选定的 AP 所属的子网，并和这个 AP 之间创建了一个虚拟线路。只有关联的 AP 才向这个移动站发送数据帧，而这个移动站也只有通过关联的 AP 才能向其他站点发送数据帧。

移动站与 AP 建立关联有以下两种方法。

(1) 被动扫描，即移动站等待接收接入站周期性发出的信标帧(beacon frame)。信标帧中包含有若干系统参数(如服务集标识符 SSID、支持的速率等)。

(2) 主动扫描，即移动站主动发出探测请求帧(probe request frame)，然后等待从 AP 发回的探测响应帧(probe response frame)。此外，现在许多地方，如办公室、机场、快餐店、旅馆、购物中心等，都向公众提供了有偿或无偿的 Wi-Fi 接入服务，这样的地点被称为热点。由许多热点和 AP 连接起来的区域称为热区(hot zone)，热点也就是公众无线入网点。现在也出现了无线因特网服务提供者(wireless internet service provider, WISP)这一名词。用户可以通过无线信道接入到 WISP，然后再经过无线信道接入到因特网。

2. 分布对等式

BSS 中任意两个终端可直接通信，无须中心站转接，这种方式下，BSS 区域虽然较小，但结构简单，使用方便。分布对等式无线局域网又称无固定基础设施(即没有 AP)的无线局域网。这种网络是由一些处于平等状态的移动站之间相互通信而组成的临时网络，如图 6-2 所示。

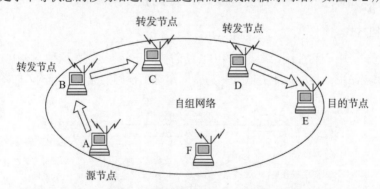

图 6-2　由处于平等状态的一些便携机构成的自组网络

移动自组网络主要应用在军事领域中，携带了移动站的战士可利用临时建立的移动自组网络进行通信。这种组网方式也能够应用到作战的地面车辆群和坦克群，以及海上的舰艇群和空中的机群。在出现自然灾害时，利用移动自组网络进行及时的通信往往非常有效。

另外，BSS 还可以采用集中控制方式与分布对等式相结合的方式。

6.3.2　无线局域网的拓扑结构

1. 无线局域网拓扑结构的类型

(1) 点对点型。常用于固定的、要联网的两个位置之间，是无线联网的常用方式之一，用该联网方式所建的网络传输距离远、速率高，受外界环境影响较小，如图 6-3 所示。

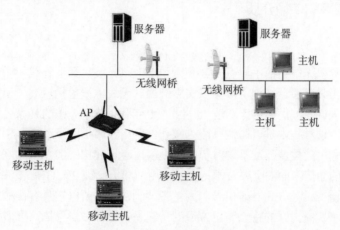

图 6-3　点对点型结构无线局域网示意图

(2) 点对多点型。常用于一个中心点带多个远端点的情况。其最大优点是组网成本低、维护简单。由于中心使用全向天线，设备调试相对容易。缺点是全向天线波束的全向扩散使功率大大降低，影响网络传输速率，对于较远的端点来说，网络的可靠性得不到保证，如图 6-4 所示。

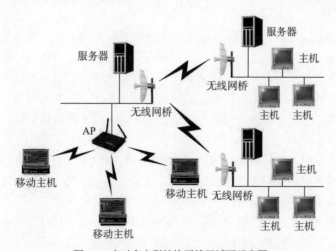

图 6-4　点对多点型结构无线局域网示意图

(3) 混合型。适用于所建网络中既有远端点，又有近端点，还有建筑物或山脉阻挡的点。组建网络时，可综合使用多种方式。

2. 无线局域网室内应用的两类情况

(1) 独立的无线局域网。独立的无线局域网是指整个网络都使用无线通信的情形。在这种方式下可以使用 AP，也可以不使用 AP。在不使用 AP 时，各个用户之间通过无线直接互连。但缺点是各用户之间的通信距离受限，且当用户数量较多时，性能较差。

(2) 非独立的无线局域网。在大多数情况下，无线通信是作为有线通信的一种补充和扩展，我们把这种情况称为非独立的无线局域网。在这种配置下，多个 AP 通过线缆连接在有线网络上，以使无线用户能够访问网络的各个部分。

6.3.3　无线局域网的传输介质

1. 微波通信

目前常用的计算机无线通信手段有光波和无线电波。光波包括红外线和激光，红外线和激光易受天气影响，也不具备穿透能力，故难以实际应用。无线电波包括短波、超短波和微波等，其中微波通信具有很大的发展潜力。特别是 20 世纪 90 年代以来，美国的几家公司发展了一种新型民用无线网络技术，这种技术是以微波频段为媒介，采用直序扩展频谱(DSSS)或跳频方式(FH)发射的传输技术，并利用此技术开发了发射和接收设备，遵照 IEEE 802.3 以太网协议，开发了整套无线网络产品。它的通信方面的主要技术特点是：用 900MHz 或 2.45GHz 微波作为传输媒介，以先进的直序扩展频谱或跳频方式发射信号，为宽带调制发射。所以它具有传输速率高、发射功率小、保密性好、抗干扰能力强的特点。更方便的是它易于进行多点通信，很多用户可以使用相同的通信频率，只要设置不同的标志码 ID 就可以产生不同的伪随机码来控制扩频调制，即可进行互不干扰的同时通信。其通信距离和覆盖范围视所选用的天线不同而有所差异：定向传送可达 5～40km，室外的全向天线可覆盖 10～15km 的半径范围，室内全向天线可覆盖 5 000m^2 的范围。微波扩频通信技术为无线网提供了良好的通信信道。

2. 微波扩频通信

扩展频谱通信(spread spectrum communication)简称扩频通信。扩频通信的基本特征是：使用比发送的信息数据速率高许多倍的伪随机码，把载有信息数据的基带信号的频谱进行扩宽，形成宽带的低功率频谱密度的信号来发射。增加带宽可以在较低信噪比情况下以相同的信息传输速率来可靠地传输信息，甚至在信号被噪声淹没的情况下，只要相应增加信号带宽，仍然能够保持可靠的通信，这意味着，通过扩频方法以宽带传输信息可以获得更好的信噪比。这就是扩频通信的基本思想和理论依据。

扩频通信技术在发射端以扩频编码进行扩频调制，在接收端以相关的解调技术收取信息，这一过程使其具有许多优良特性，如抗干扰能力强、隐蔽性强、保密性好、多址通信能力强、抗多径干扰能力强，以及优秀的安全机制。

实现扩频通信的基本工作方式有 4 种：直接序列扩频工作方式(简称 DSSS 方式)、跳变频率工作方式(简称 FH 方式)、跳变时间工作方式(简称 TH 方式)和线性调频工作方式(简称 CHIRP 方式)。目前使用最多、最典型的扩频工作方式是直接序列扩频工作方式(DSSS 方式)，这种方式在无线网络通信应用广泛。

6.4　无线局域网设备

构成无线网络的连接组件主要有以下几个：WLAN 网卡、无线接入点 AP、无线路由器、天线。

6.4.1 WLAN 网卡

无线网卡的外观与有线网卡(PCMCLL、CADBUS、PCI 和 USB)一样。它们的功能也相同(使最终用户接入网络)。在有线局域网中,网卡是网络操作系统与网线之间的接口。而在无线局域网中,无线网卡是操作系统与天线之间的接口,用来创建透明的网络连接。

无线网卡是无线局域网进行网络连接的无线终端设备。如果家里或者所在地有无线局域网的覆盖,就可以通过无线网卡以无线的方式连接无线网络。

无线网卡按无线标准可分为 IEEE 802.11b、IEEE 802.11a、IEEE 802.11g 等。按接口可分为台式机专用的 PCI 接口无线网卡、笔记本电脑专用的 PCMCIA 接口网卡以及 USB 无线网卡。USB 无线网卡只有采用 USB 2.0 接口才能满足 IEEE 802.11g 或 IEEE 802.11g+的需求。另外,在笔记本电脑中应用比较广泛的还有一种 MINI-PCI 无线网卡。如图 6-5 所示是几种无线网卡的外观。

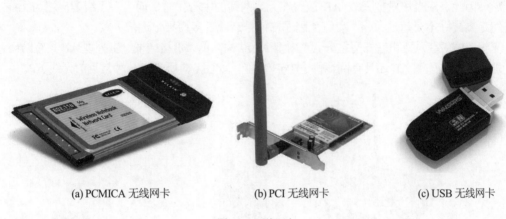

(a) PCMICA 无线网卡　　　　　(b) PCI 无线网卡　　　　　(c) USB 无线网卡

图 6-5　无线网卡

6.4.2 无线接入点 AP

AP(access point)一般翻译为“无线访问节点”,它主要提供无线工作站对有线局域网和从有线局域网对无线工作站的访问,在访问接入点覆盖范围内的无线工作站可以通过它进行相互通信。在无线网络中,AP 就相当于有线网络的集线器。

AP 在无线局域网和有线网络之间接收、缓冲存储和传输数据,以支持一组无线用户设备。接入点通常是通过一根标准以太网线连接到有线主干上,并通过有线与无线设备进行通信。接入点或者与之相连的天线通常安装在墙壁或天花板等高处。像蜂窝电话网络少的小区一样,当用户从一个小区移动到另一个小区时,多个接入点可支持从一个接入点切换到另一个接入点,如图 6-6 所示。

接入点的有效范围是 20～500m。根据技术、配置和使用情况,一个接入点可以支持 15～250 个用户。通过添加更多的接入点,可以比较轻松地扩充无线局域网,从而减少网络拥塞并扩大网络的覆盖范围。需要多个接入点的大型企业相交地部署这些接入点,以使网络连接保持不断。一个无线接入点能够跟踪其有效范围之内的客户行踪,允许或拒绝特殊的通信,或者客户通过它进行通信。

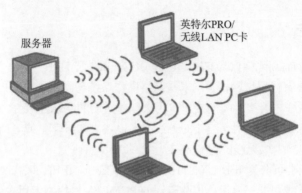

图 6-6 接入点 AP

无线 AP 是无线网和有线网之间沟通的桥梁。由于无线 AP 的覆盖范围是一个向外扩散的圆形区域，因此，应当尽量把无线 AP 放置在无线网络的中心位置，而且各无线客户端与无线 AP 的直线距离最好不要超过 30m，以避免因通信信号衰减过多而导致通信失败。

无线 AP 有室内型和室外型之分。室内型 AP 结构简单、价格较低，室外型 AP 具有防雨、防盗功能，多数室外型 AP 还具有网线供电(PoE)功能。如图 6-7 所示为几种常见的无线 AP。

(a) 室内型 AP   (b) 室外型 AP

图 6-7 无线 AP

6.4.3 无线路由器

无线路由器就是 AP、路由功能和集线器的集合体，支持有线无线组成同一子网，直接连接上层交换机或 ADSL 调制解调器等，大多数无线路由器都支持 PPPOE 拨号功能。如图 6-8 所示为无线路由器的外观。

图 6-8 无线路由器

6.4.4　天线

经过调制的信号被天线发射出去，这样目标端才能接收到。

无线局域网因为工作在较高的频段，天线并不需要很长，小范围使用的 AP、网卡一般使用内置的小型天线就可以了。

当需要远距离工作时，就需要给网卡及 AP 额外增加天线。作为传输中介的网桥，增加天线后，传输距离可以达到数十千米。

天线分为定向天线和全向天线。天线对空间不同方向具有不同的辐射或接收能力，这就是天线的方向性。通常使用方向图来衡量天线方向性，在水平面上，辐射与接收无最大方向的天线称为全向天线，有一个或多个最大方向的天线称为定向天线。如图 6-9 所示为几种天线的外观。

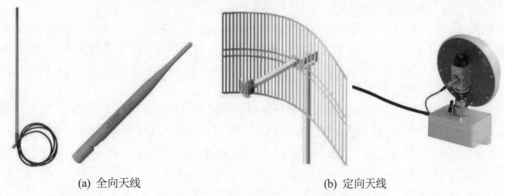

(a) 全向天线　　　　　　　　　　　　　　(b) 定向天线

图 6-9　无线局域网使用的全向天线和定向天线

全向天线获得的增益为 1db，它并不将功率集中于任何方向。全向天线是室内无线网络的最佳选择，因为室内无线网络的范围比较小，而且也不易产生向外干扰。

定向天线的增益比全向天线大，而且由于其将能量集中在一个单一的方向，所以调制后的信号可以传到更远的地方。定向天线则非常适合于地处同一座城市的建筑物之间互连。因为这类互连的距离比较远，应该设法将其他系统的干扰降到最低程度。

现在市面上 WLAN 设备的天线增益一般是 2.2dB，室外无阻隔条件下的传输距离通常可达300m。若要更远地传输 WLAN 信号，就要使用另外的天线。市面上有增益为 6dB、7dB、8.5dB、9dB、10dB、12dB、14dB 的天线。

6.5　无线局域网的连接

无线 AP 的加入不仅丰富了组网的方式，还在功能和性能上满足了家庭无线组网的各种需求。随着技术的发展，AP 已不再是单纯的连接"有线"与"无线"的桥梁。带有各种附加功能的产品不断涌现，为当前多样化的家庭宽带接入方式提供了有力支持。

6.5.1　无线局域网的互连方式

根据不同局域网的应用环境与需求，无线局域网可以通过多种方式来实现互连，具体有如下几种。

(1) 网桥连接型。不同的局域网之间互连时，由于物理原因，若采取有线方式不方便，则可采取无线网桥的方式实现两个局域网之间的点对点连接。无线网桥不仅在物理层与数据链路层上建立连接，还可为两个网的用户提供较高层的路由与协议转换。

(2) 基站接入型。当采用移动蜂窝通信网接入方式组建无线局域网时，各站点之间的通信是通过基站进行数据交换来实现互连的。各移动站不仅可以通过交换中心自行组网，还可以通过广域网与远地站点组建自己的工作网络。

(3) Hub 接入型。利用无线 Hub 可以组建星型结构的无线局域网，这种结构具有与有线 Hub 组网方式相类似的优点。在此基础上，可采用类似于交换式以太网的工作方式，要求 Hub 具有简单的网内交换功能。

(4) 无中心结构。在这种结构中，任意两个站点均可直接通信。此结构的无线局域网一般使用公用广播信道，MAC 层采用 CSMA 类型的多址接入协议。

无线局域网也可以在普通局域网基础上通过无线集线器、无线接入点(AP)、无线网桥、无线 Modem 及无线网卡等来实现，其中以无线网卡最为常见，使用最多。大多数情况下，无线局域网是有线局域网的一种补充和扩展，在这种结构中，多个 AP 通过线缆连接到有线局域网，从而可以使无线用户能访问网络的各个部分。

以太网宽带接入方式是目前许多居民小区所普遍采用的，它允许所有用户通过一条主干线接入 Internet，每个用户均配备个人的私有 IP 地址，用户只需将小区所提供的接入端(一般是一个 RJ-45 网卡接口)插入计算机中，设置好小区所分配的 IP 地址、网关及 DNS 后即可连入 Internet。从操作和过程来看，这种接入方式十分简便，一般情况下只需将 Internet 接入端插入 AP 或无线路由器中，将无线网卡设置为"基站模式"，分配好相应的 IP 地址、网关、DNS 即可，如图 6-10 所示。

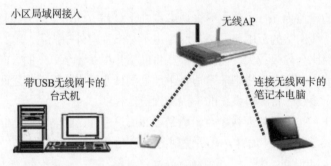

图 6-10　无线网宽带接入

6.5.2　组建家庭无线局域网

家庭无线网可以用于家庭、SOHO、小型办公室等场所，它通过在现有的有线网络的交换机上连接 AP 或无线路由器，供几个安装有无线网卡的 PC 通过该 AP 接入网络，覆盖范围一般不超过 50m。

1. 配置无线路由器

(1) 将连接外网(如 Internet)的直通网线接入无线路由器的 WAN 口，同时把另一直通网线的一端接入无线路由器的 LAN 口，另一端口接入 PC1 的有线网卡端口，如图 6-11 所示。

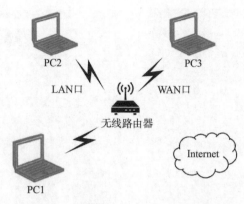

图 6-11 无线路由器 WLAN 的拓扑结构

(2) 设置 PC1 的有线网卡的 IP 地址为 192.168.1.10，子网掩码为 255.255.255.0，默认网关为 192.168.1.1。在浏览器的地址栏中输入 "192.168.1.1"，进入无线路由器登录界面，输入用户名和密码(默认为 "admin")，单击 "确定" 按钮，如图 6-12 所示。

(3) 在设置页面中，先选择 "路由设置"，然后选择左侧向导菜单中的 "LAN 口设置" 选项，在右侧对话框中可设置 LAN 口的 IP 地址，一般默认为 192.168.1.1，如图 6-13 所示。

图 6-12 登录界面

图 6-13 LAN 口设置

(4) 选择 "无线设置" 选项，在右侧对话框中可设置无线名称和密码，选择认证类型，还可以设置 4G 和 5G 无线通道和无线模式等，如图 6-14 所示。

(5) 选择 "DHCP 服务器" 命令，设置 IP 地址池的开始地址为 192.168.1.2，结束地址为 192.168.1.254，网关为 0.0.0.0。还可设置主 DNS 服务器和备用 DNS 服务器的 IP 地址，如图 6-15 所示。

(6) 无线路由器的设置基本完成，重新启动路由器使以上设置生效，并拔掉 PC1 到无线路由器的直通线。

2. 配置 PC1 无线网络

(1) 在 PC1 上安装无线网卡和相应的驱动程序后，设置该无线网卡自动获得 IP 地址。

(2) 右击 "开始" 按钮，在弹出的快捷菜单中选择 "设置" 命令，在打开 "设置" 窗口中，选择 "网络和 Internet" 选项，在打开的窗口中选择 "网络和共享中心" 选项，如图 6-16 所示。

图 6-14　无线设置

图 6-15　设置 DHCP 服务器

(3) 打开"网络和共享中心"窗口，选择"设置新的连接或网络"选项，如图 6-17 所示。

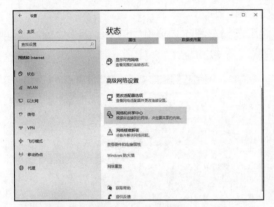

图 6-16　选择"网络和共享中心"选项

图 6-17　单击"设置新的连接或网络"链接

(4) 打开"设置连接或网络"窗口，选择"手动连接到无线网络"选项，单击"下一步"按钮，如图 6-18 所示。

(5) 打开"手动连接到无线网络"窗口，设置网络名为"qhwk"，并选中"即使网络未进行广播也连接"复选框，选择数据加密类型为"WEP"，在"安全密钥"文本框中输入密钥，然后单击"下一步"按钮，如图 6-19 所示。

图 6-18　选择"手动连接到无线网络"选项

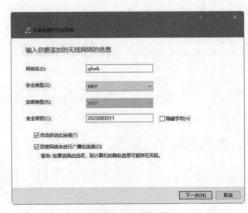

图 6-19　设置网络

(6) 打开临时网络设置完成的窗口，显示成功添加 qhwk 无线网络。选择"更改连接设置"选项，打开"qhwk 无线网络属性"对话框，选择"连接"和"安全"选项卡，可以查看设置的详细信息，如图 6-20 所示。

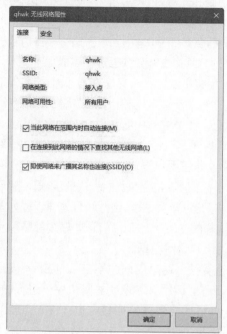

图 6-20 "连接"选项卡和"安全"选项卡

PC2 和 PC3 的设置步骤与 PC1 相同，重复上述操作以完成它们的无线网络配置。

6.6 无线局域网的安全

无线局域网的性能、互操作性和易管理性在不断改善，而安全性已经成为一个迫切需要解决的问题。

6.6.1 无线局域网的安全问题

无线局域网的安全性问题表现在如下几个方面。

1. 传输介质的脆弱性

传统的有线局域网采用单一传输媒介——铜线及无源集线器(Hub)或集中器，这些集线器端口和线缆接头几乎都连接到具有物理安全性的设备中，因而攻击者很难侵入这类传输介质。许多有线局域网为每个用户配备专门的交换端口，即使是经认证的内部用户，也无法越权访问，更不用说外部攻击者了。相比之下，无线局域网的传输媒介为大气空间，因此其安全性要脆弱得多。很多空间都在无线局域网的物理控制范围之外，如公司停车场等。网络基础架构的差异，导致无线局域网与有线网的安全性不在同一水平。

2. WEP存在不足

IEEE 802.11委员会因为意识到无线局域网固有的安全缺陷而引入了WEP。但WEP也不能完全保证加密传输的有效性，因为它不具备认证、访问控制和完整性校验功能。而无线局域网的安全机制是建立在WEP基础之上的，一旦WEP遭到破坏，这类机制的安全也就不复存在。

然而，WEP协议本身存在漏洞，它采用RC4序列密码算法，即运用共享密钥将来自伪随机数据产生器的数据生成任意字节长的序列，然后将数据序列与明文进行异或处理，生成加密文本。

早期的IEEE 802.11b网络普遍采用40位密钥，使用穷举法，一个黑客在数小时内可以将40位密钥攻破；而若采用128位密钥则不太可能被攻破(时间太长)。但若采用单一密钥方案(密钥串重复使用)，即使是128位密钥，也容易受到攻击。为此，在WEP中嵌入了24位创始向量(Iv)，Iv值随每次传输的信息包变更，并附加在原始共享密钥后面，以最大程度减小密钥相同的概率，进而降低密钥被攻破的危险。如果认证失败，可能会导致非法用户侵入网络。IEEE 802.11分两个步骤对用户进行认证。首先，接入点必须正确应答潜在通信基站的密码质询(认证步骤)，随后通过提交接入点的服务集标识符(SSID)与基站建立联系(称为客户端关联)。这种联合处理步骤为系统增加了一定的安全性。一些开发商还为客户端提供可选择的SSID序列，但这些序列都是以明文形式公布的，因而带无线卡的协议分析器能够在数秒内识别这些数据。

与实现WEP加密一样，认证步骤依赖于RC4加密算法。这里的问题不在于WEP不安全或RC4本身的缺陷，而在于执行过程：接入点采用RC4算法，运用共享密钥对随机序列进行加密，生成质询密码；请求用户必须对质询密码进行解密，并以明文形式发回接入点；接入点将解密明文与原始随机序列进行对照，如果匹配，则用户获得认证。这样只需获取两类数据帧——质询帧和成功响应帧，攻击者便可轻易推导出用于解密质询密码的密钥串。WEP系统有完整性校验功能，能部分防止这类采用重放法进行的攻击。但完整性校验是基于循环冗余校验(CRC)机制进行的，很多数据链接协议都使用CRC，它不依赖于加密密钥，因而攻击者很容易绕过加密验证过程。

一旦经过适当的认证和客户端关联，用户便能完全进入无线网。即使不攻击WEP加密，攻击者也能进入连接到无线网的有线网络，执行非法操作或扰乱网络主管的正常管理，甚至向网络扩散病毒，植入"木马"程序进行攻击等。

IEEE 802.11以及WEP机制很少提及增强访问控制问题。一些开发商在接入点中建有MAC地址表用作访问控制列表，接入点只接受MAC地址表中客户端的通信。但MAC地址必须以明文形式传输，因而无线协议分析器很容易拾取这类数据。通常情况下，可为不同的无线网络接口卡(NIC)配置不同的MAC地址，因而运用仿真方法进行攻击对访问控制的影响较小。

6.6.2 无线局域网的安全技术

无线网络安全技术包括设置SSID、WEP加密、WPA等。

1. SSID

对多个AP设置不同的SSID，并要求无线工作站出示正确的SSID才能访问AP，这样就可以允许不同群组的用户接入，并对资源访问的权限进行区别限制。因此可以认为SSID是一个简单的口令，从而提供一定的安全保障，但如果配置AP向外广播其SSID，那么安全程度还将下降。由于一般情况下，用户自己配置客户端系统，所以很多人都知道该SSID，很容易共享给非法用户。目前有的厂家支持"任何(ANY)"SSID方式，只要无线工作站在任何AP范围内，客户端都会自动连接到 AP，这将跳过 SSID 安全功能。

2. 物理地址过滤(MAC)

由于每个无线工作站的网卡都有唯一的物理地址，因此可以在 AP 中手工维护一组允许访问的 MAC 地址列表，实现物理地址过滤。这个方案要求 AP 中的 MAC 地址列表必须随时更新，因此可扩展性差。而且 MAC 地址在理论上可以伪造，所以这种授权认证方式的级别较低。物理地址过滤属于硬件认证，而不是用户认证。这种方式只适合于小型规模网络。

3. WEP 技术

在链路层采用 RC4 对称加密技术，只有用户的加密密钥与 AP 的密钥相同时，才能获准存取网络的资源，从而防止非授权用户的监听和访问。WEP 提供了 40 位(有时也称为 64 位)和 128 位长度的密钥机制，但是它仍然存在许多缺陷，例如一个服务区内的所有用户都共享同一个密钥，一个用户丢失密钥将使整个网络不安全。而且 40 位的密钥在今天很容易被破解(密钥是静态的，需要手动维护，且扩展能力差)。目前为了提高安全性，建议采用 128 位加密密钥。

4. Wi-Fi 保护接入(WPA)

WPA(Wi-Fi protected access)是继承了 WEP 基本原理而又解决了 WEP 缺点的一种新技术。通过加强生成加密密钥的算法，即使收集到分组信息并对其进行解析，也几乎无法计算出通用密钥。WPA 的原理是根据通用密钥，结合计算机 MAC 地址和分组信息顺序号的编号，分别为每个分组信息生成不同的密钥，然后与 WEP 一样将此密钥用于 RC4 加密处理。通过这种处理，所有客户端的所有分组信息所交换的数据将由各不相同的密钥加密而成。无论收集到多少这样的数据，要想破解出原始的通用密钥几乎是不可能的。WPA 还追加了防止数据中途被篡改和进行认证的功能。由于具备这些功能，WEP 中此前备受指责的缺点得以全部解决。

5. 国家标准 WAPI

WAPI(WLAN authentication and privacy infrastructure，无线局域网鉴别与保密基础结构)，是针对 IEEE 802.11 标准中 WEP 协议存在的安全问题，在中国无线局域网国家标准 GB15629.11 中提出的 WLAN 安全解决方案。同时，该方案已经过 ISO/IEC 授权的机构 IEEE Registration Authority 审查并获得认可。它的主要特点是采用基于公钥密码体系的证书机制，实现了移动终端(MT)与无线接入点(AP)间的双向鉴别。用户只需安装一张证书就可在覆盖 WLAN 的不同地区漫游，极大地方便了用户的使用。此外，WAPI 与现有计费技术兼容，支持按时计费、按流量计费、包月等多种计费方式。AP 设置好证书后，无须再对后台的 AAA 服务器进行设置，安装、组网便捷，易于扩展，可满足家庭、企业、运营商等多种应用模式的需求。

6. 端口访问控制技术(802.1x)

端口访问控制技术是无线局域网中一种增强网络安全性的解决方案。当无线工作站 STA 与无线访问点 AP 关联后，是否可以使用 AP 的服务要取决于 802.1x 的认证结果。如果认证通过，则 AP 为 STA 打开相应的逻辑端口，否则不允许用户上网。802.1x 要求无线工作站安装 802.1x 客户端软件，同时要求无线访问点内嵌 802.1x 认证代理，并且 802.1x 还作为 Radius 客户端，负责将用户的认证信息转发给 Radius 服务器。802.1x 除提供端口访问控制能力之外，还提供基于用户的认证系统及计费功能，特别适合作为公共无线接入的解决方案。

6.7 实训演练

【实训目的】

掌握使用 AP 构建无线局域网的方法。

掌握无线局域网接入有线局域网的方法。

【实训环境和设备】

LAN、AP 或无线路由器、无线网卡。

【实训内容和步骤】

1. 在 WLAN 中实现两台计算机点到点连接

(1) 在计算机上安装无线网卡。

(2) 按照图 6-21 所示，使两台计算机保持一定距离。

图 6-21　计算机点到点连接

(3) 设置网络属性。

(4) 测试两台计算机的连通性。

2. 通过 AP 或无线路由器实现点到点连接

(1) 为计算机安装无线网卡。

(2) 安装无线接入点或无线路由器。

(3) 按照图 6-22 所示，两台计算机与 AP 之间可以保持一定距离。

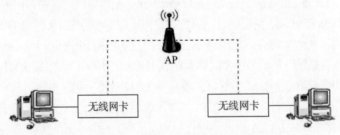

图 6-22　通过 AP 实现点到点连接

(4) 为计算机配置网络属性。

(5) 测试两台计算机之间的连通性。

3. 通过 AP 或无线路由器接入有线局域网

(1) 按照图 6-23 所示结构，两台计算机与 AP 之间可以保持一定距离。

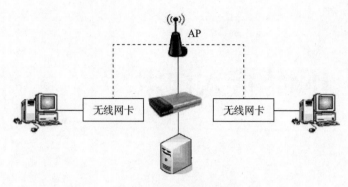

图 6-23　接入有线局域网

(2) 为计算机配置网络属性。

(3) 启动服务器的 FTP 服务。

(4) 在两台计算机上通过无线连接访问服务器的各种资源和服务。

6.8　思考练习

1. 无线局域网由哪几部分组成？
2. 简述无线局域网的标准。
3. 无线局域网的互连方式有哪些？
4. 无线局域网设备包括哪些？
5. 试分析无线局域网的安全问题。

第 **7** 章　网络接入技术

　　网络接入技术主要研究的内容是如何将用户终端的网络设备或计算机以合适的性能价格比与ISP 端局的连网设备进行互连，从而接入互联网。网络设备或计算机等终端设备接入互联网的方法多种多样，需要选择合适的接入方式。本章将介绍目前流行的网络接入技术。

7.1 理解接入网技术

接入网负责将用户的局域网或计算机连接到骨干网。它是用户与 Internet 连接的最后一步，因此又称最后一公里技术。

7.1.1 接入网的概念和结构

接入网(access network, AN)，也称为用户环路，是指交换局到用户终端之间的所有通信设备，主要用来完成用户接入核心网(骨干网)的任务。国际电信联盟标准化部门(ITU-T) G.902 标准中定义接入网由业务节点接口(service node interface, SNI)和用户网络接口(user to network interface, UNI)之间一系列传送实体(如线路设备和传输)构成，具有传输、复用、交叉连接等功能，可以看作与业务和应用无关的传送网，它的范围和结构如图 7-1 所示。

图 7-1 核心网与用户接入示意图

Internet 接入网分为主干系统、配线系统和引入线 3 个部分。其中，主干系统为传统电缆和光缆；配线系统也可能是电缆或光缆，长度一般为几百米；而引入线通常为几米到几十米，多采用铜线，其物理模型如图 7-2 所示。

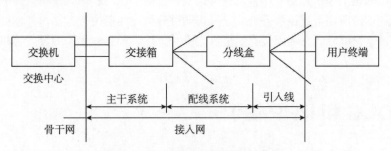

图 7-2 接入网的物理参考模型示意图

7.1.2 接入网的接口和分类

接入网所包括的范围可由 3 个接口来标记。在网络端，它通过业务节点接口 SNI 与业务节点(service node, SN)相连；在用户端，经由用户网络接口 UNI 与用户终端相连；而管理功能则通过 Q3 接口与电信管理网(telecommunication management network, TMN)相连。图 7-3 显示了接入网这 3 个接口的位置。

接入网根据使用的媒质可以分为有线接入网和无线接入网两大类，其中有线接入网又可分为铜线接入网、光纤接入网等，无线接入网又可分为固定接入网和移动接入网。由于采用无线方式接入 Internet 的内容在第 6 章已经详细介绍过，故此处不再对其进行介绍。

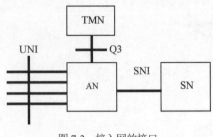

图 7-3　接入网的接口

7.1.3　广域网的连接方式

广域网(WAN)是一种跨地区的数据通信网络,其覆盖的范围从几十千米到几千千米不等。它能跨越多个城市和国家,甚至几大洲,提供远距离通信。广域网一般是使用电信运营商提供的设备及网络作为信息传输平台的,其涉及的技术较多且复杂,通常只涉及 OSI 参考模型的下 3 层。Internet 是全球最大、最典型的广域网。

广域网的连接方式主要有以下 3 种。

(1) 专线方式:专线方式也称为线路租用,它是电信运营商为用户的两个点提供的专用连接通信通道,是一种点到点、永久式的专用物理通道,如 DDN。

(2) 电路交换方式:电路交换方式的网络通过介质连接上的载波为每个通信会话临时建立一条专有物理电路,并维持电路,直到通信结束后终止这一连接,如 ISDN 和公用电话交换网(public switched telephone network, PSTN)。

(3) 分组交换方式:分组交换方式采用虚电路和数据报两种服务方式实现网络通信。所谓虚电路服务方式,就是采用了多路复用技术在一条物理连接上建立若干条逻辑上的虚电路,从而实现一对多同时通信。所谓数据报服务方式,是指通过分组交换机进行存储,并根据不同的路径将分组转发出去,这样可以动态利用线路的带宽。帧中继、X.25 和异步传输模式等即为分组交换通信方式。

7.2　HDLC 和 PPP 协议

在专线方式和电路交换方式的点到点连接中,运营商提供的线路属于物理层。要想很好地利用这些物理资源,需要在数据链路层提供一些协议,建立端到端的数据链路。这些常见的数据链路层协议包括串行线路网际协议(serial line internet protocol, SLIP)、同步数据链路控制协议(synchronous data link control, SDLC)、HDLC 协议和 PPP 协议。专线连接常用 HDLC 协议、PPP 等,电路交换连接常用 PPP 协议。

7.2.1　HDLC 协议

HDLC 协议是数据链路层协议的一项国际标准,用以实现远程用户间的资源共享和信息交互。HDLC 协议用以保证传送到下一层的数据在传输过程中能够准确地被接收,即差错释放中没有任何损失,并且序列正确。HDLC 协议的另一个重要功能是控制流量,即一旦接收端收到数据,便能立即进行传输。

1. HDLC 协议的帧格式

数据链路层的数据传送是以帧为单位的。一个帧的结构具有固定的格式，如图 7-4 所示。从网络层传下来的分组，变成数据链路层的数据，这就是图中的信息字段。信息字段的长度是可变的。信息字段的头尾各加上 24 位(bit)的控制信息，就构成了完整的帧。

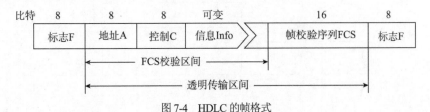

图 7-4　HDLC 的帧格式

数据链路层要解决帧同步的问题。所谓帧同步，是指能从接收的数据帧中区分出一个数据帧从哪个比特开始以及到哪个比特结束。为此，HDLC 在一个帧的开头和结尾各放入一个特殊的标记，这个标记就是标志字段 F(flag)。标志字段为 6 个连续的 1，两边各一个 0，共占用 8 位。在接收端只要找到标志字段，就可以确定一个帧的位置

在标志字段之间的比特串，如果碰巧出现和标志字段相同的比特组合，那么在处理数据帧时就会误认为找到了一个数据帧的边界，为避免这种错误，HDLC 采用零比特插入法使一个帧的两个标志字段之间不会出现 6 个连续的 1。

地址字段 A 也占用 8 位。在非平衡数据传输中，地址字段写入次站的地址；在平衡方式中，地址字段填入确认站的地址。

控制字段 C 共占用 8 位，是最复杂的字段。HDLC 的许多重要功能都靠它来完成。根据前两个比特的取值，HDLC 帧可划分成三大类：信息帧、监督帧和无编号帧。

信息字段是由上层递交下来的封装后的数据部分，所以其长度并不固定。

帧校验序列 FCS 共占用 16 位。检验的范围从地址字段的第一个比特开始到信息字段的最末一个比特。

2. HDLC 协议的特点

作为面向比特的数据链路控制协议，HDLC 协议具有以下特点。

(1) 该协议不依赖于任何一种字符编码集。

(2) 数据报文可透明传输，用于实现透明传输的"零比特填充法"易于硬件实现。

(3) 全双工通信，不必等待确认便可连续发送数据，有较高的数据链路传输速率。

(4) 所有帧均采用 CRC 码校验，对信息帧进行编号，可防止漏收或重收，传输可靠性高。

(5) 传输控制功能与处理功能分离，具有较大的灵活性和较完善的控制功能。

(6) 基于以上特点，网络设计普遍使用 HDLC 协议作为数据链路控制协议。

7.2.2　PPP 协议

PPP 协议是为在同等单元之间传输数据包而设计的数据链路层协议。这种链路提供全双工操作，并按照顺序传递数据包。该协议主要用来通过拨号或专线方式建立点到点连接和发送数据。PPP 协议已经成为各种主机、网桥和路由器之间简单连接的一种通用的数据链路层协议。

用户使用拨号电话线接入 Internet 时，一般采用 PPP 协议。另外，路由器与路由器之间的专

用线也广泛使用 PPP 协议，PPP 协议在 WAN 中占有绝对优势。

PPP 协议的帧格式如图 7-5 所示。标志字段 F 为 0x7E，地址字段 A 和控制字段 C 都是固定不变的，分别为 0xFF 和 0x03。PPP 协议不是面向比特而是面向字节的，因而所有的 PPP 帧的长度都是整数字节。

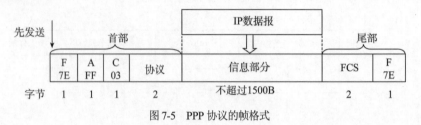

图 7-5　PPP 协议的帧格式

PPP 协议的帧格式中增加了一个 1 字节或 2 字节的协议字段。当协议字段为 0x0021 时，信息字段就是 IP 数据报；若协议字段为 0xC021，则信息字段是链路控制数据；若协议字段为 0x8021，则表示是网络控制数据。

当信息字段中出现和标志字段一样的比特(0x7E)组合时，就必须采取一些措施。由于 PPP 是面向字符的，因此它不能采用零比特填充法，而是使用一种特殊的字符填充法。具体的做法是将信息字段中出现的每一个 0x7E 字节转变成 2 字节序列(0x7D, 0x5E)。若信息字段中出现一个 0x7D 的字节，则将其转变成 2 字节序列(0x7D, 0x5D)。若信息字段中出现 ASCII 码的控制字符(即小于 0x20 的字符)，则在该字符前面要加入一个 0x7D 字节。这样做的目的是防止这些表面上的 ASCII 码控制符被错误地解释为控制符。

7.3　常见 Internet 接入方式

Internet 的接入方式分为两大类：有线接入和无线接入。其中有线接入包括基于 PSTN 的拨号接入方式、x 数字用户线路(xdigital subscriber line, xDSL)接入、光纤接入等(无线接入在上一章已经介绍，这里主要介绍几种常用的有线接入方式)。

7.3.1　电话拨号接入方式

在现有的各类接入 Internet 技术中，通过普通电话公用网接入 Internet 是用户(特别是离城市较远的乡村用户)最常用、最简单的方式。这是由于电话网是人们日常生活中最常用的通信网络，无论是在东部沿海的发达城市，还是在西部的内陆乡村，电话网络已普及到各个家庭当中。利用已有的电话网络线路及设备，可以节省网络的建设费用，避免网络布线的麻烦。用户只需在现有电话网络上加入调制解调器，即可接入 Internet。

与其他接入技术相比，电话拨号接入投资少，配置简单，施工快。但拨号接入方式的缺点也很明显，如速度较慢，通信质量差，容易发生掉线、网络无响应等问题。

图 7-6 是利用电话线路连接到 Internet 的示意图。用户计算机通过调制解调器利用现有的电话网络与端局的 Modem 池及远程接入访问服务器 RAS 相连。如用户需要访问 Internet，需通过拨号方式与 RAS 建立连接，通过认证后接入 Internet。

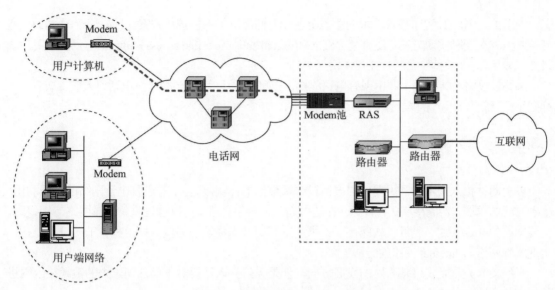

图 7-6　通过电话网接入到 Internet

调制解调器的作用是进行信号的数模转换。由于电话线路传输的是语言信号(模拟信号)，计算机网络传输的是数字信号，因此计算机输出的数字信号无法直接在普通的电话线路上进行传输。调制解调器可以在用户接入 Internet 时，在始发端将数字信号转换成可在电话线路上传输的模拟信号(这个过程称为调制)，而在电信局终端上将传过来的模拟信号转换成计算机能够处理的数字信号(这个过程称为解调)，这两个过程合起来就是调制解调，所以该设备称为调制解调器。

计算机通过与调制解调器相连拨号上网，由于采用电话线路作为传输介质，故传输速率较低，目前所能够达到的最高传输速率为 56kb/s，而且传输速率与电话线路的好坏直接相关，质量较差的电话线路的传输速率可能会更低，因而现在已经比较少见，主要是一些偏远地区的个人用户使用。

7.3.2　ADSL 宽带技术接入

ADSL(非对称数字用户环路)是 Internet 接入技术中由窄带向宽带过渡的重要技术。当借助电话网接入 Internet 出现之后，互联网的发展进入快车道。但由于电话网的数据传输速率太低，无法满足用户对于传输速率的要求，人们便开始寻求其他的接入方法来解决大容量信息传输问题。ADSL 能够脱颖而出成为当今流行的接入方式，可以说是人们对于接入技术不断研发改进的结果。

ADSL 同样利用普通电话线作为传输介质，采用了技术更为复杂的调制解调技术。同时在数据传输方向上分为上行与下行两个通道，由于上下行通道数据传输速率不一致，"非对称"由此而来。ADSL 上行速率介于 512kb/s～1Mb/s 之间，下行速率一般介于 1～8Mb/s 之间。由于其上下行速率数倍于之前的窄带速率，人们普遍称其为宽带接入技术。尽管 ADSL 技术前景一片光明，但在它出现初期也遇到一个非常棘手的问题，那就是传输距离的限制。ADSL 技术不再将数字信号调制转换成普通的语言模拟信号(4kHz 以下)，而是调制在更高的频段上(25kHz～1.1MHz)。这样的好处是它与语音信号之间独立传输，互不干扰，可以同时进行工作，但同时它极限的传输距离大打折扣，用户终端离中心端局设备之间的距离不能超过 5km，由于当时 ADSL 中心端局设备均布设于各地的电信大楼内部，设备过于集中，所以在 ADSL 技术推广应用的初期，受到较大限制。为了扩大 ADSL 宽带接入技术的覆盖范围，人们想出了各种解决方案。目前流行的 ADSL 宽带接入方式有两种实现方案：混合型 DSLAM(digital subscriber line access multiplexer，数字用户线路接入复用器)接入和独立型 DSLAM 接入。

ADSL 线路设计原则上利用现有电话线路，也可以采用"光纤到小区+电话引入线"或者"光纤到小区+综合布线"的方式。

7.3.3 光纤技术接入

以上两种接入技术均利用现有的电话线进行数据的传输，适合于对已有电话网络的升级利用。随着时代的发展，新的楼宇拔地而起，在这些新兴的楼宇内部，可以通过重新布设网络专用线路，实现网络的互连互通。光纤以太网接入技术便是利用技术成熟的局域网技术和骨干网进行连接，实现本地网络与 Internet 网络的无缝连接。

光纤接入方式是宽带接入网的发展方向，但是光纤接入需要对电信部门过去的铜缆接入网进行相应的改造，所需投入的资金巨大。

1. FTTx 概述

光纤接入分为多种情况，可以表示成 FTTx，其中的 FTT 表示 Fiber To The，x 可以是路边(curb, C)、大楼(building, B)和家(home, H)，如图 7-7 所示。

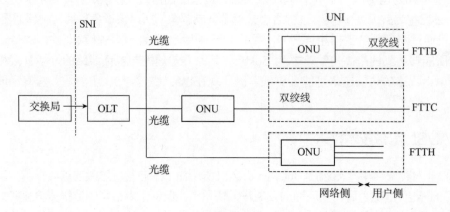

图 7-7　光纤接入

图 7-7 中 OLT(optical line terminal)称为光线路终端，ONU(optical network unit)称为光网络单元，SNI 是业务网络接口，UNI 是用户网络接口。ONU 作为用户端网络单元，根据其位置的不同，有 3 种主要的光纤接入网。

(1) 光纤到路边(FTTC)。FTTC 是光纤与铜缆相结合的比较经济的方式。ONU 设在路边的分线盒处，在 ONU 网络一侧为光纤，另一侧为双绞线。提供 2Mb/s 以下业务，典型的用户数为 128 以下，主要为住宅或小型企业单位服务。FTTC 适合于点到点或点到多点的树型分支拓扑结构。其中的 ONU 是有源设备，因此需要为 ONU 提供电源。

(2) 光纤到大楼(FTTB)。FTTB 将 ONU 接放到居民住宅楼或小型企业办公楼内，再经过双绞线接到各个用户。FTTB 是一种点到多点结构。

(3) 光纤到户(FTTH)。FTTH 是 ONU 移到用户的房间内，实现了真正的光纤到用户。从本地交换机一直到用户全部为光纤连接，没有任何铜缆，也没有有源设备，是接入网发展的长远目标。

EPON(ethernet-based passive optical network，以太无源光网络)是 PON(passive optical network，无源网络)的一种，是 FTTH 部署中最为理想的架构。10Gb/s 以太网主干和城域环网的出现也将使 EPON 成为未来全光网络中最佳的"最后一公里"解决方案。

2. FTTx+LAN

以太网技术是目前具有以太网布线的小区、小型企业和校园中用户实现宽带城域网或广域网接入的首选技术。将以太网用于实现宽带接入，必须对其采用某种方式进行改造以增加宽带接入所必需的用户认证、鉴权和计费功能，目前这些功能主要通过 PPPoE 方式实现。

PPPoE 是以太网上的点到点协议的简称，它通过将 PPP 承载到以太网之上，提供了基于以太网的点对点服务。在 PPPoE 接入方式中，由安装在汇聚层交换机旁边的宽带接入服务器(broadband access server, BAS)承担用户管理、用户计费和用户数据续传等所有宽带接入功能。BAS 可以与以太网中的多个用户端进行 PPP 会话，不同的用户与接入服务器所建立的 PPP 会话以不同的会话标识(Session ID)进行区分。BAS 对不同用户与其各自所建立的 PPP 逻辑连接进行管理，并通过 PPP 建立连接和释放的会话过程，对用户上网业务进行时长和流量的统计，实现基于用户的计费功能。

作为以太网和拨号网络之间的一个中继协议，PPPoE 充分利用了以太网技术的寻址能力和 PPP 在点到点的链路上的身份验证功能，继承了以太网的快速和 PPP 拨号的简单、用户验证、IP 分配等优势，从而逐渐成为宽带上网的最佳方式。

如图 7-8 所示，是一个简单的针对光纤到小区或大楼、5 类或超 5 类线到户的应用 PPPoE 接入服务器的例子。利用 FTTx+LAN 的方式可以实现千兆到小区、百兆到大楼、十兆到家庭的宽带接入方式。在城域网建设中，千兆位以太网已经布到了居民密集区、学校以及写字楼区。把小区内的千兆或百兆以太网交换机通过光纤连接到城域网，小区内采用综合布线，用户计算机终端插入 10/100Mb/s 的以太网卡即可接入高速网络，实现高速上网、视频点播、远程教育等多项业务。接入用户无须在网卡上设置固定 IP 地址、默认网关和域名服务器，PPP 服务器可以为其动态指定。PPPoE 接入服务器的上行端口可通过光电转换设备与局端设备连接，其他各接入端口与小区或大楼的以太网相连。用户只要在计算机上安装好网卡和专用的虚拟拨号客户端软件后，拨入 PPPoE 接入服务器就可以上网了。

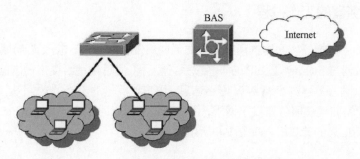

图 7-8 通过以太网方式接入

LAN 接入技术目前已比较成熟，带宽高，用户端设备成本低，理论上用户速率可达 100Mb/s，目前广泛应用于具有以太网布线的住宅小区、酒店、写字楼等。然而其传输距离有限、初期计划投资成本高、管理不方便，以及需要重新布线等缺点在一定程度上限制了其应用。

7.4　利用代理服务器技术接入

随着因特网技术的迅速发展，越来越多的计算机连入了因特网。目前因特网已覆盖了 160 多个国家和地区，上网的计算机已超过 5 000 万台。它促进了信息产业的发展，并将改变人们的生活、学习和工作方式，对很多人来说，因特网已成为不可缺少的工具。而随着因特网的发展，也产生了诸如 IP 地址耗尽、网络资源争用和网络安全等问题。代理服务器就是为了解决这些问题而产生的一种有效的网络安全产品。

利用因特网的代理服务器技术可以解决目前因特网的 IP 地址耗尽、网络资源争用以及网络安全等问题。代理服务器是采取一种代理的机制，即内部的客户端必须经过代理服务器才能和外部的服务器端进行通信，而外部的任何一台主机通常只能访问到代理服务器。

7.4.1　代理服务器接入 Internet 原理

现在的代理服务器都是以软件的形式安装于局域网的一台计算机中，该计算机有一个出口接入 Internet，接入方式可以为城域网的 10/100Mb/s 以太网接口、ISDN、PSTN 或者是 ADSL；另一个以太网接口一般和内部局域网互连，由于合法 IP 地址的缺乏，内部局域网络一般采用非法 IP 地址，这些 IP 地址一般是不能作为 IP 数据包的源地址访问外部网络的。当局域网中的计算机需要访问外部网络时，该计算机的访问请求被代理服务器截获，代理服务器通过查找本地的缓存，如果请求的数据(如 WWW 页面)可以查找到，则把该数据直接传给局域网络中发出请求的计算机；否则代理服务器访问外部网络，获得相应的数据，并把这些数据缓存，同时把该数据发送给发出请求的计算机。但代理服务器缓存中的数据需要不断更新。

代理服务器软件一般安装在一台性能比较突出，且同时装有调制解调器和网卡或者有两块网卡的高性能计算机上。在局域网中的每一台计算机都作为客户机，必须拥有一个独立的 IP 地址，而且事先在客户机软件配置使用代理服务器，指向代理服务器的 IP 地址和服务端口号。当代理服务器启动时，将利用一个名为 Winsock 的动态连接程序，来开辟一个指定的端口，等待用户的访问请求。

7.4.2　代理服务器的工作过程

代理服务器接入是把局域网内的所有需要访问网络的需求，统一提交给局域网出口的代理服务器，由代理服务器与 Internet 上 ISP 的设备联系，然后将信息传递给提出需求的设备。例如，用户计算机需使用代理服务器浏览 WWW 网络信息，用户计算机的 IE 浏览器不是直接到 Web 服务器去取回网页，而是向代理服务器发出请求，由代理服务器取回用户计算机 IE 浏览器所需要的信息，再反馈给申请信息的计算机，如图 7-9 所示。

图 7-9　代理服务器工作过程

图 7-9 展示了客户/服务器工作模式。其中代理服务器能够让多台没有公网 IP 地址的计算机，使用代理功能高速、安全地访问 Internet。

从图 7-9 可以看出，代理服务器是介于用户计算机和网络服务器之间的一台中间设备，需要满足局域网内所有的计算机访问 Internet 服务的请求。因此，大部分代理服务器就是一台高性能的计算机，具有高速运转的 CPU 和大容量的高速缓冲存储器(Cache)，其中，Cache 存放最近从 Internet 上取回的信息，当网络内部的其他访问者申请 Cache 中已有的信息时，不必重新从网络服务器上获取数据，而直接将 Cache 中的数据传送给用户的浏览器，这样就能显著提高网络信息的浏览速度和效率。

7.4.3　代理服务器的功能

代理服务器的功能主要有以下几点。

(1) 提高访问速度。客户要求的数据先存储在代理服务器的高速缓存中，下次再访问相同的数据时，直接从高速缓存中读取，对热门网站的访问，优势更加明显。

(2) 起到防火墙的作用。局域网内部使用代理服务器的用户，都必须通过代理服务器访问远程站点，因此在代理服务器上设置相应限制，过滤或屏蔽掉某些信息，从而对内网用户访问范围进行限制，能够起到防火墙的作用。

(3) 安全性得到提高。无论是上网聊天还是浏览网站，目的网络只能知道访问用户来自代理服务器，而用户真实 IP 就无法知道，从而使用户的安全性得以提高。

7.4.4　代理服务器软件

代理服务器软件分为网关型代理服务器软件与代理型代理服务器软件两大类。

1. 网关型代理服务器软件

网关型代理服务器软件主要作用是实现端口地址转换(PAT，是 NAT 的一种)，有时也称为软件路由。网关型代理建立在网络层上，安装、设置简单，但管理功能弱，性能好，客户机不需特别设置就可以实现浏览、FTP、SNMP、QQ 上网的全部功能，所以网关型代理又称全透明代理。网关型代理软件有 Windows 自带的 Internet 连接共享、Windows 的路由 SyGate、WinRoute 等。

在使用网关型代理服务的网络中，客户机不需要特别的配置，只需设置好 TCP/IP，将默认网关地址设置为安装了网关型代理服务器软件的主机的 IP 地址。

2. 代理型代理服务器软件

代理型代理服务器软件作用是代理客户机上网。它建立在应用层，安装、设置稍微复杂，对每一种应用，都要分别在服务器和客户端进行设置。默认只开通部分服务(如 HTTP、FTP 等)的代理，对某些服务(如 QQ 等)，必须为客户机另行开通代理，而客户端也要对应用软件进行相应设置。代理型代理服务软件有 ISA Server、CCProxy、WinGate 等。

在使用代理型代理服务器软件的网络中，客户机需要做一些特别的配置，不仅仅是 TCP/IP 的配置，还要对不同的网络应用软件(如浏览器、FTP 软件)分别进行配置。

下面是两种通用的代理服务器软件。

(1) Windows 操作系统自带的 ICS 软件：ICS(internet connection sharing)是 Windows 针对家庭

网络或小型局域网提供的一种 Internet 连接共享服务软件。ICS 功能非常简单，配置也比较容易，是 Windows 2000 以上操作系统默认安装的服务。

(2) 第三方的代理服务器软件 Sygate：具有更加强大的功能，支持更多的用户数代理上网，支持用户上网的安全访问控制，支持日志功能等。

7.5 实训演练

【实训目的】

掌握光纤宽带接入 Internet 的方法。

【实训环境和设备】

已做好综合布线及系统集成(设备为宽带运营商提供的光猫和超 5 类网线等)。

【实训内容和步骤】

(1) 在计算机上用网线连接宽带运营商提供的网络接口设备。

(2) 单击任务栏右下角的"网络"图标，在弹出的列表中选择"网络设置"选项，如图 7-10 所示。

(3) 打开"设置"窗口后，选择"拨号"选项卡，在显示的选项区域中选择"设置新连接"选项，如图 7-11 所示。

图 7-10 选择"网络设置"选项

图 7-11 选择"设置新连接"选项

(4) 打开"设置连接或网络"窗口，选中"连接到 Internet"选项后，单击"下一步"按钮，如图 7-12 所示。

(5) 在打开的窗口中选择"设置新连接"选项，如图 7-13 所示。

(6) 在打开的"你希望如何连接？"窗口中选择"宽带 PPPoE"选项。在随后打开的窗口中，在"用户名"文本框中输入电信运营商提供的宽带用户名，在"密码"文本框中输入密码，然后单击"连接"按钮，如图 7-14 所示。

图 7-12　选择"连接到 Internet"选项

图 7-13　单击"设置新连接"链接

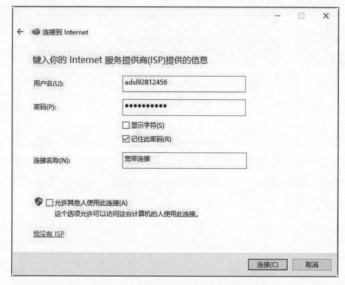

图 7-14　输入宽带用户名和密码

7.6　思考练习

1. 什么是接入网？广域网有哪些接入的方式？
2. 简述 HDLC 和 PPP 协议各自的帧格式。
3. 光纤以太网技术接入 Internet 有哪几种方式，各有什么特点？
4. 代理服务器接入 Internet 所采用的软件主要分为几类？各有哪些代表软件？
5. 试设计一个由光纤和 XDSL 组成的宽带数据接入系统。

第 **8** 章　网络管理

随着计算机网络的飞速发展，计算机网络渗透到社会的各个领域，人们对于网络的依赖越来越强，并且随着网络规模的不断扩大，网络的复杂度也大大增加。如何有效地管理网络，确保信息网络可靠、稳定地运行已经成为一个迫切需要解决的问题。本章将介绍网络管理的体系结构、网络管理协议，以及主流网络管理软件等相关内容。

8.1 网络管理的基本概念

要进行有效的网络管理，网络管理人员必须能及时了解网络的各个运行参数。另一方面，计算机网络的组成越来越复杂，各种网络业务对网络性能的要求也多种多样。我们有必要对网络管理进行基本的了解和掌握，在此基础上为以后研究和开发符合实际情况的、经济适用的网络管理系统做准备。

8.1.1 网络管理的定义

目前还没有对网络管理的精确定义，不同的行业对网络管理都有自己的定义。例如，公用交换网对于网络管理的定义通常指实时网络监控，在不利的条件下(如过载、故障)使网络的性能仍能达到最佳。而用户计算机网络对于网络管理的定义是指故障管理、计费管理、性能管理、安全管理、配置和名称管理。而且在计算机网络管理的方式方法上又将网络管理分为狭义的网络管理和广义的网络管理，狭义的网络管理仅仅指网络的通信量管理，而广义的网络管理指网络的系统管理。

网络管理，简单来说就是为保证网络系统能够持续、稳定、安全、可靠和高效地运行，对网络实施的一系列方法和措施。

网络管理的任务就是收集、监控网络中各种设备和设施的工作参数、工作状态信息，将结果显示给管理员并进行处理，从而控制网络中的设备、设施、工作参数和工作状态，使其可靠运行。

8.1.2 网络管理的类型

根据网络管理的组成可以将网络管理分为以下两类。

(1) 软件层面的网络管理。包括网络应用程序、用户账号(例如文件的使用)和存取权限(许可)的管理。

(2) 硬件层面的网络管理。包括工作站、服务器、网卡、路由器、网桥和集线器等网络设备的管理。通常情况下这些设备都离用户所在的地方很远。

8.1.3 网络管理的基本内容

最基本的网络管理方法是实时网络监控。网络监控是指从网络中获取相关信息，并从这些信息中分析网络的运行现状(如是否过载、是否发现故障等)，以决定是否需要采取相应的措施来改变网络的运行状况，保证网络在最佳状态下运行。随着网络技术的发展和应用范围的不断拓宽，如今的网络管理已经涉及网络的规划、组织、实现、运营和维护等方面，几乎包括了与网络相关的每一项技术和应用。

概括地讲，网络管理的目的就是提高通信网络的运行效率和可靠性。从过程来看，网络管理就是对网络资源进行合理分配和控制，尽可能地满足网络运营者和网络用户的需要，使网络资源最大范围地得到使用，并保证整个网络经济、可靠、稳定地运行。

现代网络管理的内容通常可以包括运行、控制、维护和提供 4 个方面。

(1) 运行(operation)：是指针对用户的需要而提供的服务，其目标是对网络的整体运行状态进行管理，包括对用户的流量和计费进行管理等。

(2) 控制(control)：是指针对向用户提供的有效服务，为满足服务质量要求而进行的管理活动，如针对整个网络的管理和网络流量的管理等。

(3) 维护(maintenance)：是指为保障网络及其设备的正常、可靠、连续、稳定地运行而进行的管理活动，如故障的检测、定位和恢复，对网络的测试等。维护又分为预防性维护和修正性维护两类。

(4) 提供(provision)：是指网络资源的提供者(如电信运营商)所进行的管理活动，如管理相应的服务软件、配置参数等。

网络管理是一项系统而复杂的工作。随着网络规模的不断扩大及设备、应用系统的日益多样化，管理的复杂性也会相应提高。另外，网络管理不但需要一批具有一定专业知识和管理经验的从业人员，而且需要相应的管理软件和工具的支持。同时，管理制度是否科学和完善也决定着网络管理的水平。

8.1.4 网络管理的层次划分

网络管理既是一项技术工作，又是一项服务业务。为了便于描述网络管理的不同功能，一般将网络管理服务分为以下4个层次。

(1) 网元管理层(network element management layer)：网元又称为网络元素，是指网络中具体的通信设备或逻辑实体。网元管理功能是实现对一个或多个网元(如交换机、路由器、防火墙、网卡等)的操作。这里的操作一般是指远程操作。网元管理通常可以理解为对网络设备的远程操作和维护。

(2) 网络管理层(network management layer)：该管理功能是实现对网络的操作控制，主要考虑的是网络中各设备之间的关系、网络的整体性能、网络的调整等。从事该层管理的人员一般要把握网络的整体性能，需要分析网络运行中所生成的日志文件。

(3) 服务管理层(service management layer)：该管理功能主要是实时监控网络中所提供的有关服务，对网络的服务质量进行管理。通常只有网络运营部门才使用该层的功能。

(4) 事务管理层(business management layer)：该管理功能主要为网络运行中的相关决策提供支持，如网络运行总体目标的确定、网络运行质量的分析报告、网络运行的财务预算和报告、网络运行的预测等。

8.2 网络管理的体系结构

随着通信网中设备的更新换代、技术的持续进步，以及网络结构的频繁变化，网络管理体系结构的重要性日益凸显。无论网络的设备、技术和拓扑结构如何变化，最基本的体系结构应保持不变，因此研究网络管理体系结构具有重要的意义。根据网络管理体系结构的定义，研究需聚焦于以下问题：研究单个网络管理系统内部的结构及其成员间的关系，以及研究多个网络管理系统如何连接构成管理网络以管理复杂的网络。

8.2.1 SNMP 网络管理体系结构

网络管理体系结构是一套用于定义网络管理系统的结构及系统成员间相互关系的规则。

SNMP 管理体系结构由管理者、代理和管理信息库(MIB)3 部分组成。管理者(管理进程)是管理指令的发出者,这些指令包括一些管理操作。管理者通过各设备的管理代理对网络内的各种设备、设施和资源实施监视和控制。代理负责管理指令的执行,并且以通知的形式向管理者报告被管理对象发生的一些重要事件。代理具有以下两个基本功能。

(1) 从 MIB 中读取各种变量值。

(2) 在 MIB 中修改各种变量值。MIB 是被管理对象结构化组织的一种抽象表示。它是一个概念上的数据库,由管理对象组成,各个代理管理 MIB 中属于本地的管理对象,各代理控制的管理对象共同构成全网的管理信息库。

SNMP 在计算机网络应用非常广泛,成为事实上的计算机网络管理的标准。然而,SNMP 也存在诸多自身难以克服的缺陷。正是由于 SNMP 协议及其 MIB 的缺陷,导致 Internet/SNMP 网络管理体系结构有以下问题。

(1) 没有一个标准或建议定义 Internet/SNMP 网络管理体系结构。

(2) 尽管定义了大多数管理对象类,但管理者仍须面对庞杂的管理对象类。为了决定哪些管理对象类需要看,哪些需要修改,管理者必须明白许多管理对象类的准确含义。

(3) 缺乏管理者特定的功能描述。Internet 管理标准仅定义了一个个独立管理操作。

8.2.2　OSI 网络管理体系结构

OSI/CMIP 网络管理体系结构主要包括:系统管理应用进程(SMAP)、系统管理应用实体、层管理实体、管理信息库(MIB)。系统管理应用进程是执行系统管理功能的软件,管理应用实体层管理提供对 OSI 各层特定的管理功能。管理信息库是系统中属于网络管理方面的信息的集合。

OSI/CMIP 管理体系结构是以更通用、更全面的观点组织一个网络的管理系统,它的开放性和着眼于网络未来发展的设计思想,使得它有很强的适应性,能够高效处理复杂系统的综合管理任务。然而正是 OSI 系统管理这种大而全的思想,导致其有许多缺点。

(1) OSI 系统管理违反了 OSI 参考模型的基本思想。

(2) 由于 OSI 系统管理用到了 OSI 各层的服务传送管理信息,使得 OSI 系统管理不能管理通信系统内部的故障。

(3) 缺乏对管理者特定的功能描述。

(4) OSI 系统管理的复杂性和 CMIP 的灵活性,使得 OSI 系统管理方法过于繁杂,从而拉大了与实际应用的距离,导致 OSI 在实际应用中普及度不高。

(5) 缺乏相应的开发工具,这种开发工具可以使开发者无须了解 OSI 管理。同时,代理系统花费也相对较高。

(6) 尽管 OSI 系统管理在管理信息建模上采用了面向对象的方法,但管理信息传送却不是面向对象的,OSI 系统管理不是纯面向对象的。

8.2.3　TMN 网络管理体系结构

电信管理网(TMN)是一个逻辑上与电信网分离的网络,它通过标准的接口(包括通信协议和信息模型)与电信网进行传送/接收管理信息,从而达到对电信网控制和操作的目的。TMN 的管理体系结构比较复杂,可以从 4 个方面分别进行描述,即功能体系结构、物理体系结构、信息体系结构和逻辑分层体系结构。

TMN 的信息体系结构基本上来自 OSI 系统管理概念和原则，如面向对象的建模方法、管理者与代理和 MIB 等，OSI 系统管理前文已进行了比较详细的讨论，因此不再重复。

电信网络的种类很多，电信网络的管理非常复杂，对某类电信设备(如交换机，交叉连接设备 DXC 等)的管理已经显示了其复杂性，若对整个电信网，甚至只是对某个本地网做到综合管理都将是一项非常艰巨和非常复杂的任务。在 TMN 建设初期可以只完成低层的管理功能，以后逐步完善高层管理功能，最终实现管理的综合。

TMN 从 20 世纪 80 年代中期提出后，已成为全球广泛接受的管理电信公众网的框架。尽管 TMN 有技术上先进、强调公认的标准和接口等优点，但随着计算机和通信技术的不断发展，TMN 自身也暴露出许多问题，如目标设定过大、抽象化程度太高、OSI 协议栈效率不高等。

8.3 网络管理的功能

ISO 定义了网络管理的 5 大功能，并被广泛接受。这 5 大功能分别是故障管理(fault management)、计费管理(accounting management)、配置管理(configuration management)、性能管理(performance management)和安全管理(security management)。

8.3.1 故障管理

故障管理是网络管理中最基本的功能之一。用户普遍希望拥有一个稳定可靠的计算机网络。当网络中某个组成部分失效时，网络管理员必须迅速查找到故障并及时排除。通常不大可能迅速隔离某个故障，因为网络故障的产生原因往往相当复杂，特别是当故障是由多个网络组成共同引起的。在此情况下，一般先将网络修复，然后再分析网络故障的原因。分析故障原因对于防止类似故障的再发生相当重要。网络故障管理包括故障检测、隔离和纠正 3 方面，包括以下典型功能。

(1) 故障监测。主动探测或被动接收网络上的各种事件信息，并识别出其中与网络和系统故障相关的内容，对关键部分保持跟踪，生成网络故障事件记录。

(2) 故障报警。接收故障监测模块传来的报警信息，根据报警策略驱动不同的报警程序，以报警窗口/振铃(通知一线网络管理人员)或电子邮件(通知决策管理人员)发出网络严重故障警报。

(3) 故障信息管理。通过对事件记录的分析，系统定义网络故障并生成故障卡片，记录排除故障的步骤和与故障相关的值班员日志，构造排错行动记录，将事件——故障——日志构成逻辑上相互关联的整体，以反映故障产生、变化、消除的整个过程。

(4) 排错支持工具。向管理人员提供一系列实时检测工具，用于对被管设备的状况进行测试，并记录下测试结果，以供技术人员分析和排错。同时，根据已有的排错经验和管理员对故障状态的描述给出对排错行动的提示。

(5) 检索/分析故障信息。以关键字检索查询故障管理系统中所有的数据库记录，定期收集故障记录数据，在此基础上给出被管网络系统、被管线路设备的可靠性参数。

网络故障的检测依赖于对网络组成部件状态的持续监测。不严重的简单故障通常被记录在错误日志中，并不做特别处理；而严重一些的故障则需要通知网络管理器，即所谓的"警报"。一般网络管理器应根据有关信息对警报进行处理，排除故障。当故障比较复杂时，网络管理员应能执行一些诊断测试来辨别故障原因。

8.3.2　计费管理

计费管理记录网络资源的使用，目的是监测和控制网络操作的费用和代价，这对一些公共商业网络尤为重要。它可以估算出用户使用网络资源可能需要的费用和代价，以及已经使用的资源。网络管理员还可规定用户可使用的最大费用，从而控制用户占用和过多使用网络资源。这也从另一方面提高了网络的效率。另外，当用户为了一个通信目的需要使用多个网络中的资源时，计费管理应可计算总计费用。

(1) 计费数据采集。计费数据采集是整个计费系统的基础，但计费数据采集往往受到采集设备硬件与软件的制约，而且也与进行计费的网络资源有关。

(2) 数据管理与数据维护。计费管理人工交互性很强，虽然有很多数据维护系统自动完成，但仍然需要人为管理，包括交纳费用的输入、联网单位信息维护，以及账单样式决定等。

(3) 计费政策制定。由于计费政策经常灵活变化，因此实现用户自由制定输入计费政策尤其重要，这样就需要一个制定计费政策的友好人机界面和完善的实现计费政策的数据模型。

(4) 政策比较与决策支持。计费管理应该提供多套计费政策的数据比较，为政策制定提供决策依据。

(5) 数据分析与费用计算。利用采集的网络资源使用数据，联网用户的详细信息以及计费政策计算网络用户资源的使用情况，并计算出应交纳的费用。

(6) 数据查询。提供给每个网络用户关于自身使用网络资源情况的详细信息，网络用户根据这些信息可以计算、核对自己的收费情况。

8.3.3　配置管理

配置管理同样至关重要。它负责初始化网络并配置网络元素，以确保网络服务的提供。配置管理包含一组必要的功能，包括辨别、定义、控制和监视网络中的通信对象，目的是实现某个特定功能或使网络性能达到最优。

(1) 配置信息的自动获取。在一个大型网络中，需要管理的设备较多，如果每个设备的配置信息都完全依靠管理人员的手工输入，工作量是相当大的，而且还存在出错的可能性。对于不熟悉网络结构的人员来说，这项工作甚至无法完成。因此，一个先进的网络管理系统应该具备配置信息自动获取功能。即使在管理人员不是很熟悉网络结构和配置状况的情况下，也能通过有关的技术手段来完成对网络的配置和管理。在网络设备的配置信息中，根据获取手段大致可以分为 3 类：一是网络管理协议标准的 MIB 中定义的配置信息(包括 SNMP 和 CMIP 协议)；二是不在网络管理协议标准中有定义，但是对设备运行比较重要的配置信息；三是用于管理的一些辅助信息。

(2) 自动配置、自动备份及相关技术。配置信息自动获取功能相当于从网络设备中"读"信息。相应的，在网络管理应用中还有大量"写"信息的需求。同样根据设置手段对网络配置信息进行分类：一是可以通过网络管理协议标准中定义的方法(如 SNMP 中的 set 服务)进行设置的配置信息；二是可以通过自动登录到设备进行配置的信息；三是需要修改的管理性配置信息。

(3) 配置一致性检查。在一个大型网络中，由于网络设备众多，且管理复杂，这些设备很可能不是由同一个管理人员进行配置的。实际上，即使是同一个管理员对设备进行的配置，也会由于各种原因导致配置一致性问题的出现。因此，对整个网络的配置情况进行一致性检查是必需的。在网络的配置中，对网络正常运行影响最大的主要是路由器端口配置和路由信息配置，因此，要进行一致性检查的也主要是这两类信息。

(4) 用户操作记录功能。配置系统的安全性是整个网络管理系统安全的核心，因此，必须对用户进行的每一项配置操作进行记录。在配置管理中，这些操作记录需要被妥善保存。管理人员可以随时查看特定用户在特定时间内进行的特定配置操作。

8.3.4　性能管理

性能管理负责评估系统资源的运行状况及通信效率等系统性能。其职责包括监视和分析被管理网络及其所提供服务的性能机制。性能分析的结果可能会触发某个诊断测试过程或重新配置网络以维持网络的性能。性能管理收集分析有关被管理网络当前状况的数据信息，并维护和分析性能日志。包括以下一些典型的功能。

(1) 性能监控。由用户定义被管理对象及其属性。被管理对象类型包括线路和路由器，被管理对象属性包括流量、延迟、丢包率、CPU 利用率、温度、内存余量。对每个被管理对象定时采集性能数据，自动生成性能报告。

(2) 阈值控制。可对每一个被管理对象的每一条属性设置阈值，对于特定被管理对象的特定属性，可以针对不同的时间段和性能指标进行阈值设置。另外，可通过设置阈值检查开关控制阈值检查和警告，提供相应的阈值管理和溢出警告机制。

(3) 性能分析。对历史数据进行分析、统计和整理，计算性能指标，对性能状况做出判断，为网络规划提供参考。

(4) 可视化的性能报告。对数据进行扫描和处理，生成性能趋势曲线，以直观的图形反映性能分析的结果。

(5) 实时性能监控。提供了一系列实时数据采集、分析和可视化工具，用于对流量、负载、丢包、温度、内存、延迟等网络设备和线路的性能指标进行实时检测，可任意设置数据采集间隔。

(6) 网络对象性能查询。可通过列表查看或按关键字检索被管理网络对象及其属性的性能记录。

8.3.5　安全管理

安全性一直是网络的薄弱环节之一，而用户对网络安全的要求又相当高，因此网络安全管理非常重要。网络中主要有以下几大安全问题：网络数据的私有性(保护网络数据不被侵入者非法获取)、授权(防止侵入者在网络上发送错误信息)、访问控制(控制对网络资源的访问)。

相应的，网络安全管理应包括对授权机制、访问控制、加密技术及其关键字的管理，另外还要维护和检查安全日志。

在网络管理过程中，存储和传输的管理及控制信息对网络的运行和管理至关重要，这些信息一旦泄密、被篡改或伪造，将给网络造成灾难性的破坏。网络管理本身的安全由以下机制来保证。

(1) 管理员身份认证。采用基于公开密钥的证书认证机制。为提高系统效率，对于信任域内(如局域网)的用户，可以使用简单口令认证。

(2) 管理信息存储和传输的加密与完整性。Web 浏览器和网络管理服务器之间采用安全套接字层(SSL)传输协议，对管理信息加密传输并保证其完整性；内部存储的机密信息，如登录口令等，也是经过加密的。

(3) 网络管理用户分组管理与访问控制。网络管理系统的用户(即管理员)按任务的不同分成若干用户组，不同的用户组中有不同的权限范围，对用户的操作由访问控制检查，保证用户不能越权使用网络管理系统。

(4) 系统日志分析。记录用户所有的操作，使系统的操作和对网络对象的修改有据可查，同时也有助于故障的跟踪与恢复。

网络对象的安全管理有以下功能。

(1) 网络资源的访问控制。通过管理路由器的访问控制链表，完成防火墙的管理功能，即从网络层(IP)和传输层(TCP)控制对网络资源的访问，保护网络内部的设备和应用服务，防止外来的攻击。

(2) 告警事件分析。接收网络对象所发出的告警事件，分析与安全相关的信息(如路由器登录信息、SNMP 认证失败信息)，实时地向管理员告警，并提供历史安全事件的检索与分析机制，及时地发现正在进行的攻击或可疑的攻击迹象。

(3) 主机系统的安全漏洞检测。实时监测主机系统重要服务(如 WWW、DNS 等)的状态，提供安全监测工具，以搜索系统可能存在的安全漏洞或安全隐患，并给出弥补的措施。

8.4　典型的网络管理协议

典型的网络管理协议主要有 SNMP 协议、RMON 协议、CMIS/CMIP 协议、CMOT 协议及 LMMP 协议等。

8.4.1　SNMP 协议

1. SNMP 协议的发展

早在 20 世纪 80 年代，负责 Internet 标准化工作的国际性组织 IETF(Internet Engineering Task Force)意识到，单靠人工管理以爆炸速度增长的 Internet 是不现实的。于是经过一番争论，最终决定采用基于 OSI 的 CMIP(Common Management Information Protocol)协议作为 Internet 的管理协议。为了让它适应基于 TCP/IP 的 Internet，必须进行大量烦琐的修改，修改后的协议被称作 CMOT(CMIP Over TCP/IP)。由于 CMOT 的出台遥遥无期，为了应急，IETF 决定把现有的 SGMP(Simple Gateway Monitoring Protocol)进一步开发成一个临时的替代解决方案，这个在 SGMP 基础上开发的临时解决方案就是著名的 SNMP。

1988 年，IAB 提出了简单网络管理协议(SNMP)的第一个版本，与 TCP 一样，SNMP 也是一个 Internet 协议，是 Internet 网络管理体系中的一部分。SNMP 定义了一种在工作站或计算机等典型的管理平台与设备之间使用 SNMP 命令进行设备管理的标准。SNMP 具有以下特点。

(1) 简单性。SNMP 非常简单，容易实现且成本低。

(2) 可伸缩性。SNMP 可管理绝大部分符合 Internet 标准的设备。

(3) 扩展性。通过定义新的"被管理对象"，即 MIB，可以非常方便地扩展管理能力。

(4) 健壮性。即使在被管理设备发生严重错误时，也不会影响管理工作站的正常工作。

SNMP 出台后，在短短几年内得到了广大用户和厂商的支持。现在 SNMP 已经成为 Internet 网络管理最重要的标准，SNMP 以其简单易用的特性成为企业网络计算中居于主导地位的一种网络管理协议，实际上已是一个事实上的网络管理标准。它可以在异构的环境中进行集成化的网络管理，几乎所有的计算机主机、工作站、路由器、集线器厂商都提供了基本的 SNMP 功能。

SNMP v1 同 TCP/IP 协议簇的其他协议一样，并没有考虑安全问题，因此许多用户和厂商提出了修改初版 SNMP、增加安全模块的要求。于是，IETF 在 1992 年开始了 SNMP v2 的开发工作，并于 1993 年完成了 SNMP v2 的制定，在 SNMP v2 中重新定义了安全级并提供了管理程序到管理程序之间通信的支持，解决了 SNMP 网络管理系统的安全性和分布管理的问题。为了提高鉴别控制，SNMP v2 还使用 MD5 鉴别协议，此协议通过对收到的每个与管理有关的信息包的内容进行验证来保证网络的完整性。通过加密和鉴别技术，SNMP v2 提供了更强的安全能力。

1998 年 IETF 完成了 SNMP v3 的制定工作，RFC 2271 定义了 SNMP v3 的体系结构，SNMP v3 体现了模块化的设计思想，SNMP 引擎和它支持的应用被定义为一系列独立的模块。应用主要有命令产生器(command generator)、通知接收器(notification receiver)、代理转发器(proxy transponder)、命令响应器(command responder)、通知始发器(notification originator)和一些其他应用。作为 SNMP 实体核心的 SNMP 引擎用于发送和接收消息、鉴别消息、对消息进行解密和加密，以及控制对被管理对象的访问等功能。

SNMP v3 可运用于多种操作环境，可根据需要增加、替换模块和算法，具有多种安全处理模块，有极好的安全性和管理功能，既弥补了前两个版本在安全方面的不足，同时又保持了 SNMP v1 和 SNMP v2 易于理解、易于实现的特点。SNMP v3 的逐步扩充和完善，必将进一步推动网络管理技术的发展。

2. SNMP 协议工作原理

网络管理中的简单网络管理协议(SNMP)模型由 4 部分组成：管理站(management station)、代理(agent)、管理信息库(management information base, MIB)和管理协议(management protocol)。

管理站(网管工作站)是网络管理系统的核心，管理站向网络设备发送各种查询报文，并接收来自被管理设备的响应及陷阱(Trap)报文，将结果显示出来。

代理是驻留在被管理设备(也称为管理节点，management node)上的一个进程，这一进程在服务器上一般是一个后台服务，在交换机、路由器中通常是嵌入式系统中的一个进程。代理负责接收、处理来自网管工作站的请求报文，然后从设备上其他模块中取得管理变量的数值，形成响应报文，反送给网管工作站。在一些紧急情况下，如接口状态发生改变、呼叫成功等，代理会主动通知管理站(发送陷阱 TRAP 报文)。

MIB 是一个所监控网络设备标准变量定义的集合，通常可以理解为保存网络管理信息定义的数据库。

管理协议是定义管理站和代理之间通信的规则集，SNMP 代理和管理站通过 SNMP 协议中的标准消息进行通信，每个消息都是一个单独的数据报。SNMP 使用 UDP(用户数据报协议)作为第四层协议(传输协议)，进行无连接操作。SNMP 消息报文包含两个部分：SNMP 报头和协议数据单元 PDU。

3. SNMP 的操作

SNMP 是一个异步的请求/响应协议。SNMP 实体不需要在发出请求后等待响应到来，它通过以下 4 种操作来支持协议交互。

(1) get 操作：用于提取指定的网络管理信息。

(2) get-next 操作：用于提供扫描 MIB 树和依次检索数据的方法。

(3) set 操作：用于对管理信息进行控制，网管站使用 set 操作来设置被管设备参数。

(4) trap 操作：用于通报重要事件的发生，被管设备遇到紧急情况时主动向网管站发送消息。网管站收到 trap pdu 后要将其变量对应表中的内容显示出来。一些常用的 trap 类型有冷、热启动，链路状态发生变化等。

在以上 4 个操作中，前 3 个是由管理者发给代理，需要代理发出响应给管理者，最后一个则是由代理发给管理者，但并不需要管理者响应。

4. SNMP 的 MIB

由于网络设备种类繁多，新的数据和管理信息还在不断增加，因此 SNMP 用层次结构命名方案来识别管理对象，就像一棵树，树的节点表示管理对象，它可以用从根开始的一条路径来唯一地识别一个节点，可以非常方便地扩充。

5. SMI 和 ASN.1

SNMP 作为一个网络管理协议，要管理机房空调、电源到路由器、服务器等各类设备，这些设备有不同的 CPU，不同的操作系统，由不同的厂家生产，因此必须有一个与操作系统、CPU、厂家等都无关的数据编码规范，保证在代理和网管站之间能正确解读数据。SNMP 协议中 SMI(structure of management information)通过定义一个宏 OBJECT-TYPE，规定了管理对象的表示方法，另外它还定义了几个 SNMP 常用的基本类型和值，SMI 是 ASN.1(抽象语法规范)的一个子集，SNMP 使用 SMI 来描述管理信息库 MIB 和协议数据单元 PDU。

8.4.2 RMON 协议

SNMP 作为一个基于 TCP/IP 并在 Internet 中应用最广泛的网管协议，为网络管理员提供了监视和分析网络运行情况的强大工具，但是 SNMP 也有一些明显的不足之处：由于 SNMP 使用轮询采集数据，在大型网络中轮询会产生巨大的网络管理报文，从而导致网络拥塞；SNMP 仅提供一般的验证，不能提供可靠的安全保证；不支持分布式管理，而采用集中式管理；由于只由网管工作站负责采集数据和分析数据，所以网管工作站的处理能力可能成为瓶颈。

为了提高传送管理报文的有效性，减少网管工作站的负载，满足网络管理员监控网段性能的需求，IETF 开发了 RMON(remote monitoring，远程监控)用以解决 SNMP 在日益扩大的分布式互联网中所面临的局限性。

RMON 规范是由 SNMP MIB 扩展而来的。RMON 中定义了设备必须实现的一组用于监控网络流量等运行状态的 MIB，它可以使各种网络监控器(或称探测器)和网管站之间交换网络监控数据。监控数据可用来监控网络流量、利用率等，为网络规划及运行提供调控依据，同时通过分析流量可以协助网络错误诊断。

当前 RMON 有两种版本：RMON v1 和 RMON v2。RMON v1 在目前使用较为广泛的网络硬件中都能发现，它定义了 9 个 MIB 组服务于基本网络监控。RMON v2 是 RMON 的扩展，集中在 MAC 层以上更高的流量层，它主要强调 IP 流量和应用程序的水平流量。RMON v2 允许网络管理应用程序监控所有网络层的信息包，这与 RMON v1 不同，RMON v1 只允许监控 MAC 及其以下层的信息包。

RMON 监视系统由两部分构成：探测器(代理或监视器)和管理站。RMON 代理在 RMON MIB 中存储网络信息，如一台计算机正在运行的程序，它们被直接植入网络设备(如路由器、交换机等)，使它们成为带 RMON 探测器功能的网络设备，代理只能看到信息传输流量，所以在每个被监控的 LAN 段或 WAN 链接点都要设置 RMON 代理,网管工作站用 SNMP 的基本命令与其交换数据信息,获取 RMON 数据信息。

RMON 监视器可用两种方法收集数据:一种是通过专用的 RMON 探测器,网管工作站直接从探测器获取管理信息,这种方式可以获取 RMON MIB 的全部信息;另一种方法是将 RMON 代理直接植入网络设备(路由器、交换机、HUB 等)使它们成为带 RMON probe 功能的网络设施,网管工作站用 SNMP 的基本命令与其交换数据信息,收集网络管理信息,但这种方式受设备资源限制,一般不能获取 RMON MIB 的所有数据,大多数只收集统计、历史、告警、事件 4 个组的信息。

RMON MIB 由一组统计数据、分析数据和诊断数据组成,不像标准 MIB 仅提供被管理对象大量的关于端口的原始数据,它提供的是一个网段的统计数据和计算结果。RMON MIB 对网段数据的采集和控制通过控制表和数据表完成。RMON MIB 按功能分成 9 个组,每个组有自己的控制表和数据表。其中,控制表可读写,用于描述数据表所存放数据的格式。配置的时候,由管理站设置数据收集的要求,存入控制表。开始工作后,RMON 监控端根据控制表的配置,把收集到的数据存放到数据表。RMON 在监控元素的 9 个 RMON 组中传递信息,各个组通过提供不同的数据来满足网络监控的需要(每个组都是可选项,销售商不必在 MIB 中支持所有的组)。

目前大部分网络设备的 RMON Agent 只支持统计、历史、告警、事件 4 个组,如 Cisco、3COM、华为的路由器或交换机都已实现这些功能,不但支持网管工作站为 Agent 记录的任何计数和整数类对象设置取样间隔和报警阈值,而且允许网管工作站根据需要以表达式形式对多个变量的组合进行设置。

8.4.3　CMIS/CMIP 协议

公共管理信息服务/公共管理信息协议(CMIS/CMIP)是由 ISO 提供的网络管理协议簇。CMIS 定义了每个网络组成部分提供的网络管理服务,这些服务在本质上是很普通的,CMIP 则是实现 CMIS 服务的协议。

ISO 网络协议旨在为所有设备在 ISO 参考模型的每一层提供一个公共网络结构,而 CMIS/CMIP 正是这样一个用于所有网络设备的完整网络管理协议簇。

出于通用性的考虑,CMIS/CMIP 的功能和结构与 SNMP 不同,SNMP 是按照简单和易于实现的原则设计的,而 CMIS/CMIP 则能够提供支持一个完整网络管理方案所需的功能。

CMIS/CMIP 的整体结构是建立在使用 ISO 网络参考模型的基础上的,网络管理应用进程使用 ISO 参考模型中的应用层。也在这层上,公共管理信息服务单元(CMISE)提供了应用程序使用 CMIP 协议的接口。同时该层还包括了两个 ISO 应用协议:联系控制服务元素(ACSE)和远程操作服务元素(ROSE),其中 ACSE 在应用程序之间建立和关闭联系,而 ROSE 则处理应用之间的请求/响应交互。另外,值得注意的是,ISO 没有在应用层之下特别为网络管理定义协议。

8.4.4　CMOT 协议

公共管理信息服务与协议(CMOT)是在 TCP/IP 协议簇上实现 CMIS 服务的,这是一种过渡性的解决方案,直到 ISO 网络管理协议被广泛采用。

CMIS 使用的应用协议并没有根据 CMOT 而修改,CMOT 仍然依赖于 CMISE、ACSE 和 ROSE 协议,这和 CMIS/CMIP 是一样的。但是,CMOT 并没有直接使用参考模型中表示层实现,而是要求在表示层中使用另外一个协议轻量表示协议(LPP)，该协议提供了目前最常用的两种传输层协议 TCP 和 UDP 的接口。

CMOT 的一个致命弱点在于它是一个过渡性的方案，没有人会把注意力集中在一个短期方案上。相反，许多重要厂商都加入了 SNMP 潮流并在其中投入了大量资源。事实上，虽然存在 CMOT 的定义，但该协议已经很长时间没有得到任何发展了。

8.4.5　LMMP 协议

局域网个人管理协议(LMMP)试图为 LAN 环境提供一个网络管理方案。LMMP 以前称为 IEEE 802 逻辑链路控制上的公共管理信息服务与协议(CMOL)。由于该协议直接位于 IEEE 802 逻辑链路层(LLC)上，它可以不依赖于任何特定的网络层协议进行网络传输。

由于不要求任何网络层协议，LMMP 比 CMIS/CMIP 或 CMOT 都易于实现，然而没有网络层提供路由信息，LMMP 信息不能跨越路由器，从而限制了它只能在局域网中发展。但是，跨越局域网传输局限的 LMMP 信息转换代理可能会克服这一问题。

8.5　主流的网络管理软件

网络管理已经有了一系列的标准，加上 ISO 定义的配置管理、性能管理、故障管理、安全管理和计费管理 5 大功能，使得具有这些功能的管理系统成为可能。同时，也正是得益于这样的网络管理系统，我们才能对网络进行充分、完备和有序的管理。但是，由于涉及众多的网络管理协议和 5 个方面所要求的功能，以及不同网络的实际情况，网络管理系统在技术上具有很强的挑战性。现在市场上号称是网络管理系统的软件不少，但真正具有网络管理 5 大功能的网络管理系统却不多。接下来，我们将介绍 4 种网络管理系统，并对比它们的优缺点。这 4 种网络管理系统是：惠普(HP)公司的 OpenView，国际商用公司(IBM)的 NetView，SUN 公司(现已被 Oracle 公司收购)的 SunNet Manager，以及近年来代表未来智能网络管理方向的 Cabletron 公司的 SPECTRUM。

8.5.1　OpenView

HP 的 OpenView 是第一个真正兼容的、跨平台的网络管理系统，因此也得到了广泛的市场应用。然而，关于它是否属于企业级的网络管理系统存在一定的争议，因为它跟大多数网络管理系统一样，不能提供 NetWare、SNA、DECnet、X.25、无线通信交换机以及其他非 SNMP 设备的管理功能。另一方面，HP 努力使 OpenView 由最初的提供给第三方应用厂商的开发系统，转变为一个跨平台的最终用户产品。它的最大特点是得到了第三方应用开发厂商的广泛接受。OpenView 已经成为网络管理市场的领导者，与其他网络管理系统相比，OpenView 拥有更多的第三方应用开发厂商。在近期，OpenView 看上去更像一个工业标准的网络管理系统。

(1) 网络监管特性。OpenView 不能处理因为某一网络对象故障而导致的其他对象的故障。具体说来就是，它不具备理解所有网络对象在网络中相互关系的能力，因此一旦某个网络对象发生故障，导致其他正常的网络对象停止响应网络管理系统，它会把这些正常网络对象当作故障对象对待。同时，OpenView 也不能把服务的故障与设备的故障区分开来，比如它不能区分是服务器上的进程出了问题还是该服务器出了问题。这是 OpenView 的最大弱点。

OpenView 还采用了商业化的关系数据库，这使得利用 OpenView 采集来的数据开发扩展应用变得相对容易。但第三方应用开发厂商需要自己找地方存放自己的数据，这种做法又限制了这些数据的共享。

(2) 管理特性。OpenView 的 MIB 变量浏览器相对而言是最完善的，而且正常情况下使用该 MIB 变量浏览器只会产生很少的流量开销。但 OpenView 仍然需要更多、更简洁的故障工具以应对各种各样的故障与问题。

(3) 可用性。OpenView 的用户界面显得干净以及相对灵活，但在功能引导上显得笨拙。同时 OpenView 还在简单、易用的 Motif 的图形用户界面上提供状态信息和网络拓扑结构图形，尽管这些信息和图形在大多数网络管理系统中都提供。但是一个问题是，OpenView 的所有操作(至少现在)都在 X-Windows 界面上进行，它还缺乏一些其他的手段，比如 WWW 界面和字符界面，同时它还缺乏开发基于其他界面应用的 API。

OpenView 是一个昂贵的但相对够用的网络管理系统，它满足了基本层次上的功能需求。它的最大优势在于它被第三方开发厂商广泛接受。得到 NetView 许可证的 IBM 已经加强并扩展了 OpenView 的功能，以此形成了 IBM 自己的 NetView 6000 产品系列，该产品可以在很大程度上被视为 OpenView 的一种替代选择。

8.5.2　NetView

IBM 的 NetView 是一个相对较新，同时又具有兼容性的网络管理系统。NetView 既可以作为一个跨平台的、即插即用的系统提供给最终用户，也可以作为一个开发平台，在上面开发新的网络管理应用。IBM 从 HP 获得了 OpenView 3.1 的许可证，并在此基础上大大扩展了它的功能，同时与其他软件产品集成起来，从而形成了自己的 NetView 产品系列。跟 OpenView 一样，NetView 作为企业级的网络管理系统，但它同样不能提供 Net-Ware、SNA、DECnet、X.25、无线通信交换机以及其他非 SNMP 设备的管理功能。NetView 产品系列包括一个故障卡片系统、一些新的故障诊断工具，以及一些 OpenView 所不具备的其他特性。虽然目前 NetView 在吸引第三方应用开发厂商方面尚不及 Open-View，但这种差距正在缩小。

(1) 网络监管特性。NetView 不能对故障事件进行归并，它不能找出相关故障卡片的内在关系，因此对一个失效设备，例如一个重要的路由器，会导致大量的故障卡片和一系列类似的告警，这是难以接受的。更糟的是，第三方开发的应用似乎也不能确定这样的从属关系，比如一个针对 Cisco 产品的插件不能区分线路故障和 CSU/DSU 故障。因此，NetView 不具备在掌握整个网络结构情况下管理分散对象的能力。在一个大型、异构网络中，这意味着服务的开销不能轻易地从网络开销中区分出来。

同样的，在 NetView 中，性能轮询与状态轮询也是彻底分开的，这也将导致故障响应的延迟。但对第三方而言，NetView 提供了某种程度上的灵活性，在系统告警和事件中允许调用用户自定义的程序。NetView 也使用了商业化的关系数据库，这使得利用 NetView 采集来的数据开发扩展应用变得相对容易。但第三方应用开发厂商需要自己找地方存放自己的数据，这又限制了这些数据的共享。

IBM 在 OS/2 Intel 平台上利用 Proxy 代理可以管理内部设备，并通过 SNMP 与 NetView 的管理进程通信。IBM 宣称 NetView 的管理进程具备理解并展示 Novell 的 NetWare 局域网的能力。

(2) 管理特性。IBM 极大地简化了 NetView 的安装过程，使得安装 NetView 比安装 OpenView 简单许多，它也是大多数网络管理软件中最容易安装的。

(3) 可用性。NetView 用户界面显得干净和相对灵活，它比 OpenView 更容易使用。它的图形用户界面也像大多数网络管理软件一样用图形方式显示对象的状态和网络拓扑结构。IBM 还增加了一种事件卡片机制，并在单独的窗口中按照一定的索引显示最近发生的事件。但同样一个问题是，NetView 的所有操作(至少现在)都在 X-Windows 界面上进行，它还缺乏一些其他的手段，比如 WWW 界面和字符界面，同时它也缺乏开发基于其他界面应用的 API。

IBM 在 HP 的 OpenView 上进行了很多改进，在其 NetView 产品系列中提供了更全面的网络管理功能。同时 NetView 还以更便宜的价格、更多的性能和更强的灵活性提供给用户，但它仍然存在着一些令人烦恼的限制。总之，NetView 在 OpenView 的基础上进行了一系列的改进，我们期待 NetView 的新开发版本能够加入更多的改进，包括处理相关性的能力以及适应不同网络环境的能力等。

8.5.3　SunNet Manager

SunNet Manager(SNM)是第一个重要的基于 Unix 的网络管理系统。SNM 一直主要作为开发平台而存在，它仅仅提供很有限的应用功能。为了实现实用化，还必须附加很多第三方开发的针对具体硬件平台的网络管理应用。SNM 的开发似乎已经减慢甚至停止，不过 SUN 已经签署一份许可证给 NetLabs DiMONS 3G 公司，授权该公司以 SNM 为基础开发一个名叫 Encompass 的新网络管理系统。对于 SNM，该系统跟其他大多数网络管理系统一样，它也不能提供 NetWare、SNA、DECnet、X.25、无线通信交换机以及其他非 SNMP 设备的管理功能。SNM 只能运行在 SUN 平台上。

作为广泛使用的最早的网络管理平台，SNM 曾经一度占据了市场的领导地位。但后来 SNM 在市场的地位被 HP 的 OpenView 所取代，现在 SNM 在市场中所占的份额越来越少，不过 SNM 仍然具有很多第三方开发的应用。

(1) 网络监管特性。SNM 有两个有趣的特性：Proxy 管理代理和集成控制核心。SNM 是第一个提供分布式网络管理的产品，它的数据采集代理可以通过 RPC(远程过程调用)与管理进程通信。这样 Proxy 管理代理就可以像管理进程的子进程一样分布在整个网络；而集成控制核心可以在不同的 SNM 的管理进程之间分享网络状态信息，这种特性在异构网络中显得特别有效。然而，SNM 不支持相关性处理抵消了 Proxy 管理代理的优势，使得 SNM 的 Proxy 管理代理把网络结构并行化的努力得不到有力的支持。

(2) 管理特性。集成控制核心允许多个 SNM 共享网络状态信息，这样在一个子网可以拥有一个自己的 SNM 以监控该子网的状态，然后集成控制核心在不同 SNM 之间共享信息，这样即使是异构的复杂网络也能很好地收集和发布网络信息。

(3) 可用性。SNM 更多的是作为一个平台而不是一个网络管理产品出现，它提供了一系列的 API 可供第三方厂商在其上开发自己的应用，因此如果用户希望使用针对 SNM 的友好的用户界面，则必须购买第三方提供的软件。在某种意义上说，如果购买了 SNM 而不购买第三方的应用软件，那么 SNM 将没有什么用处。另外，SNM 使用一种嵌入式的文件系统来保存数据，但在某些 SNM 的版本中也可以使用关系数据库系统，不过用户得另行付费。

SNM 提供一种集成的网络管理，这是一种介于集中式的网络管理和分散的、非共享的对象管理之间的网络管理方式。集成网络管理特别在管理不同独立部门的网络所组成的统一网络时非常有用,而分布式的轮询机制也在一定程度上弥补了缺乏相关性处理的不足。

8.5.4 SPECTRUM

Cabletron 的 SPECTRUM 是一个可扩展的、智能的网络管理系统,它使用了面向对象的方法和 Client/Server 体系结构。SPECTRUM 构筑在一个人工智能的引擎之上,该引擎称为 Inductive Modeling Technology(IMT),同时 SPECTRUM 借助于面向对象的设计,可以管理多种对象实体。该网络管理系统还提供针对 Novell 的 NetWare 和 Banyan 的 VINES 这些局域网操作系统的网关支持。另外,一些本地的协议支持(比如 AppleTalk、IPX 等)都可以利用外部协议 API 加入到 SPECTRUM 中,当然这需要进一步的开发。

(1) 网络的监管特性。SPECTRUM 是 4 种网络管理软件中唯一具备处理网络对象相关性能力的系统。SPECTRUM 采用的归纳模型可以使它检查不同的网络对象与事件,从而找到其中的共同点,以归纳出同一本质的事件或故障。比如,许多同时发生的故障实际上都可最终归结为同一路由器的故障,这种能力减少了故障卡片的数量,也减少了网络的开销。

SPECTRUM 服务器提供两种类型的轮询:自动轮询与手动轮询。在每次自动轮询中,服务器都要检查设备的状态并收集特定的 MIB 变量值。与其他网络管理系统一样,SPECTRUM 也可设定哪些设备需要轮询,哪些 MIB 变量需要采集数据,但不同之处在于,对同一设备对象 SPECTRUM 中没有冗余监听。

(2) 管理特性。在 SPECTRUM 中,管理员可以控制网络操作人员访问系统的界面,以控制系统的使用权限,同时严格控制一个域的操作人员只能控制自己的管理域。然而,管理员层次的控制只有一级,因此一个部门的管理员可以访问其他部门的用户文件。SPECTRUM 的 MIB 浏览器称为 Attribute Walk,非常复杂且笨拙,甚至要求用户给出 MIB 变量的标识才能查询,当然也存在很出色的第三方 MIB 浏览器。

(3) 可用性。通过 SPECTRUM 的图形用户界面,用户可以定义自己的操作环境并设置自己的快捷方式。不过在 SPECTRUM 中没有在线帮助。另外,SPECTRUM 提供了 X-Windows 和行命令两种方式来查询和操作数据库中的数据。

SPECTRUM 是一个性能强大并且非常灵活的网络管理系统,一些用户给予了它很高的评价。SPECTRUM 还提供一些独特的功能,比如相关性的分析和错误告警的控制等。SPECTRUM 也是 4 种网络管理系统中最复杂的产品,这种复杂性是由它的灵活性带来的,而这种灵活性是必要的。但这种灵活性,或者说是复杂性,限制了 SPECTRUM 的第三方开发厂商的数量。

8.6 思考练习

1. 网络管理的功能是什么?
2. 网络管理体系结构有哪几种?
3. 典型的网络管理协议有哪几种? 各个协议各有什么特点?
4. 简述主流的网络管理软件。

Internet 服务及应用

第 **9** 章

随着 Internet 技术和规模的不断发展，其提供的信息资源已无所不包，服务也越来越丰富，包括但不限于 WWW 服务、E-mail 服务、FTP 服务、Telnet 服务等。通过这些服务，用户可以方便地进行全球范围的电子邮件通信、WWW 信息查询与浏览、文件传输、语音与图像通信、电子商务活动等。本章将介绍 Internet 服务及应用的相关技术。

9.1 Internet 服务

近年来，Internet 应用已成为科技发展对社会生活产生重大影响的范例，它涵盖了远程登录 Telnet、电子邮件 E-mail、文件传输 FTP、万维网 WWW、电子公告 BBS 等多种网络服务功能。

9.1.1 远程登录 Telnet

Telnet 是 Internet 提供的基本信息服务之一，作为远程连接服务的终端仿真协议。它可以使用户的计算机登录到 Internet 上的另一台计算机上。用户的计算机就成为所登录计算机的一个终端，可以使用那台计算机上的资源，例如打印机和磁盘设备等。Telnet 提供了大量的命令，这些命令可用于建立终端与远程主机的交互式对话，可使本地用户执行远程主机的命令。

9.1.2 电子邮件 E-mail

E-mail 是指 Internet 上或常规计算机网络上的各个用户之间，通过电子信件的形式进行通信的一种现代邮政通信方式。电子邮件最初是作为两个人之间进行通信的一种机制来设计的，目前已扩展到可以与一组用户或与一个计算机程序进行通信。由于计算机能够自动响应电子邮件，任何一台连接 Internet 的计算机都能够通过 E-mail 访问 Internet 服务，并且一般的 E-mail 软件设计时就考虑到如何访问 Internet 的服务，使得电子邮件成为 Internet 上使用最为广泛的服务之一。事实上，电子邮件已是 Internet 最为基本的功能之一，在浏览器技术产生之前，Internet 网上用户之间的交流大多通过 E-mail 方式进行。

9.1.3 文件传输 FTP

FTP(file transfer protocol)是 Internet 上广泛使用的协议之一，是专门为简化在网络计算机之间的文件存取而设计的。借助于 FTP，用户可以在远程计算机的目录之间移动，查看目录中的内容，从远程计算机上取回文件，也可以将用户的文件放到远程计算机上。这一点与 Telnet 不同，Telnet 只能取回文件，一般不设上传文件的功能。与大多数 Internet 服务一样，FTP 也是一个客户机/服务器系统。用户通过一个支持 FTP 协议的客户机程序，连接到远程主机上的 FTP 服务器程序。用户通过客户机程序向服务器程序发出命令，服务器程序执行用户所发出的命令，并将执行的结果返回到客户机。在 FTP 的使用当中，用户经常遇到两个概念："下载"(download)和"上载"(upload)。"下载"文件就是从远程主机复制文件至自己的计算机上，"上载"文件就是将文件从自己的计算机中复制至远程主机上。

9.1.4 万维网 WWW

WWW(world wide web)也称 Web，中文译名为万维网或环球网。WWW 的创建是为了解决 Internet 上的信息传递问题，在 WWW 创建之前，几乎所有的信息发布都是通过 E-mail、FTP 和 Telnet 等。但由于 Internet 上的信息散乱地分布在各处，因此除非知道所需信息的位置，否则无法对信息进行搜索。WWW 采用超文本和多媒体技术，将不同文件通过关键字建立链接，提供一种交叉式查询方式。在一个超文本的文件中，一个关键字链接着另一个与之相关的文件，该文件可以在同一台主机上，也可以在 Internet 的另一台主机上，同样该文件也可以是另一个超文本文件。

9.1.5 Web 的网络应用

在网页设计中我们将 Web 称为网页，现广泛用于网络、互联网等技术领域，表现为 3 种形式，即超文本(hypertext)、超媒体(hypermedia)和超文本传输协议(HTTP)。

Web 应用程序是一种可以通过 Web 访问的应用程序，一个 Web 应用程序是由完成特定任务的各种 Web 组件构成，并通过 Web 将服务展示给用户。在实际应用中，Web 应用程序由多个 Servlet、JSP 页面、HTML 文件以及图像文件等组成。所有这些组件相互协调为用户提供一组完整的服务。常见的计数器、留言板、聊天室和论坛 BBS 等，都是 Web 应用程序，不过这些应用相对比较简单，而 Web 应用程序的真正核心主要是对数据库进行处理，管理信息系统(management information system, MIS)就是这种架构最典型的应用。

Web 结构的核心是一台 Web 服务器，它一般由一台独立的服务器承担，数据库服务器为信息管理系统数据库服务器，各客户机数据请求均由 Web 服务器提交给数据库服务器，再由 Web 服务器返回发给请求的客户机。

9.1.6 P2P 网络应用

对等网络(peer to peer, P2P)又称工作组或对等连接，网上各台计算机有相同的功能，无主从之分，任一台计算机既可作为服务器，设定共享资源供网络中其他计算机所使用，又可以作为工作站。在对等网络中，用户之间可以直接通信、共享资源、协同工作，是一种新的通信模式，每个参与者具有同等的能力，可以发起一个通信会话。

对等网不像企业专业网络中那样通过域来控制，在对等网中没有"域"，只有"工作组"。因此，在具体网络配置中，没有域的配置，而需配置工作组。在对等网络中，计算机的数量通常不会超过 20 台，所以对等网络相对比较简单。在对等网络中，对等网上各台计算机有相同的功能，无主从之分，网上任意节点计算机既可以作为网络服务器，为其他计算机提供资源；也可以作为工作站，以分享其他服务器的资源；任一台计算机均可同时兼作服务器和工作站，也可只作其中之一。同时，对等网除了共享文件之外，还可以共享打印机，对等网上的打印机可被网络上的任一节点使用，如同使用本地打印机一样方便。因为对等网不需要专门的服务器来做网络支持，也不需要其他组件来提高网络的性能，因而对等网络的组网成本较低。

9.2 Telnet 服务

远程登录 Telnet 是 Internet 最早提供的基本服务功能之一。它可以让用户坐在自己的计算机前通过 Internet 网络登录到另一台远程计算机上。

9.2.1 Telnet 服务概念

当用户登录远程计算机后，就可以用自己的计算机直接操纵远程计算机，享受与远程计算机同样的操作权限。用户可在远程计算机启动一个交互式程序，检索远程计算机的某个数据库，利用远程计算机强大的运算能力对某个方程式求解。为了实现上述功能，人们开发了远程终端协议，即 Telnet 协议。Telnet 协议是 TCP/IP 协议的一部分，它精确地定义了远程登录客户机与远程登录服务器之间的交互过程。

Internet 中的用户远程登录是指用户使用 telnet 命令，使自己的计算机暂时成为远程计算机的一个仿真终端的过程。一旦用户成功实现了远程登录，用户使用的计算机就可以像一台与对方计算机直接连接的本地终端一样进行工作。远程登录允许任意类型的计算机之间进行通信，它之所以能提供这种功能，主要是因为所有的运行操作都是在远程计算机上完成的，用户的计算机仅仅是作为一台仿真终端向远程计算机传送关键信息和显示结果。

Internet 远程登录服务的主要功能如下。

(1) 允许用户与在远程计算机上运行的程序进行交互。

(2) 当用户登录到远程计算机时，可以执行远程计算机的任何应用程序，并且能屏蔽不同型号计算机之间的差异。

(3) 用户可以利用个人计算机去完成许多只有大型计算机才能完成的任务。

但现在 Telnet 已经越用越少了，主要有如下 3 方面原因。

(1) 个人计算机的性能越来越强，致使在别人的计算机中运行程序要求逐渐减弱。

(2) Telnet 服务器的安全性欠佳，因为它允许他人访问其操作系统和文件。

(3) Telnet 使用起来不是很容易，特别是对初学者。

不过 Telnet 的主要用途还是使用远程计算机上所拥有的信息资源，如果用户的主要目的是在本地计算机与远程计算机之间传递文件，则使用 FTP 会有效得多。

9.2.2 Telnet 协议与工作原理

TCP/IP 协议中有两个远程登录协议：Telnet 和 Rlogin。Telnet 协议的主要优点之一是能够解决多种不同的计算机系统之间的互操作问题。为了解决系统的差异性，Telnet 协议引入了网络虚拟终端(network virtual terminal, NVT)的概念，它提供了一种专门的键盘定义，用来屏蔽不同的计算机系统对键盘输入的差异性。Rlogin 协议是 Sun 公司专为 BSD UNIX 系统开发的远程登录协议，它仅适用于 UNIX 操作系统，因此还不能很好地解决异质系统的互操作性。

Telnet 采用了客户机/服务器模式。在远程登录过程中，事实上启动了两个程序：一个是 Telnet 客户程序，它运行在用户的本地机上；另一个是 Telnet 服务器程序，它运行在用户要登录的远程计算机上。用户的实终端采用用户终端的格式与本地 Telnet 客户机程序通信；远程主机采用远程系统的格式与远程 Telnet 服务器程序进行通信。通过 TCP 连接，Telnet 客户机程序与 Telnet 服务器程序之间采用了网络虚拟终端 NVT 标准来进行通信。NVT 格式将不同的用户本地终端格式统一起来，使得各个不同的用户终端格式只与标准的 NVT 格式交互，而与各种不同的本地终端格式无关。Telnet 客户机程序与 Telnet 服务器程序一起完成用户终端格式、远程主机系统格式与标准网络模拟终端格式的转换。

9.2.3 Telnet 的使用

使用 Telnet 的条件是用户本身的计算机或向用户提供 Internet 访问的计算机必须支持 Internet 命令。用户进行远程登录时，在远程计算机上应该具有自己的用户账户与用户密码。远程计算机提供公共的用户账户，供没有账户的用户使用。用户在使用 telnet 命令进行远程登录时，首先应在 telnet 命令中给出对方计算机的主机名或 IP 地址，然后根据对方系统的询问正确输入自己的用户名与用户密码。用户只能使用基于终端的环境，因为 Telnet 只为普通终端提供终端仿真。

telnet 命令的一般形式为

```
telnet 主机名/IP
```

其中，"主机名/IP"是要连接的远程机的主机名或 IP 地址。例如"telnet 192.168.0.1"，如果这一命令执行成功，将从远程机上得到"login:提示符"。

一旦 telnet 成功地连接到远程系统上，就会显示登录信息并提示用户输入用户名和口令。如果用户名和口令输入正确，就能成功登录并在远程系统上工作。在 telnet 提示符后面可以输入很多命令，用来控制 telnet 会话过程。一旦用户成功地实现了远程登录，用户就可以像远程主机的本地终端一样进行工作，并可使用远程主机对外开放的全部资源，如硬件、程序、操作系统、应用软件及信息资料等。

9.3　E-mail 服务

E-mail 服务是用户通过 Internet 与其他用户进行联系的快速、简洁、高效、价廉的现代化通信手段。

9.3.1　E-mail 服务简介

E-mail 服务具有与社会中的邮政系统相似的结构与工作规程。不同之处在于，社会中的邮政系统是由人在运转着，而电子邮件是在计算机网络中通过计算机、网络、应用软件与协议来协调、有序地运行着。目前，E-mail 服务几乎可以运行在任何硬件与软件平台上。虽然各种 E-mail 系统在功能、界面等方面各有特点，但提供的服务都有以下基本功能。

(1) 创建与发送电子邮件。创建邮件并将其传递到指定的电子邮件地址。

(2) 接收、阅读与管理电子邮件。可以自动接收对方发送的邮件；可以选择某一邮件，查看其内容；可将重要邮件转存在一般文件中。

(3) 通讯簿管理。可以管理通讯簿成员，方便邮件发送。

如果要使用 E-mail 服务，首先要拥有一个电子邮箱(mail box)。电子邮箱是由提供电子邮件服务的机构(一般是 ISP)为用户建立的。它包括用户名(user name)与用户密码(password)。任何人都可以将电子邮件发送到某个电子邮箱中，但只有电子邮箱的拥有者输入正确的用户名与用户密码，才能查看到电子邮件内容或处理电子邮件。

电子邮件与传统邮件一样，也需要一个地址。在 Internet 上，每一个使用电子邮件的用户都必须在各自的邮件服务器上建立一个邮箱，拥有一个全球唯一的电子邮件地址，也就是邮箱地址。每台邮件服务器就是根据这个地址将邮件传送到每个用户的邮箱中。

E-mail 与传统的通信方式相比有着巨大的优势，它所体现的信息传输方式与传统的信件有较大的区别。

(1) 速度快。电子邮件通常在数秒钟内即可送至全球任意位置的收件人信箱中，其速度比电话通信更为高效快捷。

(2) 信息多样化。电子邮件发送的信件内容除普通文字内容外，还可以是软件、数据，甚至是录音、动画、电视或各类多媒体信息。

(3) 收发方便。E-mail 采取的是异步工作方式，允许收件人自由决定在任意时间、任意地点接收和回复，收件人无须固定守候，从而跨越了时间和空间的限制。

(4) 成本低廉。E-mail 最大的优点还在于其低廉的通信价格，用户花费极少的上网费用即可将重要的信息发送到远在地球另一端的用户手中。

(5) 安全。E-mail 软件是高效可靠的，如果目的地的计算机正好关机或暂时从 Internet 断开，E-mail 软件会每隔一段时间自动重发；如果电子邮件在一段时间之内无法递交，电子邮件会自动通知发信人。作为一种高质量的服务，电子邮件是安全可靠的高速信件递送机制，Internet 用户一般只通过 E-mail 方式发送信件。

9.3.2　E-mail 服务工作过程

E-mail 服务基于客户机/服务器结构，它的具体工作过程如图 9-1 所示。首先，发送方将写好的邮件发送给自己的邮件服务器；发送方的邮件服务器接收用户送来的邮件，并根据收件人地址发送到对方的邮件服务器中；接收方的邮件服务器接收到其他服务器发来的邮件，并根据收件人地址分发到相应的电子邮箱中；最后，接收方可以在任何时间或地点从自己的邮件服务器中读取邮件，并对它们进行处理。发送方将电子邮件发出后，通过什么样的路径到达接收方，这个过程可能非常复杂，但是不需要用户介入，一切都是在 Internet 中自动完成的。

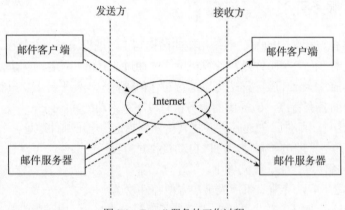

图 9-1　E-mail 服务的工作过程

9.4　FTP 服务

在 Internet 中，FTP 服务提供了任意两台计算机之间相互传输文件的机制，它是广大用户获得丰富的 Internet 资源的重要方法之一。

9.4.1　FTP 服务简介

TCP/IP 中的文件传输协议 FTP(file transfer protocol)负责将文件从一台计算机传输到另一台计算机上，并且保证其传输的可靠性。因此，人们将这一类服务称为 FTP 服务。通常，人们也把 FTP 看成是用户执行文件传输协议所使用的应用程序。

任意两台与 Internet 连接的计算机无论地理位置上相距多远，只要它们都支持 FTP 协议，就可以随时随地相互传送文件。这样做不仅可以节省实时联机的通信费用，而且可以方便地阅读与处理传输来的文件。更为重要的是，Internet 上许多公司、大学的主机上都存储有数量众多的公开发行的各种程序与文件，这是 Internet 上巨大和宝贵的信息资源。Internet 与 FTP 的结合等于使每个联网的计算机都拥有了一个容量巨大的备份文件库，这是单个计算机所无法比拟的。

当用户计算机与远端计算机建立 FTP 连接后，就可以进行文件传输了。FTP 的主要功能如下。

(1) 从远程计算机上获取文件(下载)，或把本地计算机上的文件传送到远程计算机上(上载)，传送文件实质上是将文件进行复制。

(2) 采用 FTP 传输文件时，不需要对文件进行复杂的转换，并且文件的类型不限，可以是文本文件，也可以是二进制可执行文件、声音文件、图像文件、数据压缩文件等。此外，还可以选择文件的格式控制以及文件传输的模式等。

(3) 提供对本地计算机和远程计算机的目录操作功能。可在本地计算机或远程计算机上建立或者删除目录、改变当前工作目录以及打印目录和文件的列表等。

能够实现 FTP 功能的客户端软件种类很多，有字符界面的，也有图形界面的，常用的 FTP 下载工具主要有 CuteFTP、LeapFTP、WS-FTP 和 AceFTP 等。

9.4.2　FTP 服务工作过程

FTP 服务采用的是典型的客户机/服务器模式进行工作，它的工作过程如图 9-2 所示。文件传送协议 FTP 是 Internet 文件传送的基础。本地计算机作为客户端提出请求和接受服务，提供 FTP 服务的计算机作为服务器接受请求和执行服务。进行文件传输时，客户端启动本地 FTP 程序，并与服务器系统建立连接，激活服

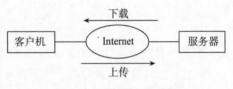

图 9-2　文件传输工作过程

务器系统上的远程 FTP 程序，它们之间要经过 TCP 协议(建立连接，默认端口为 21)进行通信。每次用户请求传送文件时，服务器便负责找到用户请求的文件，利用 FTP 协议将文件通过 Internet 网络传送给客户端。而客户端收到文件后，将文件写到用户本地计算机系统的硬盘。

FTP 是一种实时的联机服务，在进行工作前必须首先登录到对方的计算机上，登录后才能进行文件的搜索和文件传送的有关操作。普通的 FTP 服务需要在登录时提供相应的用户名和口令，当用户不知道对方计算机的用户名和口令时就无法使用 FTP 服务。为此，一些信息服务机构为了方便 Internet 的用户通过网络使用它们公开发布的信息，提供了一种"匿名 FTP 服务"。

9.4.3　匿名 FTP 服务

Internet 上有很多的公共 FTP 服务器，也称为匿名 FTP 服务器，它们提供了匿名 FTP 服务。匿名 FTP 服务的实质是，提供服务的机构在它的 FTP 服务器上建立一个公共账户，并赋予该账户访问公共目录的权限。若用户要登录到匿名 FTP 服务器上时，无须事先申请用户账户，可以使用 anonymous 作为用户名，并用自己的电子邮件地址作为用户密码，匿名 FTP 服务器便可以允许这些用户登录，并提供文件传输服务。

匿名 FTP 使用户有机会存取到世界上最大的信息库，而且这一切是免费的。匿名 FTP 同时也是 Internet 网上发布软件的常用方法。Internet 中有数目巨大的匿名 FTP 主机以及很多的文件，那么到底怎样才能知道某一特定文件位于哪个匿名 FTP 主机上的那个目录中呢？这正是 Archie 服务

器所要完成的工作。Archie 将自动在 FTP 主机中进行搜索，构造一个包含全部文件目录信息的数据库，使用户可以直接找到所需文件的位置信息。

采用匿名 FTP 服务的优点如下。

(1) 用户不需要账户就可以方便、免费地获得 Internet 大量有价值的文件。

(2) FTP 服务器的系统管理员可以掌握用户的情况，以便在必要时同用户进行联系。

(3) 为了保证 FTP 服务器的安全，匿名 FTP 对公共账户 anonymous 做了许多目录限制，其中主要有两点：一是该账户只能在一个公共目录中查找文件，二是该账户用户仅拥有公共目录中的读权限，在服务器上没有写权限。

9.5 WWW 服务

WWW(world wide web)简称 Web，中文译名为万维网、环球信息网等，是一个在 Internet 上运行的全球性的分布式信息系统。

9.5.1 WWW 服务简介

WWW 是由欧洲粒子物理实验室(CERN)研制的，它能够将位于全世界 Internet 网上不同地点的相关数据信息有机地编织在一起。WWW 提供友好的信息查询接口，用户仅需要提出查询要求，而到什么地方查询及如何查询则由 WWW 自动完成。因此，WWW 为用户带来的是世界范围的超文本服务。只要操纵计算机，就可以通过 Internet 从全世界任何地方调来所希望得到的文本、图像(包括活动影像)和声音等信息。WWW 使非常复杂的 Internet 使用起来异常简单，一个不熟悉网络的用户，也可以很快成为应用 Internet 的行家。

WWW 采用客户机/服务器工作方式，以超文本信息的组织与传递为内容，工作原理如图 9-3 所示。用户访问的服务器运行 WWW 服务器程序，用户通过 WWW 客户程序向 WWW 服务器发出查询请求，WWW 服务器则检索所有储存在服务器内的信息。WWW 的客户程序也称为浏览器。WWW 与传统的 Internet 信息查询工具 Gopher、WAIS 最大的区别是，它展示给用户的是一篇篇文章，而不是那种时常令人费解的菜单说明。因此，用它查询信息具有很强的直观性。

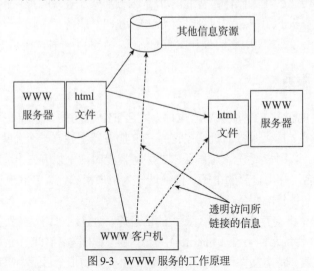

图 9-3　WWW 服务的工作原理

WWW 的成功在于它制定了一套标准的、易为人们掌握的超文本标记语言 HTML(hyper text mark-up language)、信息资源的统一定位格式 URL 和超文本传送通信协议 HTTP。

9.5.2　WWW 相关知识

1. 超文本标记语言

超文本标记语言(HTML)是 WWW 的描述语言。设计 HTML 语言的目的是把存放在一台计算机中的文本或图形与另一台计算机中的文本或图形方便地联系在一起，形成有机的整体。HTML 是一种用来定义信息表现方式的格式，它告诉浏览器如何显示文字、图形、图像等各种信息以及如何进行链接等。一份文件如果想通过 WWW 主机来显示，就必须符合 HTML 标准。实际上，HTML 是 WWW 上用于创建网页的基本语言，通过它就可以设置文本的格式、网页的色彩、图像与超文本链接等内容。通过标准化的 HTML 规范，不同厂商开发的 WWW 浏览器和 WWW 编辑器等各类软件可以按照同一标准对主页进行处理，这样，用户就可以自由地在 Internet 上漫游了。

HTML 文本是由 HTML 命令组成的描述性文本，HTML 命令可以说明文字、图形、动画、声音、表格、链接等。HTML 的结构包括头部(head)和主体(body)两大部分。头部描述浏览器所需的信息，主体包含所要说明的具体内容。

2. 超文本传输协议

超文本传输协议(hyper text transfer protocol, HTTP)是 WWW 服务器上使用的最主要协议。HTTP 负责用户与服务器之间的超文本数据传输。HTTP 是 TCP/IP 协议组中的应用层协议，建立在 TCP 之上，它面向对象的特点和丰富的操作功能，能满足分布式系统和多种类型信息处理的要求。这一跨平台的通信协议使得任何平台上的计算机都可以阅读远程服务器上的同一文件。HTTP 协议经常用来在网络上传送 Web 页。当用户以 "http://" 开始一个超链接的名字时，就是告诉浏览器去访问使用 HTTP 协议的 Web 页。HTTP 协议不仅能保证正确传输超文本文档，还可以确定传输文档中的哪一部分，以及哪部分内容首先显示(如文本先于图形)等。

3. 统一资源定位器

统一资源定位器(uniform resource locator, URL)使用数字和字母来代表网页文件在网上的地址。Web 上所能访问的资源都有唯一的 URL。URL 包括所用的传输协议、服务器名称和文件的完整路径。标准的 URL 由协议类型、主机名和路径名 3 部分组成，例如：

http://www.163.com/index.html

第一部分 "http://" 表示要访问的资源类型。其他常见资源类型中，"ftp://" 表示 FTP 服务器，"news://" 表示 Newsgroup 新闻组。

第二部分 "www.163.com" 是主机名，它说明了要访问服务器的 Internet 名称。其中，www 表示要访问的文件存放在名为 www 的服务器中，163 则表示该网站的名称，com 则指出了该网站的服务类型。常用的网站服务类型有：.com 特指事务和商务组织；.edu 表示教育机构；.gov 表示政府机关；.mil 表示军用服务；.org 表示公共服务或非正式组织。

第三部分 "/index.html" 表示要访问的主页的路径及文件名。

4. 主页

主页(homepage)是指个人或机构的基本信息页面，用户通过主页可以访问有关的信息资源。主页通常是用户使用 WWW 浏览器访问 Internet 上的任何 WWW 服务器所看到的第一个页面。主页一般包含文本、图像、表格和超链接等基本元素。主页通常是用来对运行 WWW 服务器的单位进行全面介绍，同时也是人们通过 Internet 了解一个公司、政府部门、学校的重要手段。例如要了解 IBM 公司的情况，在浏览器地址栏中输入 http://www.ibm.com 后，就可以浏览 IBM 公司的主页。

9.6 域名系统 DNS

域名系统 DNS 是因特网的一项核心服务，它一方面规定了名字的语法以及名字管理特权的分派规则；另一方面则描述了关于高效的名字-地址对应分布式计算机系统的实现方法。

9.6.1 因特网的域名结构

因特网的域名系统是一个分布式的联机数据库系统。在这种机制中，本地数据库负责管理本地域名的映射关系，非本地域中的数据通过客户端/服务器模式在整个网络上均可访问到。这样即使单个域名服务器出了故障，整个 DNS 系统仍能正常运行。在域名系统中，一种称为名字服务器(name server)的程序担任了 DNS 的客户端/服务器机制中的服务器部分。人们常把运行此程序的机器称为域名服务器。

1. 域名树状结构

现在的 Internet 采用了层次树状结构的命名方法，任何一个连接在 Internet 上的主机或路由器，都可以有一个唯一的层次结构的名字，即域名(domain name)。这里的"域"是名字空间中一个可被管理的逻辑范围。域还可继续划分为子域，如二级域、三级域等。

DNS 分布式数据库中的每一个数据单元都是按名字进行索引的。这些名字形成了一种倒挂的树状结构，该结构称为域名空间(domain name space)。域名树中的每一节点都用一个简单的字符串(不包含圆点)做域名。该级域名最多可包含 63 个字符。根域为空(零长度)字符串，该域名被保留。树中每一节点的完整域名为从该节点到根之间路径上的各节点字符的有序序列。完整的域名不超过 255 个字符。域名的读取顺序总是从节点到根，用点分隔路径中的字符串。例如 www. sjapt. edu. cn 就是一台主机的完整名字。

如果根域在节点的域名中出现，该名字看起来就像以点结尾，实际上是以点(分隔符)和空字符结尾。一旦根域出现，为了方便表示，它就写为"."。因而，一些软件将以点结尾的域名解释为绝对域名。绝对域名也被称为完全合格域名(full-qualified domain name, FQDN)。不以点结尾的名字一般解释为相对域名。

DNS 要求兄弟节点(同一个父节点的子节点)的命名具有唯一性。这一限制保证了域名可唯一地标识树中的一个节点。即只要同一子树下的每层节点的标识符不冲突，完整的主机名绝对不会冲突。

在域名树中，叶节点的域通常代表主机，它们的域名可以指向网络地址、硬件信息或邮件信息。在树内的节点，其域名既可以命名一台主机，又可以指向该域的子域或孙域的结构信息。域名树中的内部域名并不受唯一性限制，它们既可以表示其对应的域，又可以代表网络中某台特定的主机。

　　层次性命名机制的这种特性，对于名字的管理非常有利。各级域名由上一级域名管理机构管理，最高的顶级域名由互联网名称与数字地址分配机构 ICANN(internet corporation for assigned names and numbers)管理。只要这个管理机构能够保证自己分配的节点名字不重复，完整的主机名就不会重复和冲突。实际上，每个管理机构可以将自己管理的子树再划分成若干部分，并将每一部分指定一个子部门负责管理。这样，对整个互联网名字的管理也就形成了一个树状的层次化结构。

2. 顶级域名

　　最早的顶级域名共 6 个，如表 9-1 所示。由于 Internet 用户的急剧增加，后来新增加了 7 个通用顶级域名，如表 9-2 所示。

表 9-1　早期顶级域名

域　　名	含　　义
com	公司企业
net	网络服务机构
org	非营利组织
edu	教育机构
gov	政府部门(美国专用)
mil	军事部门(美国专用)
int	国际组织

表 9-2　新增的通用顶级域名

域　　名	含　　义
firm	公司企业
shop	销售公司和企业
web	突出万维网活动的单位
arts	突出文化、娱乐活动的单位
rec	突出消遣、娱乐活动的单位
info	提供信息服务的单位
nom	个人

　　这些顶级域所遵从的传统和标准一直处于变化之中。一些 ISO 3166 高层域同 U.S.的原始组织规划很相似。例如，澳大利亚的顶级域 au 有诸如 edu.au 和 com.au 子域，一些其他的 ISO 3166 顶级域遵从 U.K.方式，有诸如 co.uk(用于公司)和 ac.uk(用于学术团体)的子域。然而，在绝大多数情况下，面向地理位置的顶级域按组织方式再进行划分。

　　由于我国幅员辽阔，组织众多，我国(cn)高层域划分采用的是纵横交叉的复合方式，命名采用的是两字母方式。一方面，按照功能团体划分为 ac(学术，教育机构)、com(商业公司，团体)、org(民间组织，团体)、gov(政府机构)等子域；另一方面，又以行政区域划分为 ah(安徽)、zj(浙江)、heb(河北)等子域。例如，域名 sjzpt.edu.cn。通过域名中的 edu.cn 可以知道这应该是中国的教育机构，sjzpt 是石家庄职业技术学院的缩写，所以 sjzpt.edu.cn 即为石家庄职业技术学院的域名。

9.6.2 域名服务器与域名解析

域名系统的提出为 TCP/IP 互联网用户带来了极大的便利。通常构成域名的各个部分(各级域名)都具有一定的含义,相对于主机的 IP 地址来说更容易记忆。但域名只是为用户提供了一种便于记忆的手段,主机之间并不能直接使用域名进行通信,仍然要使用 IP 地址来完成数据的传输。因此,当应用程序接收到用户输入的域名时,域名系统必须提供一种机制,该机制负责将域名映射为对应的 IP 地址,然后利用该 IP 地址将数据送到目的主机。

1. 域名服务器

这时就需要借助于一组既独立又互相协作的域名服务器来完成任务。域名服务器,实际上是一个服务器软件,运行在指定的主机上,用于实现从域名到 IP 地址的映射。有时,我们也把运行域名服务软件的主机叫作域名服务器,该服务器通常保存着它所管辖区域内的域名与 IP 地址的对照表。相应地,请求域名解析服务的软件叫域名解析器。在 TCP/IP 域名系统中,一个域名解析器可以利用一个或多个域名服务器进行名字映射。

在 TCP/IP 互联网中,对应于域名的层次结构,域名服务器也构成一定的层次结构。这个树状域名服务器的逻辑结构是域名解析算法赖以实现的基础。总地来说,域名解析采用自顶向下的算法,从根服务器开始直到叶服务器,在其间的某个节点上一定能找到所需的名字-地址映射。当然,由于父子节点的上下管辖关系,域名解析的过程只需走过一条从树中根节点开始到另一个节点的自顶向下的路径,无须回溯,更不需要遍历整个服务器树。

然而,如果每一个解析请求都从根服务器开始,那么到达根服务器的信息流量会随互联网规模的增大而增大。在大型互联网中,根服务器有可能因负荷太重而超载。因此,每一个解析请求都从根服务器开始并不是一个很好的解决方案。在互联网中,客户端和域名服务器采用域名高速缓存技术极大地提高了非本地域名解析的效率。

2. 域名解析的流程

在域名解析过程中,只要域名解析器软件知道如何访问任意一台域名服务器,而每一台域名服务器至少知道根服务器的 IP 地址或其父节点服务器的 IP 地址,域名解析就可以顺利进行。

域名解析有两种方式,一种叫递归解析,要求域名服务器系统一次性完成全部名字-地址变换。另一种叫反复解析,每次请求一个服务器,如果不行再请求其他服务器。

例如,一位用户希望访问名为 www.nankai.edu.cn 的主机,当应用程序接收到用户输入的 www.nankai.edu.cn 时,解析器首先向已知的那台域名服务器发出查询请求。如果使用递归解析方式,该域名服务器将查询 www.nanka.edu.cn 的 IP 地址(如果在本服务器找不到,本地服务器就向其所知道的其他域名服务器发出请求,要求其他服务器帮助查找),并将查询到的 IP 地址回送给域名解析器程序。

但是,在反复解析方式下,如果此域名服务器未在本地找到 www.nankai.edu.cn 的 IP 地址,那它把有可能找到该 IP 地址的域名服务器告诉解析器应用程序,解析器需向被告知的域名服务器再次发起查询请求,如此反复,直到查到为止。

域名解析就是查询域名对应的 IP 地址,域名解析流程如图 9-4 所示。

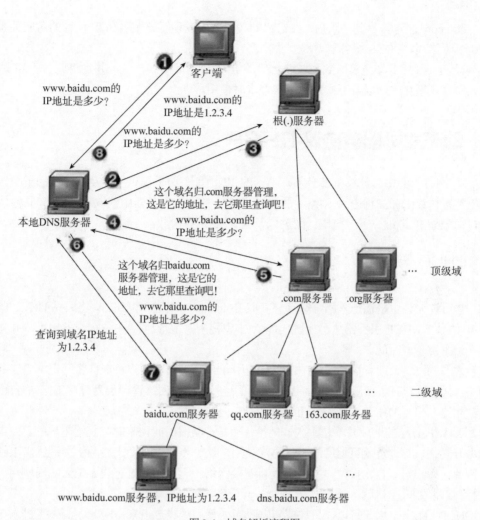

图 9-4　域名解析流程图

如图 9-4 所示，该图分 8 个步骤介绍了域名解析的流程，每个步骤如下。

(1) 客户端通过浏览器访问域名为 www.baidu.com(http://www.baidu.com)的网站，发起查询该域名的 IP 地址的 DNS 请求。该请求发送到了本地 DNS 服务器上。本地 DNS 服务器会首先查询它的缓存记录，如果缓存中有此条记录，就可以直接返回结果。如果没有，本地 DNS 服务器还要向 DNS 根服务器进行查询。

(2) 本地 DNS 服务器向根服务器发送 DNS 请求，请求域名为 www.baidu.com 的 IP 地址。

(3) 根服务器经过查询，发现没有记录该域名及 IP 地址的对应关系。但是会告诉本地 DNS 服务器，可以到域名服务器上继续查询，并给出域名服务器的地址(.com 服务器)。

(4) 本地 DNS 服务器向.com 服务器发送 DNS 请求，请求域名 www.baidu.com 的 IP 地址。

(5) .com 服务器收到请求后，不会直接返回域名和 IP 地址的对应关系，而是告诉本地 DNS 服务器，该域名可以在 baidu.com 域名服务器上进行解析获取 IP 地址，并告诉 baidu.com 域名服务器的地址。

(6) 本地 DNS 服务器向 baidu.com 域名服务器发送 DNS 请求，请求域名 www.baidu.com 的 IP 地址。

(7) baidu.com 服务器收到请求后，在自己的缓存表中发现了该域名和 IP 地址的对应关系，并将 IP 地址返回给本地 DNS 服务器。

(8) 本地 DNS 服务器将获取到与域名对应的 IP 地址返回给客户端，并且将域名和 IP 地址的对应关系保存在缓存中，以备下次别的用户查询时使用。

9.7 动态主机配置协议 DHCP

TCP/IP 网络上的每台计算机都必须有唯一的 IP 地址，用于标识主机及其连接的子网。通过动态主机配置协议(DHCP)服务，网络中的设备可以从 DHCP 服务器中获取 IP 地址和其他信息。该服务自动分配 IP 地址、子网掩码、网关以及其他 IP 网络参数。

9.7.1 DHCP 概述

DHCP 协议允许主机在连入网络时动态获取 IP 地址。主机连入网络时，将联系 DHCP 服务器并请求 IP 地址。DHCP 服务器从已配置地址范围(也称为“地址池”)中选择一条地址，并将其临时“租”给主机一段时间。

在较大型的网络，或者移动网络中，经常使用 DHCP。移动用户可能携带笔记本电脑并需要连接网络，其他用户有了新工作站时，也需要新的连接。与由网络管理员为每台工作站分配 IP 地址的做法相比，采用 DHCP 自动分配 IP 地址的方法更有效。

但是 DHCP 分配的地址并不是永久性地址，而是在某段时间内临时分配给主机的。如果主机关闭或离开网络，该地址就可返回池中供再次使用。这一点特别有助于在网络中进进出出的移动用户。因此，用户可以自由换位，并随时重新连接网络。无论是通过有线还是无线局域网，只要物理连接能够联通，主机就可以获取 IP 地址。

在 DHCP 协议下，用户可以在机场或者咖啡店内使用无线热点来访问 Internet。当进入该区域时，笔记本电脑的 DHCP 客户端程序会通过无线连接本地 DHCP 服务器。DHCP 服务器会将 IP 地址分配给用户的笔记本电脑。

当运行 DHCP 服务软件时，很多类型的设备都可以成为 DHCP 服务器。在大多数中型到大型网络中，DHCP 服务器通常采用本地专用服务器。而家庭网络的 DHCP 服务器一般位于 ISP 处，家庭网络中的主机直接从 ISP 接收 IP 配置。

由于任何连接到网络上的设备都能接收到地址，因此采用 DHCP 会有一定的安全风险。所以，在确定是采用动态地址分配还是手动地址分配时，物理安全性是重点考虑的因素。当然，动态和静态地址分配方式在网络设计中都占有一席之地。很多网络都同时采用 DHCP 和静态地址分配方式。DHCP 适用于一般主机，如终端用户设备；而固定地址则适用于如网关、交换机、服务器及打印机等网络设备。

9.7.2 DHCP 工作过程

如果没有 DHCP，用户在连接网络时就需要手动输入 IP 地址、子网掩码和其他一些网络设置。DHCP 服务器负责维护 IP 地址池，并在客户端登录时将临时地址分配给客户端。由于 IP 地址是动态(临时分配)而非静态分配的，因此不再使用的地址将自动收回到地址池中，以备下次分配。当配置了 DHCP 协议的设备启动或者登录网络时，客户端将广播"DHCP 发现"数据包，以确定网络上是否有可用的 DHCP 服务器。DHCP 服务器使用"DHCP 提供"回应客户端。"DHCP 提供"是一种提供租借信息的消息，包含分配的 IP 地址、子网掩码、DNS 服务器和默认网关信息，以及租期等信息。

如果在本地网络上有不止一台 DHCP 服务器，则客户端可能会收到多个 DHCP 提供数据包。此时，客户端必须在这些服务器中进行选择，并且将包含服务器标识信息及所接收的分配信息的 DHCP 请求数据包广播出去。客户端可以向服务器请求分配以前分配过的地址。

如果客户端请求的 IP 地址(或者服务器提供的 IP 地址)仍然有效，服务器将返回 DHCP ACK 消息以确认地址分配。如果请求的地址不再有效(可能由于超时或被其他用户使用)，则所选服务器将发送 DHCP NAK(否定)信息。一旦返回 DHCP NAK 消息，客户端应重新启动选择进程，并重新发送新的 DHCP 发现消息。客户端获得地址后，应在租期结束前发送 DHCP 请求消息进行续期。

DHCP 服务器确保每个 IP 地址都是唯一的(一个 IP 地址不能同时分配到不同的网络设备上)。通过 DHCP，网络管理员可以轻松配置客户端 IP 地址，而不必手动对客户端进行修改。因此，绝大多数 Internet 供应商往往使用 DHCP 为不需要静态地址的用户分配地址。

9.8　Web 的网络应用

Web 的网络应用主要包括 Web 服务、电子商务应用、电子政务应用、远程教育应用、博客应用、播客与网络电视应用和 IP 电话等。

9.8.1　Web 服务

Internet 采用超文本和超媒体的信息组织方式，将信息的链接扩展到整个 Internet 上。Web 是一种超文本信息系统，其主要概念就是超文本链接，它使得文本不再像一本书一样是固定的线性的，而是可以从一个位置跳到另外的位置，从而获取更多的信息，进而转到别的主题上，想要了解某一个主题的内容只要在这个主题上点一下，就可以跳转到包含这一主题的文档上。Web 有以下特点。

(1) 图形化：Web 非常流行的一个重要原因就在于它能在同一页面上同时显示色彩丰富的图形和文本。Web 还具备将图形、音频、视频信息集合于一体的功能。同时，Web 导航便捷，用户只需要从一个链接跳到另一个链接，就可以在各页各站点之间进行浏览了。

(2) 与平台无关：无论用户的系统平台是什么，都可以通过 Internet 访问 WWW。

(3) 分布式的：大量的图形、音频和视频信息会占用相当大的磁盘空间，Web 没有必要把所有信息都放在一起，信息可以放在不同的站点上，只需要在浏览器中指明这个站点，从用户来看，不同站点上的信息，逻辑上是一体化的。

(4) 动态的：由于各 Web 站点的信息包含站点本身的信息，信息的提供者可以经常对站点上的信息进行更新。一般各信息站点都尽量保证信息的时效性，所以 Web 站点上的信息是动态的，经常更新的。

(5) 交互的：Web 的交互性表现在它的超链接上，用户的浏览顺序和所到站点完全由用户自己决定。另外通过 FORM 的形式可以从服务器方获得动态的信息，用户通过填写 FORM 可以向服务器提交请求，服务器可以根据用户的请求返回相应信息。

9.8.2　电子商务应用

电子商务是在互联网、企业内部网和增值网(value added network, VAN)上，通过电子交易方式进行的交易活动和相关服务活动，它实现了传统商业活动各环节的电子化、网络化。电子商务是利用微型计算机技术和网络信息技术进行的商务活动。电子商务是一个不断发展的概念，在各国或不同的领域有不同的定义，但其关键依然是依靠着电子设备和网络技术进行的商业模式。随着电子商务的高速发展，它已不仅仅局限于购物的主要内涵，还应包括物流配送等附带服务。

电子商务应用是指企业运用互联网开展经营取得营业收入的基本方式。传统的观点是将企业的电子商务模式归纳为：B2C(business to consumer)、B2B(business to business)、C2B(consumer to business)、C2C(consumer to consumer)、B2G(business to government)、BMC(business medium consumer)、ABC(agents business consumer)等经营应用模式。

电子商务的形成与交易离不开以下3方面的要素。

(1) 交易平台。第三方电子商务平台是指在电子商务活动中为交易双方或多方提供交易撮合及相关服务的信息网络系统总和。

(2) 平台经营者。第三方电子商务平台经营者是指在工商行政管理部门登记注册并领取营业执照，从事第三方交易平台运营并为交易双方提供服务的自然人、法人和其他组织。

(3) 站内经营者。第三方电子商务平台站内经营者是指在电子商务交易平台上从事交易及有关服务活动的自然人、法人和其他组织。

9.8.3　电子政务应用

所谓电子政务，是指运用现代信息和通信技术，通过网络平台将政府的管理和服务功能进行集成，在互联网上实现组织结构和工作流程的优化重组，超越时间和空间的限制，打破部门壁垒，向社会提供优质和全方位的、规范而透明的、符合国际标准的管理和服务。

电子政务是政府部门或机构利用现代信息科技和网络技术，实现高效、透明，规范的电子化内部办公，协同办公和对外服务的程序、系统、过程和界面。与传统政府的公共服务相比，电子政务除了具有公共物品属性(如广泛性、公开性、非排他性等本质属性)外，还具有直接性、便捷性、低成本性以及更好的平等性等显著优势。电子政务是一个系统工程，应符合以下三个基本条件。

(1) 电子政务是一个依赖于电子信息化硬件系统、数字网络技术和相关软件技术的综合服务系统。硬件部分包括内部局域网、外部互联网、系统通信系统和专用线路等；软件部分包括大型数据库管理系统、信息传输平台、权限管理平台、文件形成和审批上传系统、新闻发布系统、服务管理系统、政策法规发布系统、用户服务和管理系统、人事及档案管理系统、福利及住房公积金管理系统等。

(2) 电子政务是处理与政府有关的公开事务、内部事务的综合系统，包括政府机关内部的行政事务，立法、司法部门以及其他一些公共组织的管理事务(如检务、审务、社区事务等)。

(3) 电子政务是一种新型的、先进的、具有革命性的政务管理系统。电子政务并不是简单地将传统的政府管理事务原封不动地搬到互联网上，而是要对其进行组织结构的重组和业务流程的再造。因此，电子政府在管理方面与传统政府管理之间有显著的区别。

在电子政务中，政府机关的各种数据、文件、档案、社会经济数据都以数字形式存储于网络服务器中，可通过计算机检索机制快速查询、即用即调。目前电子政务的类型主要有：G2G(政府间电子政务)、G2B(政府-商业机构间电子政务)、G2C(政府-公民间电子政务)、G2E(政府-雇员间电子政务)。

9.8.4 远程教育应用

现代远程教育，又称网络教育，是成人教育的一种教育模式，利用电视及互联网等传播媒体，结合现代信息技术构建教育环境，开展教学活动。狭义的远程教育是指由特定的教育组织机构，综合应用一定社会时期的技术，收集、设计、开发和利用各种教育资源，建构教育环境，并基于一定社会时期的技术、教育资源和教育环境为学生提供教育服务，以及出于教学和社会化的目的为学生组织一些集体会议交流活动(以传统面对面方式或者以现代电子方式进行)，旨在帮助和促进学生远程学习的所有实践活动的总称。广义的远程教育则是指通过音频、视频(直播或录像)以及包括实时和非实时在内的计算机技术把课程传送到校园外的教育。

远程教育在中国的发展经历了三代：第一代是函授教育，这一方式为我国培养了许多人才，但是函授教育具有较大的局限性；第二代是 20 世纪 80 年代兴起的广播电视教育，我国的这一远程教育方式和中央电视大学在世界上享有盛名；20 世纪 90 年代，随着信息和网络技术的发展，产生了以信息和网络技术为基础的第三代现代远程教育。

远程教育组织模式可以分为：个体化学习模式和集体学习模式，即个别学习模式和班组学习模式。两者的核心差异在于：班组集体教学方式是建立在同步通信基础上的，教师和学生必须进行实时交流；而个别化学习方式是建立在非同步通信基础上的，学生可以在适合的时间进行学习。两种学习模式在本质上同教育资源的传输和发送模式有关。

通过网络来实现教学过程中的交互，主要有以下几种形式：

(1) 使用 BBS 技术，构建课程教学留言板。学生可以将学习过程中遇到的问题提交到留言板，教师或其他学生可以为其解答。

(2) 使用 MSN、QQ、NetMeeting 等软件，构建在线辅导平台。这几个软件均是实现信息交流软件，支持文字、声音、视频、电子白板等形式的交流，可以提高教学过程中的交互性。

(3) 使用 Email 技术，设置教学辅导信箱。这两种形式均有实时性要求，如果教师或学生未实时参与，那么不能保证事后能收到(看到)相应的教学信息，为此可以使用教学信箱加以弥补。教学信箱的账号、密码可以公开，以便学生间也可以相互解答问题。

(4) 借助于编程技术，进一步加强交互性，实现个性化教学。编程语言的特点是根据不同的信息输入可以产生不同的信息输出，使用 Visual Basic、Flash 等编程语言，根据教学内容、教学进度等，以适当逻辑设置信息群，就可以达到加强交互性的目的。

9.8.5 博客应用

博客(Blog 或 Weblog)，又译为网络日志，是一种通常由个人管理、不定期发布新的文章的网站。博客上的文章通常根据发布时间，以倒序方式由新到旧排列。许多博客专注在特定的课题上提供评论或新闻。一个典型的博客结合了文字、图像、其他博客或网站的链接及其他与主题相关的媒体，能够让读者以互动的方式留下意见。大部分的博客内容以文字为主。博客是社会媒体网络的一部分，比较著名的有新浪、网易、搜狐等。

不同的博客可能使用不同的编码，所以相互之间也不一定兼容。而且，很多博客都提供丰富多彩的模板等功能，这使得不同的博客各具特色。Blog 是继 Email、BBS、ICQ 之后出现的第四种网络交流方式，它利用超链接构建网络日记，不仅代表着新的生活方式，也引领了新的工作方式。具体说来，博客指的是使用特定的软件，在网络上出版、发表和发布个人文章的网站或页面。按功能划分，博客分为基本博客和微型博客。

(1) 基本博客。单个的作者对于特定的话题提供相关的资源，发表简短的评论。这些话题几乎可以涉及人类的所有领域。

(2) 微型博客。即微博，目前是全球最受欢迎的博客形式，微博作者不需要撰写很复杂的文章，而只需要撰写 140 字(这是大部分的微博字数限制)以内的文字即可。

此外，按用户分类，博客又可分为个人博客和企业博客；按存在方式划分，可分为托管博客、自建独立网站的博客、附属博客和独立博客。

9.8.6　播客与网络电视应用

1. 播客

播客(Podcast)是数字广播技术的一种。2005 年 6 月 28 日，苹果公司 iTunes 4.9 的推出掀起了一场播客的高潮，一些播客网站甚至因为访问量过大而暂时瘫痪。

iTunes 4.9 是一款优秀的播客客户端软件，或者称为播客浏览器。通过它用户可以在互联网上浏览、查找、试听并订阅播客节目。与主流媒体音频所不同的是，播客节目不是实时收听的，而是独立的可以下载并复制的媒体文件，因此用户可以自行选择收听的时间与方式。播客是自由度极高的广播，人人可以制作，随时可以收听。

播客与其他音频内容传送的区别在于其订阅模式，它使用 RSS 2.0 文件格式传送信息。该技术允许个人进行创建与发布。订阅播客节目可以使用相应的播客软件，这种软件可以定期检查并下载新内容，并与用户的便携式音乐播放器同步内容。播客并不强求使用 iPod 或 iTunes，任何数字音频播放器或拥有适当软件的计算机都可以播放播客节目。

播客与博客都是个人通过互联网发布信息的方式，并且都需要借助于博客/播客发布程序进行信息发布和管理。博客与播客的主要区别在于，博客所传播的以文字和图片信息为主，而播客主要传递的是音频和视频信息。

2. 网络电视

网络电视又称 IPTV(Internet Protocol TV)，它基于宽带高速 IP 网，以网络视频资源为主体，将电视机、个人计算机及手持设备作为显示终端，通过机顶盒或计算机接入宽带网络，实现数字电视、时移电视、互动电视等服务。网络电视改变了以往被动的电视观看模式，实现了电视以网络为基础按需观看、随看随停的便捷方式。

从总体上讲，网络电视可根据终端分为 4 种形式，即计算机平台、TV(机顶盒)平台、网络电视平台和手机平台(移动网络)。通过计算机收看网络电视是当前网络电视收视的主要方式，因为互联网和计算机之间的关系最为紧密，已经商业化运营的系统基本上属于此类。基于 TV(机顶盒)平台的网络电视以 IP 机顶盒为上网设备，利用电视作为显示终端。网络电视平台是建立在网络电视的基础上自主研发的 3G 网络技术平台，融合了 3D 显示、纯光侧置技术、互动网络技术于一体的智能终端。严格来说，手机电视是 PC 网络的子集和延伸，它通过移动网络传输视频内容，可以随时随地收看。

网络电视的基本形态包括视频数字化、传输 IP 化、播放流媒体化。流媒体技术是采用流式传输方式使音/视频(A/V)及三维(3D)动画等多媒体能在互联网上进行播放的技术。流媒体技术的核心是将整个 A/V 等多媒体文件经过特殊的压缩方式分成一个个压缩包，由视频服务器向用户终端连续地传送，因而用户不必像下载方式那样等到整个文件全部下载完毕，而是只需要经过几秒或几十秒的启动延时，即可在用户终端上利用解压缩设备(或软件)对压缩的 A/V 文件解压缩后进行播放和观看。多媒体文件的剩余的部分可在播放前面内容的同时，在后台的服务器内继续下载，这与单纯的下载方式相比，不仅使启动延时大幅度缩短，而且对系统的缓存容量需求也大大降低。流媒体技术的发明使得用户在互联网上获得了类似于广播和电视的体验，它是网络电视中的关键技术。

目前流行的网络电视软件有：PPTV 网络电视、腾讯视频、优酷视频、爱奇艺等。

9.8.7　IP 电话与无线 IP 电话应用

1. IP 电话

IP 电话是一种通过互联网或其他使用 IP 技术的网络来实现电话通信的技术或应用。随着互联网的日渐普及，以及跨境通信数量的大幅上升，IP 电话被应用在长途电话业务上。同时，IP 电话也开始应用于固网通信，以其低通话成本、低建设成本、易扩充性及优良的通话质量等主要特点，被国际电信企业看作是传统电信业务的有力竞争者。

IP 电话是基于国际互联网协议的一种电话通信方式，中文翻译为网络电话或互联网电话，简单来说就是通过 Internet 进行实时的语音传输服务。它利用互联网作为语音传输的媒介，从而实现语音通信，是一种全新的通信技术。其原理是将普通电话的模拟信号进行压缩打包处理，通过 Internet 传输，到达对方后再进行解压，还原成模拟信号，对方用普通电话机等设备就可以接听。IP 电话其实就是通信网络通过 TCP/IP 协议实现的一种电话应用，而这种应用主要包括 PC to PC、PC to Phone 和 Phone to Phone。

(1) PC to PC

最初的 IP 电话是个人计算机与个人计算机之间的通话。通话双方拥有计算机，并且可以上互联网，利用双方的计算机与调制解调器，再安装好声卡及相关软件，加上送话器和扬声器，双方约定时间同时上网，然后进行通话。在这一阶段，只能完成双方都知道对方网络地址且必须约定时间同时上网的点对点的通话。

(2) PC to Phone

随着 IP 电话的优点逐步被人们认识，许多电信公司在此基础上进行了开发，从而实现了通过计算机拨打普通电话。作为呼叫方的计算机，需要具备多媒体功能，能连接上因特网，并且要安装 IP 电话的软件。拨打从计算机到市话类型的电话的好处是显而易见的，被叫方拥有一台普通电话即可，但这种方式除了付上网费和市话费用外，还必须向 IP 电话软件公司付费。目前这种方式主要用于拨打到国外的电话，但是这种方式仍旧十分不方便，无法满足公众随时通话的需要。

(3) Phone to Phone

普通电话与普通电话之间的通话过程是这样的，普通电话客户通过本地电话拨号连接到本地的互联网电话网关，输入账号和密码，确认后键入被叫号码，这样本地与远端的网络电话通过网关透过 Internet 网络进行连接，远端的 Internet 网关通过当地的电话网呼叫被叫用户，从而完成普通电话之间的通信。作为网络电话的网关，一定要有专线与 Internet 网络相连，是 Internet 上的一台主机，目前双方的网关必须用同一家公司的产品。这种通过 Internet 从普通电话到普通电话的通话方式就是人们通常讲的 IP 电话，也是目前发展得最快而且最有商用化前途的电话。

2. 无线 IP 电话

无线 IP 电话将语音信号转换成使用 IEEE 802.11 标准的 IP 数据包，以便通过遵循 VoIP 协议的 Wi-Fi 网络进行传输。它允许用户在全球任何地方通过宽带 IP 连接拨打免费的面对面电话。视频功能使用户能够通过任何无线 LAN 进行视频会议。未来的 IP 通信系统可将 PBX 电话系统、音频/视频会议桥接器、数据协同和 IM 服务器无缝集成到一个平台中。随着 IP 网络部署的继续增长，消费者期望获得额外功能和经济高效的集成视频流功能。

无线 IP 电话，包括 CPU、电源电路、连接于 CPU 输入端口的键盘，以及连接于 CPU 输出端口的液晶显示屏，还包括网络通信电路和连接于 CPU 的 I/O 端口的音频信号编/译码器，该音频信号编/译码器的输出端连接语音收发电路。无线 IP 电话不需要铺设电话线，其使用方便，用户可以拿着电话任意走动。另外无线 IP 电话建立在 WLAN 上，可以集成如视频、短消息、来电跟踪数据库等面向数据的应用。

9.9　P2P 的网络应用

P2P 即 Peer to Peer(对等连接或对等网)，是指不同系统之间通过直接交换，实现计算机资源和服务共享的一种应用模式。P2P 使得网络上的沟通变得更加容易，并实现了更直接的资源共享和交互。P2P 技术有许多应用，例如文件共享、即时通信、流媒体和分布式计算。

9.9.1　文件共享 P2P 应用

网络给我们带来了许多方便，我们可以用文件共享轻轻松松地与其他人分享文件，文件共享是指用户主动在网络上共享自己的计算机文件。文件共享是当前对等网的最主要应用之一。

1. 文件共享对等网的分类

文件共享对等网分为中心式对等网、非中心-无结构对等网、非中心-结构化对等网、混合式对等网 4 种类型。

(1) 中心式对等网中，存在中心服务器为用户提供集中式的文件搜索服务，这种服务的特点是集中式搜索和分布式下载。

(2) 非中心-无结构对等网和非中心-结构化对等网这两类都是纯粹的对等网，没有服务器这样的中心节点，系统中各节点间是完全平等的关系，各节点在网络拓扑的自组织维护、文件查询和文件传输等方面发挥的作用都是相同的。非中心-无结构对等网和非中心-结构化对等网的差别是：前者网络拓扑是随机的、无结构的，网络的自组织简单而开销小，但文件搜索效率较低；后者网络拓扑严格按照预定的结构，文件搜索效率有保证，但网络的自组织复杂且开销大。

(3) 混合式对等网通过局部中心化来改善非中心-无结构对等网的低效率搜索，但不得不面对一定程度的中心化问题。

中心式对等网、非中心-无结构对等网和混合式对等网的共同特点是：内容的存放位置是随机的、与网络拓扑无关的；在后两类系统中由于无法知道哪个节点可能含有要查找的内容，文件查询只能采用随机搜索的方式。

2. 文件共享对等网的主要研究问题

(1) 内容定位

内容定位是文件共享对等网中的基本功能，它向用户指明系统中可获取的内容和共享相应内容的节点，以便用户可以直接与相应节点进行数据文件的传输。

(2) 文件传输

文件传输是指文件共享对等网中，在完成内容定位之后，多个节点之间如何传输、复制文件。主要的传输模式有单对单传输和多对多传输。

Napster 等早期对等网系统中，用户从选中的一个源节点下载某个文件，而不能同时从多个源节点下载同一文件，因此是单对单的传输模式。

BitTorrent 等系统中由于采用分片传输技术，一个节点可以同时从多个节点下载不同的文件分片，同时将自己的文件分片上传给不同的节点，实现了多对多的传输模式。

(3) 激励机制

文件共享对等网的成功运行依赖于节点之间充分的资源共享。然而用户具有自私性，倾向于多使用别人的资源，少贡献自己的资源。如何激励用户多贡献自己的资源，保证交换中的公平性便成为文件共享对等网中的重要问题。

BitTorrent 系统通过 tit-for-tat 策略激励用户贡献资源，而 eDonkey、Maze 根据节点的资源贡献历史记录来确定目前所能享用的资源。

(4) 内容搜索和定位

除了中心式对等网，在其他三类对等网中的内容搜索和定位都是对等网研究的主要课题。评价内容定位性能的常用指标包括：搜索的成功率、定位的开销和搜索的平均路径长度。

在非中心-无结构对等网中，如何避免泛洪式的低效率搜索是一个研究方向。除了路由设计外，还可采用在节点本地进行内容缓存和定位信息缓存的方法来提高内容搜索的效率。

(5) 文件传输性能

文件传输性能主要研究的是文件大小与用户下载文件所用时间这两者之间的关系。对等网系统提供的文件共享的服务质量取决于内容定位用时和文件传输用时两个方面。

当用户下载的文件以小尺寸为主，比如 MP3 文件，内容定位用时与文件传输用时有可比性。但当用户下载的文件都是大尺寸，文件搜索用时相对文件传输用时可以忽略，此时决定文件下载的服务质量的则是文件在节点间传输的效率。因此，文件传输性能是对等网性能研究的核心问题之一。

评价文件传输性能的常用指标包括：节点下载文件的平均用时、系统中所有节点得到某文件的用时，也称文件分发用时。前者偏重用户个体的体验，后者从系统整体角度评价文件传输的服务质量。缩短平均用时或文件分发用时是系统优化的主要目标之一。

系统中节点之间采用何种方式互相协作传输数据，如何将大型文件快速地分发到系统中每个节点上，如何有效利用节点的接入带宽，当采用分片下载技术时节点如何选择分片的顺序，源节点和接收节点间如何相互选择，这些都是需要深入研究的问题。

(6) 系统性能的总体评价

由于文件共享对等网的巨大规模、动态变化和分布式的特点，对系统性能进行全面的评价是对等网研究中的难点之一；同时，此类研究对于对等网的设计和改进具有指导作用，并且是不可或缺的。系统性能主要体现在内容定位性能和文件传输性能，而节点行为——包括动态加入或离开系统、共享文件的合作程度、节点的处理能力和接入带宽等——都会对系统性能造成影响。

现有研究主要分为两类：一类以网络测量或服务器日志数据提取的方法来考察系统性能；另一类则基于测量数据以建模的方法进行系统级分析，常用的模型有排队模型、流体模型等。评价系统整体性能的指标包括：系统中的流量分布、内容可获得性、系统可用服务容量、文件传输用时、用文件数据下载量来度量的系统吞吐量等。

(7) 网络拓扑结构设计

在文件共享对等网中，节点数量庞大并且分布得非常广泛。此外节点的异构性很强，参与节点在存储能力、计算能力和带宽上存在很大差异。如何将对等网中的大量动态节点组成特定的结构，以便充分利用节点资源是文件共享对等网研究的重要问题。

改进现有拓扑结构、寻找新型拓扑结构引发了大量研究。

(8) 无线环境下的新应用

在移动环境中构建对等网进行文件共享应用成为趋势，同时具有高接入带宽的新兴无线网络也迫切需要文件共享这类杀手级应用来吸引大量用户，因此相关研究成为对等网研究中新的热点，引起了学者们的广泛关注。

然而，因特网上流行的文件共享对等网应用并不适合直接用于移动环境中。如何解决移动环境中用户频繁离线造成的扰动，如何有效利用节点有限的接入带宽，都是设计无线环境下文件共享应用时需要考虑的问题。

BitTorrent(简称 BT)是互联网上最流行的文件共享对等网应用之一，也是最有代表性的文件共享对等网系统。它的成功之处在于能快速地分发大型文件。BT 引入了分片传输机制，实现了对用户上行带宽的高效利用，取得了用户所称道的"下载人数越多，下载越快"的效果。BT 的成功引发了学术界的大量研究，并对其后的对等网系统设计产生了深远影响。

9.9.2 即时通信 P2P 应用

即时通信是指能够即时发送和接收互联网消息等的业务。自 1998 年面世以来，特别是近几年的迅速发展，即时通信的功能日益丰富，逐渐集成了电子邮件、博客、音乐播放、视频观看、游戏和搜索等多种功能。即时通信不再是一个单纯的聊天工具，它已经发展成集交流、资讯、娱乐、搜索、电子商务、办公协作和企业客户服务等为一体的综合化信息平台。

即时通信强调的是点对点或者一对多的通信。因此，P2P 作为一种网络新技术被即时通信技术所采用。对于可不经过服务器中转的音/视频应用，即时通信技术采用了 P2P 通信技术。使用 P2P 通信技术，可以大大减轻系统服务器的负荷，并成倍地扩大系统的容量，且并不会因为在线用户数太多而导致服务器的网络阻塞。该技术还支持 UPNP 协议，能够自动搜索网络中的 UPNP 设备，并主动打开端口映射，从而提高 P2P 通信效率。

即时通信系统一般有两种模式：一种是用户/服务器模式，即发信端用户和收信端用户必须通过服务器来交流；另一种是用户/用户模式，即服务器给每对用户建立一个 TCP/UDP 通道，交流在这个 TCP/UDP 之上进行，无须通过服务器。

P2P 即时消息传递系统采用点对点工作模式，信息交换不经过服务器而在客户端之间直接进行。目前大多数的即时通信系统都能够同时提供即时消息传递和文件传输两种服务，有的甚至支持语音传输、视频会议等，这些系统一般同时采用以上两种工作模式。文本消息通过服务器进行交换，以支持给不在线的用户发送消息，服务器暂时存储离线消息，等到用户上线时再转发。对于文件和其他多媒体信息的传输，由于内容多，如果通过服务器中转时会占用大量带宽，形成瓶颈制约，所以一般通过点对点工作模式在客户端之间直接发送。

当前，即时通信技术一般采用一个中心服务器控制着用户的认证等基本的信息，节点之间通过使用 P2P 客户端软件进行即时交流。典型应用包括 QQ、微信、MSN 等。

9.9.3　流媒体 P2P 应用

随着互联网的发展，流媒体业务逐渐增多，网络电视、远程教育、视频点播已成为流媒体技术的热门应用。流媒体是一种通过应用流式传输技术在网络上传播音频、视频或多媒体文件的技术；而流技术就是将影像和声音信息经过压缩处理后转换成流媒体，用视频服务器把节目流媒体当成数据包发出，传送到网络上，用户通过解压设备对这些数据进行解压后，节目就会像发送前那样显示出来。这个过程的一系列相关的数据包称为"流"。

在基于 P2P 的流媒体技术中，每个流媒体用户都是一个 P2P 网络中的一个节点，用户可以根据自己的网络状态和设备能力，与一个或几个用户建立连接来分享数据。基于 P2P 的流媒体服务系统并不改变现有的流媒体服务架构，只是在现有系统的基础上，改变传统模式下的服务方式和数据传输路径，使请求同一媒体流的客户端组成一个 P2P 网络，使服务器只需向这个 P2P 网络中的少数节点发送数据，而这些节点可以把得到的数据共享给其余的节点，每个节点依然可以通过流媒体系统得到高质量的视频服务。在一个 P2P 流媒体系统中，一个对等节点的子集拥有一个特定的媒体文件(或文件的一部分)，并为对此文件感兴趣的其他节点提供媒体数据。与此同时，请求数据的节点在下载媒体数据的过程中回放并存储这个媒体的数据，并成为可以为其他节点提供流媒体数据上载的节点。

P2P 流媒体的关键技术主要包括：应用层组播技术、容错机制、媒体同步技术、激励机制和安全机制。

P2P 流媒体系统按照其播送方式可分为直播系统和点播系统，此外近期还出现了一些既可以提供直播服务也可以提供点播服务的 P2P 流媒体系统。

P2P 流媒体系统网络结构可以被大体分成两大类，即基于树的覆盖网络结构和数据驱动随机化的覆盖网络结构。

由于 P2P 流媒体系统中节点存在不稳定性，系统需要解决如下几个关键技术：文件定位、节点选择、容错以及安全机制等。

网络的迅猛发展和普及为 P2P 流媒体业务发展提供了强大市场动力，P2P 流媒体技术的应用将为网络信息交流带来革命性变化。目前常见的 P2P 流媒体的应用主要有：视频点播(VOD)，视频广播，交互式网络电视(IPTV)，远程教学，交互游戏。其他流媒体系统的一些新的应用和服务，例如虚拟现实漫游、无线流媒体、个人数字助理(PDA)等也在迅速地变革和发展。

9.9.4　分布式计算 P2P 应用

分布式计算是利用网络把成千上万台计算机连接起来，组成一台虚拟的超级计算机，以解决单台计算机无法完成的超大规模的问题。分布式计算研究主要集中在分布式操作系统研究和分布式计算环境研究两个方面，在过去的 20 多年间出现了大量的分布式计算技术，如中间件技术、网格技术、移动 Agent 技术、P2P 技术以及最近推出的 Web Service 技术。

要想实现分布式计算，首先就要满足 3 方面的条件：①计算机之间需要能彼此通信；②需要有实施的"交通"规则(例如，决定谁第一个通过，第二个做什么，如果某事件失败会发生什么情况等)；③计算机之间需要能够彼此寻找。只有满足了这 3 点，分布式计算才有可能实现。

P2P 系统由若干互连协作的计算机构成，是 Internet 上实施分布式计算的新模式。它把 C/S 与 B/S 系统中的角色一体化，引导网络计算模式从集中式向分布式偏移，也就是说，网络应用的核心从中央服务器向网络边缘的终端设备扩散，通过服务器与服务器、服务器与 PC 机、PC 机与 PC 机、PC 机与 WAP 手机等两者之间的直接交换而达成计算机资源与信息共享。

9.10 实训演练

实训 1 DNS 服务器的配置和使用

【实训目的】

(1) 了解域名的概念。

(2) 理解因特网域名的结构。

(3) 了解不同类型域名服务器的作用。

(4) 掌握域名解析的过程。

(5) 掌握如何在 Windows Server 2019 服务器上配置 DNS 服务。

【实训环境】

(1) DNS 服务器为运行 Windows Server 2019 操作系统的 PC 机。

(2) 上网计算机若干台，运行 Windows 10 操作系统。

(3) 每台计算机都和校园网相连。

【实训任务】

1. DNS 服务器端

在一台计算机上安装 Windows Server 2019，设置 IP 地址为 10.8.10.200，子网掩码为 255.255.255.0，设置主机域名与 IP 地址的对应关系，host.xpc.edu.cn 对应 10.8.10.250/24；邮件服务器 mail.xpc.edu.cn 对应 10.8.10.250；文件传输服务器 ftp.xpc.edu.cn 对应 10.8.10.250；host.dzx.xpc.edu.cn 对应 10.8.10.251。设置 host.xpc.edu.cn 别名为 www.xpc.edu.cn 和 ftp.xpc.edu.cn；设置 host.dzx.xpc.edu.cn 别名为 www.dzx.xpc.edu.cn。设置转发器为 202.99.160.68。

2. 客户端

设置上网计算机的 DNS 服务器为 10.8.10.200，打开客户端计算机的 IE 浏览器，访问校园网主页服务器 www.xpc.edu.cn、www.dzx.xpc.edu.cn，并访问 Internet。在 DOS 环境下，通过"ping 域名"命令可将域名解析为 IP 地址。试用 ping 命令解析 www.sina.com.cn、www.163.net、www.xpc.edu.cn、mail.xpc.edu.cn、www.dzx.xpc.edu.cn 等主机对应的 IP 地址。通过 nslookup 命令来验证配置的正确性。

【实训小结】

通过本次对校园网 DNS 服务器的配置，掌握因特网域名系统的结构和 DNS 域名解析的过程，以及在 Windows Server 2019 中配置 DNS 服务器。

【实训思考题】

(1) 简述 DNS 域名解析的过程。

(2) 如果用户的 IP 地址进行了子网的划分，如 IP 地址为 211.81.192.250，子网掩码为 255.255.255.0，则在配置反向命令区域时，区域名应输入什么？

实训 2　Web 服务器的配置

【实训目的】

(1) 理解 WWW 服务原理。

(2) 掌握统一资源定位符 URL 的格式和使用。

(3) 理解超文本传送协议 HTTP 和超文本标记语言。

(4) 掌握 Web 站点的创建和配置。

【实训环境】

(1) WWW 服务器为运行 Windows Server 2019 操作系统的 PC 机。

(2) 上网计算机若干台，运行 Windows 10 操作系统。

(3) 每台计算机都和校园网相连。

【实训任务】

(1) WWW 服务器的配置。

- 服务器端：在安装 Windows Server 2019 的计算机(IP 地址为 192.168.11.250，子网掩码为 255.255.255.0，网关为 192.168.11.1)上设置 1 个 Web 站点，要求设置端口为 80，Web 站点标识为"默认网站"；连接限制为 200 个，连接超时为 600s；日志采用 W3C 扩展日志文件格式，新日志时间间隔设置为每天；启用带宽限制，最大网络使用 1024 KB/s；主目录为 D:\xpcWeb，允许用户读取和下载文件访问，默认文档为 default.asp。

- 客户端：在 IE 浏览器的地址栏中输入 http://192.168.11.250 来访问创建的 Web 站点。配合实训 1 中 DNS 服务器的配置，将 IP 地址 192.168.11.250 与域名 www. xpc.edu.cn 对应起来，在 IE 浏览器的地址栏中输入 http://www. xpc.edu.cn 来访问创建的 Web 站点。

(2) 创建虚拟目录。

(3) 利用主机头名称分别架设 3 个网站：www.xpc.cn、www.xpc.net 和 www.xpc.com。

(4) 利用 IP 地址分别架设 3 个网站：www.xpc.cn、www.xpc.net 和 www.xpc.com。

(5) 利用 TCP 端口号分别架设 3 个网站：www.xpc.cn、www.xpc.net 和 www.xpc.com。

【实训小结】

通过实训任务的实施，掌握 Web 站点的创建和配置，利用主机头名称、IP 地址和 TCP 端口号分别架设 3 个网站：www.xpc.cn、www.xpc.net 和 www.xpc.com。

【实训思考题】

(1) 在同一 WWW 服务器上能否建立多个 Web 网站？若能建立，在配置时有哪些注意事项？

(2) WWW 虚拟目录的执行和脚本权限的含义各是什么？其使用有何区别？

9.11 思考练习

1. Internet 的基本服务有哪些？

2. 远程登录服务的主要功能是什么？简单说明远程登录服务的工作原理。

3. 简述 FTP 的主要功能。匿名 FTP 服务的优点有哪些？

4. 什么是 WWW 服务？标准统一资源定位器的组成部分有哪些？

5. 简述因特网的域名结构。

使用浏览器上网和电子邮件 第**10**章

在使用浏览器进行网上冲浪时，合理地使用一些技巧和方法可以大大加快信息浏览和查找的速度。电子邮件(E-mail)是 Internet 上使用最频繁、应用范围最广的一种通信服务。本章将介绍使用浏览器上网和电子邮件管理的相关技术。

10.1 浏览器基本操作

浏览器是指可以显示网页服务器或者文件系统的 HTML 文件内容,并让用户与这些文件交互的一种软件。下面将主要介绍 Windows 10 操作系统自带的 Microsoft Edge 浏览器。

10.1.1 Microsoft Edge 浏览器简介

Microsoft Edge 浏览器是微软与 Windows 10 同步推出的一款浏览器。Microsoft Edge 浏览器功能很全面,不仅内置微软 Cortana,可以为用户带来更多人性化的服务,而且该浏览器还支持插件扩展、网页阅读注释等特色功能。

Microsoft Edge 浏览器的主要特点如下。

(1) 支持现代浏览器功能:Microsoft Edge 作为微软新一代浏览器,在保持 IE 浏览器原有的浏览器主功能以外,还补充了扩展插件功能。

(2) 共享注释:用户可以通过 Microsoft Edge 在网页上撰写或输入注释,并与他人分享。

(3) 内置微软 Cortana:Microsoft Edge 内置 Cortana,用户在使用浏览器的时候,个人智能管家会给出更多的搜索和使用建议。

(4) 设计极简注重实用:Microsoft Edge 浏览器的交互界面比较简洁,凸显了微软在浏览器的开发上更注重其实用性。

(5) 依赖于 Windows 10:Microsoft Edge 浏览器依赖于 Windows 10 系统,它无法单独工作。

Microsoft Edge 浏览器主界面如图 10-1 所示。

图 10-1 浏览器主界面

10.1.2　浏览页面

我们可以把 WWW 看作是一个大型图书馆，而每一个网站就是这个图书馆中的一本书。为了使用户查找方便，每个网站都有一个地址(简称网址)，例如"百度"的网址是 http://www.baidu.com。要在网上查看资源，只需在地址栏中输入用户要浏览网页的网址。在 Microsoft Edge 浏览器中，通过标签页可在一个浏览器中同时打开多个网页。下面用一个实例介绍使用 Microsoft Edge 浏览器浏览网页的操作。

(1) 单击"开始"按钮，在弹出的菜单中选择 Microsoft Edge 选项，如图 10-2 所示。

(2) 启动 Microsoft Edge 浏览器，在浏览器地址栏中输入网址：http://www.baidu.com，然后按 Enter 键，打开百度首页，如图 10-3 所示。

图 10-2　选择 Microsoft Edge 选项

图 10-3　打开"百度"首页

(3) 单击"新建标签页"按钮，打开一个新的标签页，如图 10-4 所示。

(4) 在浏览器地址栏中输入网址：www.hupu.com，然后按 Enter 键，打开虎扑体育网的首页，如图 10-5 所示。单击网页中的超链接即可打开相应的网页页面。

图 10-4　打开一个新的标签页

图 10-5　打开"虎扑体育网"首页

10.1.3 收藏保存网页

用户在上网浏览网页时可能会遇到比较感兴趣的网页，这时用户可将这些网页保存或收藏起来方便以后查看。

1. 收藏网页

用户在浏览网页时，可将需要的网页站点添加到收藏夹列表中。此后，可以通过收藏夹来访问它，而不用担心忘记了该网站的网址。

(1) 打开 Edge 浏览器后在地址栏中输入网址，访问一个网页。

(2) 单击浏览器右上角的"添加到收藏夹"按钮☆，在弹出的列表中单击"添加"按钮，即可收藏网页，如图 10-6 所示。

(3) 单击浏览器右上角的"收藏夹"按钮☰，在弹出的列表中即可查看收藏的网页，如图 10-7 所示。

图 10-6 收藏网页

图 10-7 查看收藏的网页

(4) 在 Edge 浏览器中，当收藏夹中网页较多时，用户可以在收藏夹的根目录下创建几类文件夹，分别存放不同的网页。单击浏览器右上角的"收藏夹"按钮☰，在弹出的列表中右击鼠标，在弹出的菜单中选择"创建新的文件夹"命令，如图 10-8 所示。

(5) 在创建的文件夹名称栏中输入新的文件夹名称(例如"网页")后，按下回车键即可创建一个新的收藏文件夹。

(6) 在收藏夹中成功创建文件夹后，在收藏网页时单击"保存位置"按钮，可以在弹出的列表中选择网页的收藏位置，如图 10-9 所示。

图 10-8 选择"创建新的文件夹"命令

图 10-9 选择网页的收藏位置

2. 保存网页

将浏览器中打开的网页保存在计算机硬盘中，用户可以方便地提取网页中的文本、图片等页面信息。

使用 Edge 浏览器打开一个网页后，单击浏览器右上角的"更多"按钮…，在弹出的列表中选择"打印"选项，在打开的对话框中单击"打印机"下拉按钮，在弹出的列表中选择"Microsoft Print to PDF"选项，然后单击"打印"按钮，如图 10-10 所示。在打开的"将打印输出另存为"对话框中，用户可以选择网页文件的保存名称和路径，单击"保存"按钮可以将网页保存在计算机硬盘中，如图 10-11 所示。

　　　图 10-10　单击"打印"按钮　　　　　　　　图 10-11　"将打印输出另存为"对话框

10.2　浏览器的设置

在 Edge 浏览器中用户可以通过设置提高网页浏览的安全性，并且自定义浏览器的开始页面。

10.2.1　设置启动页面

启动 Edge 浏览器后总是会显示网页自带信息，只有再输入网址后才能打开用户所需的网页，这样做很浪费时间。用户可以将自己常访问的网址设置为 Edge 浏览器的启动界面，以便每次启动 Edge 浏览器时就可以直接打开该网址。

(1) 打开 Edge 浏览器后单击 "设置及其他"按钮 …，在弹出的下拉菜单中选择"设置"选项，如图 10-12 所示。打开"设置"页面，选择"开始、主页和新建标签页"选项卡，如图 10-13 所示。

(2) 在页面右侧的"Microsoft Edge 启动时"标签下选中"打开以下页面"单选按钮，然后单击"添加新页面"按钮，如图 10-14 所示。

(3) 在弹出的对话框中输入需要打开的网址，然后单击"添加"按钮，如图 10-15 所示。此时将为 Edge 浏览器设置启动时自动打开百度首页，如图 10-16 所示。

图 10-12　选择"设置"选项

图 10-13　选择"开始、主页和新建标签页"选项卡

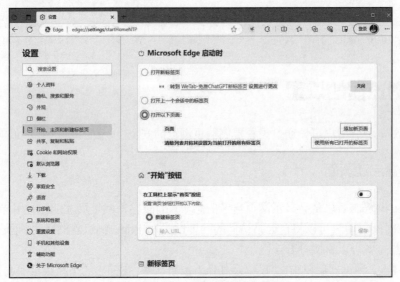

图 10-14　单击"添加新页面"按钮

图 10-15　输入网址

图 10-16　设置浏览器启动后自动打开百度首页

10.2.2　设置页面外观

我们可以为 Edge 浏览器选择一个自己喜欢的外观颜色。参照 10.2.1 节介绍的方法打开"设置"页面后，选择"外观"选项卡，然后在"主题"标签下选择一款主题颜色(比如"海岛度假")，此时浏览器页面的标题栏及输入栏颜色外观将发生改变，如图 10-17 所示。

图 10-17　更改浏览器外观

10.2.3　设置垂直标签

一般情况下标签页都是横向排列的，如果打开的网页过多，就会密密麻麻堆积在一起，令人难以分辨。Edge 浏览器默认提供了"垂直标签栏"功能，可以快速将所有的标签垂直排列。

在标题栏单击"Tab 操作菜单"按钮 ▣，在弹出的列表中选择"打开垂直标签页"命令，即可开启"垂直标签页"功能，如图 10-18 所示。此后，新建标签都将显示在图 10-19 所示的栏内。

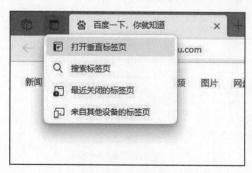

图 10-18　选择"打开垂直标签页"命令

图 10-19　选择标签

10.2.4 设置网页安全

在使用 Edge 浏览网站时，我们也需要关注到浏览器的安全问题。打开 Edge 浏览器的"设置"页面，选择"隐私、搜索和服务"选项卡，在显示的选项区域中展示了用户隐私相关的设置，包括广告、Cookie、密码等，如图 10-20 所示。

图 10-20 "隐私、搜索和服务"选项卡

1. 防止跟踪

网站会使用跟踪器收集用户的浏览信息。此类信息将用于改进网站服务并向用户显示个性化广告等内容。某些跟踪器会收集用户信息并将其发送到用户未访问过的网站。启用"跟踪防护"按钮，通常这里选择的是"平衡"安全级别，如果想要让安全级别更高一点的话，可以选择"严格"安全级别，如图 10-20 所示。

2. 清除浏览数据

对于和他人共用一台计算机的用户来说，使用浏览器容易造成个人信息的泄露。对于这部分用户，建议在离开计算机前清除浏览器中的历史记录。单击"清除浏览数据"标签下的"选择要清除的内容"按钮，如图 10-21 所示。在打开的对话框中选中需要删除的历史记录，然后单击"立即清除"按钮即可，如图 10-22 所示。

图 10-21 单击"选择要清除的内容"按钮

图 10-22 清除浏览数据

3. 控制隐私数据

在"隐私"标签下,"发送禁止跟踪请求"和"用于产品改进的搜索结果数据"两项设置均可以直接关闭。这样不仅可以保护用户的个人隐私,还可以提高浏览器的运行速度,如图 10-23 所示。

图 10-23　控制隐私

10.3　电子邮件相关知识

电子邮件(E-mail)是 Internet 上使用最频繁、应用范围最广的一种通信服务,它是指用电子手段传送信件、单据、资料等信息的通信方法。电子邮件综合了电话通信和邮政信件的特点,它传送信息的速度与电话相当,又能像信件一样使收信者在接收端收到邮件。

10.3.1　电子邮件系统概述

电子邮件是一种软件,它允许用户在 Internet 上的各主机间发送消息(这些消息可多可少),也允许用户接收 Internet 上其他用户发来的邮件(或称消息),即利用电子邮件可以实现邮件的接收和发送。

电子邮件系统是任何传统方式也无法相比的。由于电子邮件使用简易、投递迅速、收费低廉、易于保存、全球畅通无阻,这些优点使得电子邮件被广泛地应用,它使人们的交流方式得到了极大的改变。另外,电子邮件还可以进行一对多的邮件传递,同一邮件可以一次发送给许多人。电子邮件极大地满足了人与人通信的需求,已成为人们在网络上最重要的交流方式。因此,学习电子邮件工作原理、电子邮件收发和使用客户端软件管理电子邮件等知识,对于掌握现代通信工具,提高通信效率具有重要意义。

1. 电子邮件系统有关协议

电子邮件系统有关协议主要有以下几种。

(1) RFC 822 邮件格式。RFC 822 定义了用于电子邮件报文的格式，即定义了 SMTP、POP3、IMAP 以及其他电子邮件传输协议所提交、传输的内容。RFC 822 定义的邮件由两部分组成：信封和邮件内容。信封包括与传输、投递邮件有关的信息；邮件内容包括标题和正文。

(2) POP3(即邮局协议第 3 版本)。它是 Internet 上传输电子邮件的第一个离线标准协议，它提供信息存储功能，负责为用户保存收到的电子邮件，并且从邮件服务器下载取回这些邮件。

(3) SMTP(simple mail transfer protocol，简单邮件传输协议)。它是一种提供可靠且有效电子邮件传输的协议。SMTP 是建立在 FTP 文件传输服务上的一种邮件服务，主要用于传输系统之间的邮件信息并提供与来信有关的通知。它是 Internet 上传输电子邮件的标准协议，用于提交和传送电子邮件，规定了主机之间传输电子邮件的标准交换格式和邮件在链路层上的传输机制。SMTP 通常用于把电子邮件从客户机传输到服务器，以及从某一服务器传输到另一个服务器。

(4) IMAP4(internet message access protocol，网际消息访问协议)。当电子邮件客户机软件在笔记本电脑上运行时(通过慢速的电话线访问互联网和电子邮件)，IMAP4 比 POP3 更为适用。使用 IMAP4 时，用户可以有选择地下载电子邮件，甚至只是下载部分邮件。因此，IMAP4 比 POP 3 更加复杂。

(5) MIME(多用途的网际邮件扩展)。MIME 增强了在 RFC 822 中定义电子邮件报文的能力，允许传输二进制数据。MIME 编码技术用于将使用 8 位二进制编码格式的数据转换成使用以 7 位二进制编码格式为基础的 ASCII 码格式的数据。

2. 电子邮件工作原理

为了有效地使用 Internet 的电子邮件服务，我们先来了解一下有关电子邮件的工作原理。电子邮件系统是一种新型的信息系统，是通信技术和计算机技术相结合的产物。电子邮件工作的基本原理是在通信网上设立"电子邮箱系统"，系统的硬件是一个高性能、大容量的计算机。硬盘作为邮箱的存储介质，在硬盘上为用户分一定的存储空间作为用户的"邮箱"，每位用户都有属于自己的一个电子邮箱，并确定一个用户名和用户可以自己随意修改的口令。存储空间包含存放所收信件、编辑信件及信件存档 3 部分空间，用户使用口令开启自己的邮箱，并进行发信、读信、编辑、转发、存档等各种操作。系统功能主要由软件实现。

电子邮件的工作过程遵循客户机/服务器模式。每份电子邮件的发送都要涉及发送方与接收方，发送方构成客户端，而接收方构成服务器，服务器含有众多用户的电子邮箱。发送方通过邮件客户程序，将编辑好的电子邮件向邮局服务器(SMTP 服务器)发送。邮局服务器识别接收者的地址，并向管理该地址的邮件服务器(POP3 服务器)发送消息。邮件服务器将消息存放在接收者的电子邮箱内，并告知接收者有新邮件到来。接收者通过邮件客户程序连接到服务器后，就会看到服务器的通知，进而打开自己的电子邮箱来查收邮件。

通常 Internet 上的个人用户不能直接接收电子邮件，而是通过申请 ISP 主机的一个电子邮箱，由 ISP 主机负责电子邮件的接收。一旦有用户的电子邮件到来，ISP 主机就将邮件移到用户的电子邮箱内，并通知用户有新邮件。因此，当发送一条电子邮件给另一个客户时，电子邮件首先从用户计算机发送到 ISP 主机，再到 Internet，再到收件人的 ISP 主机，最后到收件人的个人计算机。

10.3.2　电子邮件的收发

收发电子邮件对于绝大多数用户来说，是最基本的操作，下面介绍电子邮件比较常见的几种收发方式。

1. 在客户端软件上收发

所谓客户端软件方式是指用户使用一些安装在个人计算机上的支持电子邮件基本协议的软件产品，这些软件产品往往融合了最先进、全面的电子邮件功能，现在绝大多数用户都会使用 Outlook Express、Foxmail 或者其他的各种专用邮件收发工具来收发邮件，因为使用这些客户端软件，不仅操作直观、简便，而且使用也比较稳定。不同的邮件客户端软件收发邮件的具体过程是不完全一样的，但基本流程大致相同。

2. 在电子邮箱网页上收发

打开浏览器，登录电子邮箱网页可以方便快捷地收发电子邮件，国内比较出名的电子邮箱包括 QQ 邮箱、网易邮箱、新浪邮箱等。在电子邮箱网页上发送电子邮件的过程和使用客户端软件基本相似。

3. 在手机上收发

随着电子信息技术的飞速发展，用手机收发电子邮件也已经成为常态。用手机收发电子邮件由于使用频率较高，具有更及时、更方便、更实用的特点。因此，目前许多用户都通过手机来收发电子邮件。

10.3.3　电子邮件管理

在使用电子邮件的过程中，我们还应注意合理管理电子邮件。一般情况下，登录邮箱后，主题是粗体字时表示文件未阅读，单击主题窗口就会显示邮件的内容。对来件进行"回复"是给发信人回信；"转发"是将当前邮件转发给其他人；"删除"是将当前邮件删除。如果邮件中带有附件，则其出现的窗口中将显示"附件列表"字样，在其上单击会显示"文件下载"对话框。单击"打开"按钮就可看到附件的内容，单击"保存"按钮将打开"另存为"对话框，设定文件存放的位置后，附件就会被存放到计算机指定的文件夹中。常见的邮件管理内容有以下几个方面。

(1) 发送带附件的邮件。为节省时间，可以先选择某一保存位置将附件内容准备好，然后在发送邮件时，在新邮件窗口中单击"添加附件"按钮，会显示添加附件对话框，按提示要求逐步进行操作即可。

(2) 一信多发。同一内容的信要发给多个不同的人。如果一个一个地发送太麻烦，可以采用以下几种方法进行一信多发：一是将几个收件人的地址依次输入到"收件人"栏中；二是将收件人的地址分别输入"收件人"栏和"抄送"栏中；三是将某些"收件人"地址输入"暗抄"栏，"暗抄"栏中的收件人不会知道邮件同时发送了给哪些人。

(3) 管理常用的邮件地址。对于经常来往的邮件地址，可以建立地址簿(或通讯簿)减少电子邮件地址输入错误，并节省时间。在阅读邮件时，在发件人的栏目内单击"添加到地址簿"按钮，即便将来快速选择。以后要发信，就从地址簿中查找收件人并选择(当窗口切换到发信的窗口时，系统会自动填写收件人地址)。

(4) 使用电子邮件管理软件。常用的电子邮件管理软件有 Outlook Express、Foxmail 等。电子邮件管理软件的主要功能是自动下载和保存邮件，用户下载电子邮件后，即便在网络断开的情况下也能阅读邮件内容，还可以先撰写邮件，再上网发送，从而节约了在线发送电子邮件所需的时间。

(5) 垃圾邮件与安全。尽管电子邮件带来了诸多便利，但电子邮箱的普及也伴随着垃圾邮件的问题。为了应对垃圾邮件，用户可以设置黑名单，向黑名单中添加垃圾邮箱地址，这样就可以自动限制来自此邮箱的邮件。

10.3.4　使用电子邮箱

使用电子邮件系统发送的邮件类似于通过邮局发送信件，要发送电子邮件，需要通信双方都有自己的电子邮箱地址。当用户登录自己的电子邮箱撰写好给朋友的邮件后，单击“发送”按钮，该电子邮件就通过互联网传到电子邮件服务器上，电子邮件服务器根据发信人发往的邮箱地址，自动将电子邮件传到对方的电子邮件服务器上。收件人上网登录电子邮箱时，就可以看到发信人发给他的邮件了。因此，在使用电子邮件系统进行收发邮件之前，用户必须首先申请电子邮箱，然后才可以使用该邮箱进行邮件的收发与管理。

1. 电子邮件地址的构成

如同生活中人们使用的信件一样，信封上的地址类似于电子邮件的信息头，电子邮件的信息头是指发送者和接收者的地址。当发送信件时，用户不需要了解传送信件具体经过的邮局信息。同样，在使用电子邮件发送邮件时，用户也不需要清楚邮件如何到达接收者，只需指定接收者的地址，Internet 上的计算机将会自动完成邮件的传输。

电子邮件地址的结构是 username@server，由 3 部分组成：第一部分 username 代表用户名(邮箱账户名)，对于同一个邮件接收服务器来说，这个账户名必须是唯一的；第二部分“@”是分隔符；第三部分 server 是用户邮箱的邮件接收服务器域名，用于标志其所在的位置。如 zhangsan@163.com 即为一个电子邮件地址，如果其他用户给 zhangsan@163.com 邮件地址发送信件，那么网易的 zhangsan 用户就可以收到这封信。

2. 电子邮箱的申请

许多网站都提供电子邮箱服务，其中有用户众多的免费邮箱，有服务更完善的收费邮箱，也有与整个网站浑然一体的社区邮箱。下面以 126 免费邮箱为例，介绍申请电子邮箱的方法。

(1) 打开浏览器，在地址栏中输入网址 http://www.126.com，然后按 Enter 键，进入 126 电子邮箱的首页。单击“去注册”按钮，打开注册页面，如图 10-24 所示。

(2) 在“邮件地址”文本框中输入想要使用的邮件地址，在“密码”和“确认密码”文本框中输入邮箱的登录密码。在“验证码”文本框中输入验证码，选中“同意服务条款和隐私相关政策”复选框，然后单击“立即注册”按钮，提交个人资料，即可完成电子邮箱的注册，如图 10-25 所示。

3. 阅读和回复电子邮件

登录电子邮箱后，如果邮箱中有邮件，就可以阅读电子邮件了。如果想要给发信人回复邮件，直接单击“回复”按钮即可。

图 10-24　单击"去注册"按钮

图 10-25　申请邮箱

如果邮箱中有新邮件，系统会在邮箱的主界面中给予用户提示，同时在界面左侧的"收件箱"按钮后面会显示新邮件的数量，如图 10-26 所示。单击"收件箱"按钮，将打开邮件列表。在该列表中单击新邮件的名称，即可打开并阅读该邮件，如图 10-27 所示。

图 10-26　显示新邮件的数量

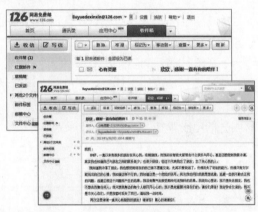

图 10-27　阅读邮件

单击邮件上方的"回复"按钮，可打开回复邮件的页面。系统会自动在"收件人"和"主题"文本框中添加收件人的地址和邮件的主题(如果用户不想使用系统自动添加的主题，还可对其进行修改)，如图 10-28 所示。用户只需在写信区域中输入要回复的内容，然后单击"发送"按钮即可回复电子邮件，如图 10-29 所示。

图 10-28　自动添加主题

图 10-29　输入回复内容

4. 发送电子邮件

登录电子邮箱后,就可以给其他人发送电子邮件了。电子邮件分为普通的电子邮件和带有附件的电子邮件两种。

在浏览器中登录电子邮箱,然后单击邮箱主界面左侧的"写信"按钮打开写信的页面,如图 10-30 所示。在"收件人"文本框中输入收件人的邮件地址,在"主题"文本框中输入邮件的主题,然后在邮件内容区域中输入邮件的正文,输入完成后单击"发送"按钮,即可发送电子邮件,如图 10-31 所示。稍后系统会打开"邮件发送成功"的提示页面。

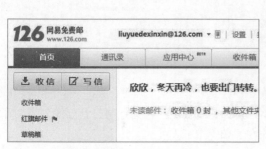

图 10-30 单击"写信"按钮

图 10-31 输入邮件内容并发送邮件

用户不仅可以发送纯文本形式的电子邮件,还可以发送带有附件的电子邮件。这个附件可以是图片、音频、视频或压缩文件。邮件正文输入完成后,单击"添加附件"按钮(如图 10-32 所示),将打开"选择要加载的文件"对话框。在该对话框中选择要发给对方的文件,然后单击"打开"按钮(图 10-33 所示)将自动上传所要发送的文件。文件上传成功后,单击"发送"按钮,即可发送带有附件的电子邮件。

图 10-32 单击"添加附件"按钮

图 10-33 选择附件文件

5. 转发电子邮件

如果想将别人发给自己的邮件再发给别人,只需使用电子邮件的转发功能即可。要转发电子邮件,可先打开该邮件,然后单击邮件上方的"转发"按钮(如图 10-34 所示),打开转发邮件的页面,邮件的主题和正文系统已自动添加,可根据需要对其进行修改。修改完成后,在"收件人"文本框中输入收件人的地址,然后单击"发送"按钮,即可转发电子邮件,如图 10-35 所示。

图 10-34　单击"转发"按钮　　　　　图 10-35　转发电子邮件

如果要删除邮件，可在收件箱的列表中选中要删除的邮件左侧的复选框，然后单击"删除"按钮即可。

10.4　使用 Outlook 收发邮件

Outlook 是微软公司出品的一款电子邮件客户端，属于 Office 组件之一。它建立在开发的 Internet 标准基础之上，适用于任何 Internet 标准。它不仅具有易于操作的工作界面，还具有管理多个邮件和新闻账户、脱机撰写邮件、在邮件中添加个人签名和信纸，以及预订和阅读新闻组等多种功能。下面以 Outlook 2019 为例来学习有关知识。

10.4.1　Outlook 简介

作为微软 Office 套件中的一款电子邮件客户端，Outlook 能通过 Internet 向计算机终端提供各种应用服务，主要用于电子邮件的管理与发送。它不仅提供了方便的信函编辑功能及多种发信方式，还具有以下特点。

(1) 管理多个电子邮件和新闻组账户。如果用户有多个邮件或新闻组账户，可以使用 Outlook 进行管理。用户可以为同一个计算机创建多个用户或身份。每个身份有唯一的电子邮件文件夹和单独的"通讯簿"。多个身份使用户轻松地将工作邮件和个人邮件分开，也能保持单个用户的电子邮件是独立的。

(2) 轻松快捷地浏览邮件。邮件列表和预览窗格允许在查看邮件列表的同时阅读单个邮件。文件夹列表包括电子邮件文件夹、新闻服务器和新闻组(可以很方便地相互切换)；还可以创建新文件夹以组织和排序邮件，然后可以设置邮件规则，这样接收到的邮件中符合规则要求的邮件会自动放在指定的文件夹里。

(3) 在服务器上保存邮件以便从多台计算机上查看。如果 Internet 服务提供商(ISP)提供的邮件服务器使用 Internet 邮件访问协议(IMAP)来接收邮件，就不必把邮件下载到计算机中，在服务器的文件夹中就可以阅读、存储和组织邮件。这样，用户可以从任何一台能连接邮件服务器的计算机上查看邮件。

(4) 使用通讯簿存储和检索电子邮件地址。通过简单地回复邮件就可以自动地将姓名和地址保存到"通讯簿"，也可以从其他程序导入"通讯簿"，或是在"通讯簿"中输入姓名和地址，从接收的电子邮件将姓名和地址添加到"通讯簿"，或从流行的 Internet 目录服务(白页)搜索中添加姓名和地址。

(5) 在邮件中添加个人签名或信纸。可以将重要的信息作为个人签名的一部分插入到发送的邮件中，并且可以创建多个签名以用于不同的目的；也可以包括有更多详细信息的名片。为了使邮件更加精美，可以添加信纸图案和背景，还可以更改文字的颜色和样式。

(6) 发送和接收安全邮件：可使用数字标识对邮件进行数字签名和加密。数字签名邮件可以保证收件人收到的邮件确实是该用户发出的。加密能保证只有预期的收件人才能阅读该邮件。

Outlook 2019 的工作界面主要由工具栏、浏览区、文件夹列表区、状态栏等组成，如图 10-36所示。

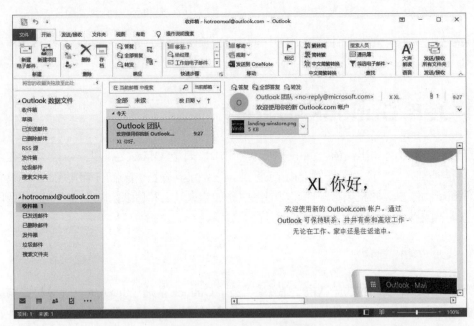

图 10-36　Outlook 2019 工作界面

(1) "工具栏"。由一些选项卡的功能按钮组成，用于快速启动 Outlook 的常用功能。工具栏中按钮的数量会随着文件夹的不同而变化，主要有"新建电子邮件"按钮、"发送/接收"按钮、"通讯簿"按钮和"筛选电子邮件"按钮等(用户可根据需要来自定义工具栏)。单击工具栏中的"新建电子邮件"按钮，可以打开新邮件编辑窗口，在该窗口中输入邮件地址、主题和内容，就可以发送电子邮件了；工具栏中的"发送/接收"按钮主要用来发送和接收邮件，用户要查看电子邮箱中有无新的电子邮件，或者发送写好的电子邮件，都可以单击该按钮；"通讯簿"按钮用于打开通讯簿，它用来存放通讯地址；"筛选电子邮件"按钮用于筛选与查找电子邮件和通讯簿中的信息。

(2) "浏览区"。用于查看 Outlook 主窗体列表中邮件的数量(单击邮件名称即可查看其内容信息)。

(3) "文件夹列表区"。显示所有文件夹(包括用户自己创建的文件夹)，用于分类保存信息(主要有"收件箱""发件箱""已发送邮件""已删除邮件"和"草稿")。

(4) "状态栏"。位于 Outlook 工作界面最下方，用于显示用户的当前工作状态。

10.4.2　配置 Outlook

首次使用 Outlook，需要对 Outlook 进行简单配置，具体如下。

(1) 启动 Outlook 2019，在打开的登录对话框中输入电子邮箱地址，然后单击"连接"按钮，如图 10-37 所示。

(2) 在打开的界面中输入电子邮箱密码，然后单击"登录"按钮，如图 10-38 所示。

图 10-37　输入电子邮箱地址

图 10-38　输入电子邮箱密码

(3) 此时将打开 Outlook 2019 工作界面，并显示邮箱账户，如图 10-39 所示。

提示

Outlook 支持不同类型的电子邮件账户，包括 Office 365、Outlook、Google、Exchange 及 POP、IMAP 类型的邮箱，并支持 QQ、网易、阿里、新浪、搜狐、企业邮箱，本例使用的 Outlook 邮箱，可在登录前进行 POP 账户设置，不同的邮箱所使用的接收和发送邮件服务器有不同的地址和端口 (例如 Outlook 邮箱账户可使用如图 10-40 所示的地址和端口设置)。

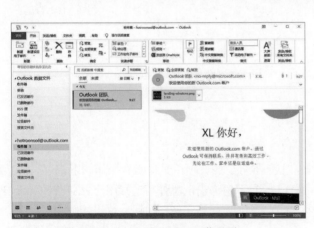

图 10-39　进入 Outlook 2019 工作界面

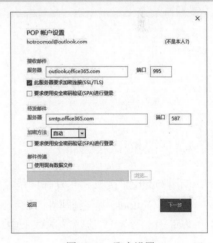

图 10-40　账户设置

10.4.3　创建、编辑和发送邮件

使用 Outlook 2019 的"电子邮件"功能，可以很方便地发送电子邮件。

(1) 单击"开始"选项卡下"新建"组中的"新建电子邮件"按钮，如图 10-41 所示。

(2) 打开"邮件"对话框，在"收件人"文本框中输入收件人的电子邮箱地址，在"主题"文本框中输入邮件的主题，在邮件正文区中输入邮件的内容，如图 10-42 所示。

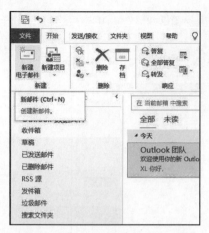

图 10-41   单击"新建电子邮件"按钮

图 10-42   输入邮件内容

(3) 使用"邮件"选项卡"普通文本"选项组中的相关工具按钮对邮件文本内容进行设置，设置完毕后单击"发送"按钮，如图 10-43 所示。

(4) "邮件"对话框会自动关闭并返回 Outlook 工作界面，在导航窗格中的"已发送邮件"窗格中将显示已发送的邮件信息，Outlook 会自动将其发送出去，如图 10-44 所示。

图 10-43   单击"发送"按钮

图 10-44   显示已发送的邮件

10.4.4   接收和回复邮件

使用 Outlook 接收和回复邮件是邮件操作中必不可少的一项，具体步骤操作如下。

(1) 当 Outlook 接收到邮件时，会在桌面任务栏右下角弹出消息弹窗通知用户。用户在 Outlook 工作界面中的"发送/接收"选项卡中单击"发送/接收所有文件夹"按钮，可以接收电子邮件，如图 10-45 所示。

(2) 此时打开"Outlook 发送/接收进度"对话框，可以检查发送或接收邮件的进度，如图 10-46 所示。

(3) 电子邮件接收完毕后将返回 Outlook 工作界面，并在"收件箱"窗格中显示收到的新邮件，如图 10-47 所示。

(4) 双击"收件箱"窗格中的邮件，在打开的"邮件"窗口中将显示邮件内容，如图 10-48 所示。

(5) 如果要回复邮件，用户可以单击"开始"选项卡下"响应"选项组中的"答复"按钮，如图 10-49 所示。

图 10-45　单击"发送/接收所有文件夹"按钮

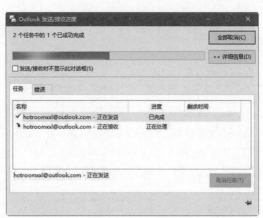

图 10-46　"Outlook 发送/接收进度"对话框

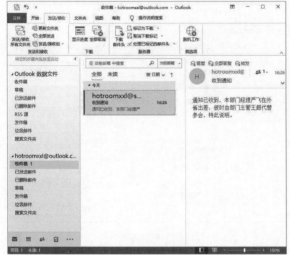

图 10-47　显示收到的新邮件

图 10-48　显示邮件内容

(6) 此时将打开回复邮件界面，在"主题"下方的邮件正文区中输入需要回复的内容(Outlook 系统默认保留原邮件的内容，可以根据需要删除)，然后单击"发送"按钮即可回复收到的邮件，如图 10-50 所示。

图 10-49　单击"答复"按钮

图 10-50　回复邮件

10.4.5 转发和删除邮件

转发邮件功能可以将邮件原文不变或者稍加修改后发送给其他联系人，用户利用 Outlook 可以将收到的电子邮件转发给一个或者多个联系人。

(1) 右击需要转发的邮件，在弹出的快捷菜单中选择"转发"命令，如图 10-51 所示。

(2) 打开邮件转发界面，在"主题"下方的邮件正文区中输入需要补充的内容(Outlook 系统默认保留原邮件内容，可以根据需要删除)。在"收件人"文本框中输入收件人的电子邮箱，然后单击"发送"按钮即可，如图 10-52 所示。

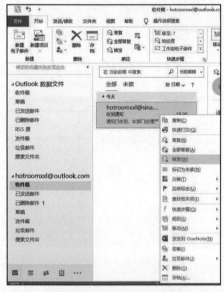

图 10-51　选择"转发"命令　　　　　　　　图 10-52　转发邮件

对于垃圾邮件或者是不想保存的邮件，用户可以在 Outlook 中将其删除。

(1) 右击需要删除的邮件，在弹出的快捷菜单中选择"删除"命令，如图 10-53 所示。

(2) 删除邮件后，邮件将被移动至"已删除邮件"窗格中，并且在邮件右侧显示"删除项目"按钮，单击该按钮可以将邮件从电子邮箱中彻底删除，如图 10-54 所示。

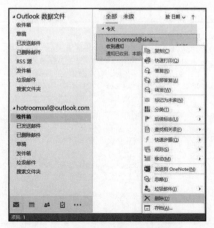

图 10-53　选择"删除"命令　　　　　　　　图 10-54　单击"删除项目"按钮

(3) 在打开的对话框中单击"是"按钮，如图 10-55 所示。

(4) 此时将把邮件从邮箱中彻底删除，如图 10-56 所示。

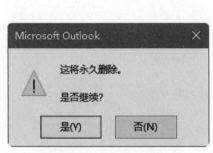

图 10-55　单击"是"按钮　　　　　　　　　图 10-56　彻底删除邮件

10.4.6　邮件管理

Outlook 中的文件夹可以将邮件分类存放。建立适当的邮件文件夹，可以轻松定位所需的邮件。一般文件夹显示在 Outlook 左侧窗格，如同 Windows 操作系统中的"资源管理器"显示文件夹的结构一样。

1. 添加文件夹

右击要添加文件夹的位置，在弹出的快捷菜单中选择"新建文件夹"命令，如图 10-57 所示。在显示的文件夹中输入文件夹名称即可添加文件夹，如图 10-58 所示。

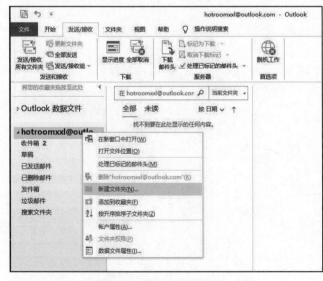

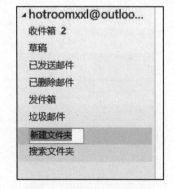

图 10-57　选择"新建文件夹"命令　　　　　　图 10-58　输入文件夹名称

邮件文件夹和硬盘中的文件夹一样，可以是多级的。例如，可以在"已发送邮件"文件夹下建立多个子文件夹，分别存放发送给不同的人的邮件，以便查找。

要删除文件夹，可在文件夹列表中右击该文件夹，在弹出快捷菜单中选择"删除"命令(注意不能删除"已删除邮件""收件箱""发件箱"或"已发送邮件"文件夹)。创建文件夹的目的是将收到的电子邮件分类管理，这项工作可以用邮件规则(收件箱助理)自动完成，也可使用手工移动邮件的方法完成。

2. 通讯簿管理

在发送邮件时，如果每次都输入邮件地址将非常不方便，而且容易因输入错误使邮件不能正确发送。目前的电子邮件管理软件都提供了通讯簿，用户可以将经常联系的电子邮件地址存放在通讯簿中，发送邮件时可以直接取出并使用。

(1) 单击工具栏中的"开始"选项卡中的"通讯簿"按钮，打开"通讯簿：联系人"对话框，选择"文件"|"添加新地址"命令，如图 10-59 所示。在打开的"添加新地址"对话框中选择"新建联系人"选项，然后单击"确定"按钮，如图 10-60 所示。

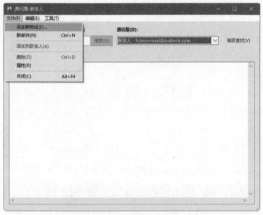

图 10-59　选择"添加新地址"命令

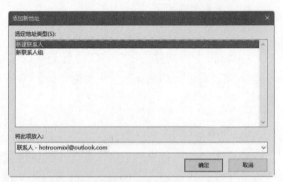

图 10-60　选择"新建联系人"选项

(2) 在打开的对话框中依次输入邮件联系人的姓名、邮件地址等信息，然后单击"保存并关闭"按钮，如图 10-61 所示。

(3) 返回"通讯簿：联系人"对话框后将显示新建联系人的选项，此时通讯簿已经添加该联系人的电子邮件地址，如图 10-62 所示。

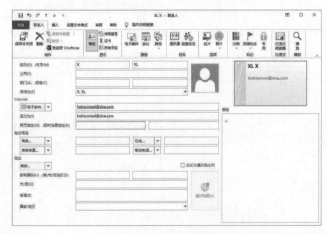

图 10-61　输入邮件联系人信息

图 10-62　显示新建联系人

10.5　实训演练

【实训目的】

(1) 理解电子邮件的格式。

(2) 掌握电子邮件系统的组成及电子邮件的传输过程。

(3) 学会申请电子邮箱并使用。

【实训环境】

与因特网相连且运行 Windows 10 操作系统的 PC 机一台。

【实训任务】

在 Internet 上申请免费的电子信邮箱并熟练使用。

10.6　思考练习

1. 打开"豆瓣"网站，使用浏览器收藏该网页。

2. 电子邮件的相关协议有哪些？

3. 如何使用 Outlook 收发电子邮件？

4. 在新浪网站上申请一个自己的电子邮箱。

第 **11** 章 信息搜索和文件传递技术

Internet 上提供了成千上万的信息资源和各种各样的信息服务，要找到自己所需要的信息，就必须采用信息搜索技术，即通过使用搜索引擎进行查找。人们可以通过下载和上传文件，在互联网上与其他人共享各种资料。本章将介绍与信息搜索和文件传递相关的技术。

11.1 使用搜索引擎

搜索引擎可以根据一定的策略、运用特定的计算机程序搜集互联网上的信息，在对信息进行组织和处理后，将处理后的信息显示给用户。它是为用户提供检索服务的系统。

11.1.1 搜索引擎相关知识

WWW(Web)搜索引擎，简称搜索引擎。其一般的工作过程是：首先对互联网上的网页进行搜集，然后对搜集来的网页进行预处理，建立网页索引库。之后，它会通过客户端程序接收来自用户的检索请求，在索引库中进行查找，并对查找到的结果按某种规则进行排序后返回给用户。搜索引擎最常见的客户端程序就是浏览器。用户输入的检索请求一般是关键词或者是用逻辑符号连接的多个关键词，搜索服务器根据系统关键词字典进行搜索匹配，提取满足条件的网页，然后计算网页和关键词的相关度，并根据相关度的数值将结果按顺序返回给用户。

按照搜索引擎工作原理的不同，搜索引擎可分为 4 类，即全文搜索引擎、目录索引引擎、元搜索引擎和垂直搜索引擎。

(1) 全文搜索引擎从互联网中提取各个网站的信息(以网页文字为主)，建立起数据库，并能检索与用户查询条件相匹配的记录，按一定的排列顺序返回结果(如 Google 和百度)。

(2) 目录索引引擎虽然有搜索功能，但严格意义上不能称为真正的搜索引擎，它们只是按目录分类的网站链接列表而已。用户完全可以按照分类目录找到所需要的信息，不依靠关键词进行查询(目录索引中最具代表性的是 Yahoo、新浪分类目录搜索)。

(3) 元搜索引擎接受用户查询请求后，同时在多个搜索引擎上搜索，并将结果返回给用户。著名的中文元搜索引擎是搜星搜索引擎，可以同时在中文 Google、百度、雅虎、搜狗、新浪搜索、中华搜索等多个大型搜索引擎上搜索信息。

(4) 垂直搜索引擎专注于特定的搜索领域和搜索需求(例如机票搜索、旅游搜索、生活搜索、小说搜索、视频搜索等)，在其特定的搜索领域有更好的用户体验。相比其他搜索引擎而言，垂直搜索的硬件成本低、用户需求特定、查询方式多样。

用户在使用搜索引擎之前，必须知道搜索引擎站点的主机域名，通过该主机域名，用户便可以访问搜索引擎站点的主页。使用搜索引擎时，用户只需要将自己要查找信息的关键词告诉搜索引擎，搜索引擎就会返回给用户包含该关键词信息的 URL，并提供通向该站点的链接，用户通过这些链接便可以获取所需要的信息。

使用搜索引擎需清楚以下两点：一是搜索引擎并不是搜索整个互联网，而是事先已"搜集"了一批网页并整理成网页索引数据库，搜索只是在系统内部进行而已；二是从理论上讲，搜索引擎并不保证用户在返回结果列表上看到的标题和摘要内容与单击 URL 所看到的内容一致，甚至不保证那个网页是否存在。为了弥补这个差别，现代搜索引擎都保存搜集过程中得到的网页全文，并提供"网页快照"或"历史网页"链接，保证让用户能看到和摘要信息一致的内容。

11.1.2 百度搜索引擎

百度是目前中国最成功的商业搜索引擎之一，主要提供中文信息检索，并且为门户站点提供搜索结果服务。百度在中国各地和美国均设有服务器。拥有的中文信息总量达到 6 亿页以上，并且还在以每天几十万页的速度快速增长。百度搜索网站主页地址是 http://www.baidu.com。

百度搜索引擎具有以下突出特点。

(1) 百度搜索分为新闻、网页、音乐、图片、地图等几类。

(2) 百度支持多种高级检索语法。

(3) 百度搜索引擎还提供相关检索。

(4) 百度是全球最大的中文搜索引擎。

1. 网页搜索

在百度页面中输入关键字作为查找的依据，然后单击"百度一下"按钮，即可进行查找。在浏览器地址栏中输入网址"www.baidu.com"后按 Enter 键，打开百度搜索引擎首页。在页面的文本框中输入要搜索网页的关键字"平板电脑"，然后单击"百度一下"按钮，如图 11-1 所示。

百度会根据搜索关键字自动查找相关网页。用户在列表中单击一个超链接，即可打开对应的网页。例如单击"平板电脑 百度百科"超链接，可以在浏览器中访问对应的网页，如图 11-2 所示。

图 11-1 输入关键字

图 11-2 单击超链接

此外，用户还可以单击其他(如"图片")超链接，切换到相应搜索页面搜索图片、歌曲、视频等信息。

2. 高级搜索

百度还提供多种高级搜索方法来提高查准率，主要有以下几点。

(1) 使用双引号。给要查询的关键词加上双引号，可以实现精确的查询，这种方法要求查询结果要精确匹配。例如，在搜索引擎的文字框中输入"网络购物"，就会返回网页中有"网络购物"这个关键字的网址，而不会返回如商业购物推广之类的网页。

(2) 使用括号。当两个关键词用另外一种操作符连在一起，可以通过对这两个词加上圆括号将它们列为一组。

(3) 使用加号。在关键词的前面使用加号，就等于告诉搜索引擎该单词必须出现在搜索结果中的网页上。例如，在搜索引擎中输入"娱乐＋我是歌手"，就表示要查找的内容必须同时包含"娱乐"和"我是歌手"这两个关键词。

(4) 使用减号。在关键词的前面使用减号，就意味着在查询结果中不能出现该关键词。例如，在搜索引擎中输入"娱乐–我是歌手"，表示最后的查询结果中一定不包含"我是歌手"的关键词。

(5) 使用布尔检索。所谓布尔检索是指通过标准的布尔逻辑关系来表达关键词与关键词之间逻辑关系的一种查询方法。这种查询方法允许用户输入多个关键词，各个关键词之间的关系用逻辑关系词来表示。and 称为逻辑"与"，用 and 进行连接，表示它所连接的两个词必须同时出现在查询结果中(例如，输入"网络技术 and 网站开发"，则要求查询结果中必须同时包含"网络技术"和"网站开发")；or 称为逻辑"或"，表示所连接的两个关键词中任意一个出现在查询结果中就可以(例如，输入"网络技术 or 网站开发"，就要求查询结果中可以只包含"网络技术"或只包含"网站开发"，或同时包含"网络技术"和"网站开发")；not 称为逻辑"非"，表示所连接的两个关键词中应从第一个关键词概念中排除第二个关键词(例如，输入"新零售 not 网店"，就要求查询的结果中包含"新零售"，但同时不能包含"网店")。

11.1.3　必应搜索引擎

必应(Bing)由微软公司于 2009 年 5 月 28 日推出，用以取代 Live Search 的搜索引擎服务。为符合中国用户使用习惯，Bing 中文品牌名为"必应"。

必应搜索引擎在技术上具有以下优势。

(1) 强大的机器学习算法。必应搜索引擎采用了先进的机器学习算法，能够自动学习和优化搜索结果，提高搜索质量和效率。

(2) 智能化的网页爬虫。必应搜索引擎的网页爬虫能够快速地收集和整理互联网上的信息，并保持高效的更新速度。

(3) 丰富的数据库。必应搜索引擎拥有丰富的数据库，能够提供多种类型的搜索服务，如网页、图片、新闻、地图、视频等。

必应搜索引擎在以下场景中具有广泛的应用。

(1) 商业智能。必应搜索引擎能够提供准确的商业信息(如公司简介、产品信息、行业趋势等)，可以帮助企业做出更科学的商业决策。

(2) 个人隐私保护。必应搜索引擎尊重用户隐私，提供了多种隐私保护措施(如加密搜索、隐私设置等)，保护用户的个人信息。

(3) 学术研究。必应搜索引擎能够提供全面的学术搜索服务(如论文、科研成果、学术机构等)，可以帮助学者和学生更好地进行学术研究。

随着技术的不断进步，必应搜索引擎也将不断改进和创新。未来，必应搜索引擎将注重以下方面的提升。

(1) 优化算法。必应搜索引擎将不断改进算法，提高搜索结果的准确性和质量，满足用户多样化的需求。

(2) 拓展领域。必应搜索引擎将逐步拓展到更多领域(如人工智能、物联网、区块链等)，提供更加全面的搜索服务。

(3) 个性化推荐。必应搜索引擎将通过机器学习和大数据技术，实现个性化推荐，根据用户的兴趣和需求，提供更加精准的搜索结果。

必应搜索引擎国内版网址入口为 https://cn.bing.com/，打开必应首页后如图 11-3 所示。在搜索框内输入搜索词句，即可搜索相关内容网页。

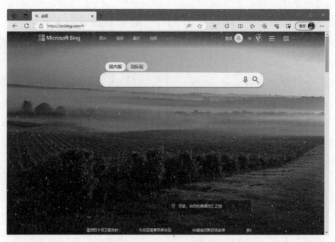

图 11-3　必应搜索引擎首页

必应除了图片、视频、音乐等百度都有的搜索分类外，还具备专业的学术引擎，单击首页中的██按钮，在弹出的列表中选择"学术"选项，将打开"必应学术"页面，如图 11-4 所示。必应学术是微软公司旗下的一款学术搜索引擎，专注于为研究人员、学生和教育工作者提供准确丰富的学术资料和论文。使用必应学术可以搜索各种学术文献，如学术期刊、学位论文、会议论文、报告、书籍等。除了常规的搜索功能，必应学术还提供了一些实用的工具(如文献管理、引用分析、学术社交等)，可以帮助用户更好地进行学术研究和交流。

图 11-4　打开"必应学术"页面

11.1.4　搜索引擎使用技巧

使用搜索引擎时，掌握以下技巧可以使搜索更精确、迅速。

(1) 选择合适的搜索工具。每种搜索引擎都有不同的特点，只有选择合适的搜索工具才能得到最佳的结果。一般而言，如果需要查找非常具体或者特殊的问题，用全文搜索引擎(比如 Google)比较合适；如果希望浏览某方面的信息或者专题，类似 Yahoo 的分类目录可能会更合适；如果需要查找的是某些确定的信息(比如 MP3、地图等)，最好使用专门的垂直搜索引擎。

(2) 提炼搜索关键词。毋庸置疑，选择正确的关键词是一切搜索的开始。学会从复杂搜索意图中提炼出最具代表性和指示性的关键词对提高信息查询效率至关重要，这方面的技巧是所有搜索技巧的根本。

(3) 细化搜索条件。如果在搜索引擎中输入过少的关键词，它可能会返回大量无关结果。因此建议使用多个关键词查询的方法来减少搜索结果数。例如，搜索"西安　旅游"比仅搜索"西安"更能获取与西安旅游有关的信息。

(4) 切勿使用错误的搜索条件。一是很多搜索引擎都会屏蔽一些关键词，这是因为这些词本身缺乏实际意义或者使用过于广泛，大都是副词、连词之类的，一旦用来搜索会返回大量无用的搜索结果甚至导致搜索引擎错误。二是不使用过于通俗简单的词语。由于网上相关信息的数量是巨大的，如果使用过于通俗简单的词语，就会返回过多的搜索结果，从而很难查到有用的信息。三是要注意一词多义的问题。比如，"笔记本"可以指用来手写的纸质本，现在也作为笔记本电脑的简称。遇到这类词，可能需要在搜索框中输入尽量减少歧义的词语(比如改输入"笔记本电脑")。

(5) 正确使用布尔检索。正确地使用布尔检索方式可以减少搜索结果的返回数，但要注意不同搜索引擎工具的布尔检索的表达方法有所不同。因此，在使用布尔检索之前，必须了解不同搜索引擎的使用方法。例如，百度搜索引擎中，空格或"+""&"表示"AND/且"的关系，"|"表示"OR/或"的关系，"-"表示"NOT/非"的关系。

(6) 浏览之前要分析。成功的搜索等式为：正确地提问产生准确有用的结果。在点击搜索结果之前，需要通过比较排序位置、网址链接、文字说明等来分析哪个结果最符合需求。

11.2　使用浏览器下载文件

在所有下载资源的方式中，利用浏览器下载是许多用户常用的方式，它具有操作简单方便的特点。下面将介绍使用浏览器下载网上资源的方法。

11.2.1　浏览器下载文件的方法

在网页中找到资源的下载链接，单击该链接，浏览器便会自动启动下载，用户只需在打开的对话框中设置文件保存路径单击"保存"按钮即可。

例如，使用搜索引擎搜索"迅雷"，在显示的搜索结果列表中，单击搜索引擎搜索到的软件下载资源点提供的"高速下载"按钮，如图 11-5 所示。在打开的"另存为"对话框中指定文件的保存路径后，单击"保存"按钮即可下载该软件，如图 11-6 所示。

图 11-5　单击"高速下载"按钮

图 11-6　"另存为"对话框

11.2.2　修改下载默认保存位置

　　一般情况下，在第一次下载资源时，浏览器会自动将资源存储在默认的保存位置，用户下载网上资源时通常需要更改下载文件的保存位置，如果希望下载文件时将文件自动存入指定的文件夹，可以参照以下步骤操作。

　　(1) 打开 Microsoft Edge 浏览器，单击"设置及其他"按钮 ，在弹出的快捷菜单中选择"设置"命令。

　　(2) 在打开的页面中选择"下载"选项卡，然后在"位置"区域中单击"更改"按钮，如图 11-7 所示。

　　(3) 在打开的"位置"对话框中选择一个用于保存下载文件的文件夹，然后单击"选择文件夹"按钮，如图 11-8 所示。

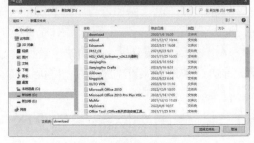

　　图 11-7　单击"更改"按钮　　　　　　　　　　图 11-8　"位置"对话框

　　使用浏览器下载资源的方式虽然简单，但它也有缺点，那就是功能太少，并且不支持断点续传。浏览器下载文件的速度非常慢，而专业的下载软件可以使用文件分切技术，将一个文件分成若干份，同时进行下载，从而大大提高了下载资源的速度。

11.2.3　Internet 中的文件格式

　　因特网为我们提供了非常丰富的信息资源，我们经常要做的事情是从因特网上下载文件。因此，我们将不可避免地遇到各种不同的文件格式类型。通过文件的扩展名可以知道该文件的类型。大多数文件属于文本、图形、音频和视频类型。有些可能是压缩文件，有些则不是。常见的压缩文件扩展名包括.zip、.sit 和.tar，这些是在 Windows、Macintosh 和 UNIX 系统上广泛使用的压缩文件格式。它们可以是单一的文件，也可以是包含了许多文件的单一的文件夹。也可能会有类似.tar.gz 这样的复杂的扩展名，它表示有不止一种类型的软件被用来对该文件进行了编译和压缩。

　　因特网上最流行的图形文件格式的扩展名是.jpg 和.gif。.jpg 表示 JPEG 格式，是一种流行的图形压缩标准。.gif 表示交互式图形格式，也是一种流行的图形标准。这两种图形格式都是独立于平台的，只要有图形显示软件，就可以在计算机上打开它们。

　　因特网上最流行的视频文件格式是.avi、.ram 和.mpg。

　　因特网上最流行的声音文件格式是.mp3 和.mp4，这些格式的声音文件可同时运用于 Mac 和 PC。

　　因特网上所有能找到的文件的格式又可以被划分为两类：ASCII 格式和二进制格式。ASCII 文件是文本文件，可以使用一个 DOS 编辑器或任何文字处理器把它打开；二进制文件包含的是非 ASCII 字符。

11.3　使用迅雷下载文件

用户在使用浏览器下载文件的过程中，有时会遇到意外的中断，此时用户对于所下载的文件往往只能前功尽弃，重新开始下载。由于浏览器单线程下载不能充分利用带宽，无形中造成了很大浪费。目前最常用的网络下载工具迅雷可以解决这个问题。

11.3.1　迅雷简介

迅雷是迅雷公司开发的一款基于多资源超线程技术的下载软件，作为"宽带时期的下载工具"，迅雷针对宽带用户做了优化，并同时推出了"智能下载"的服务。迅雷使用的多资源超线程技术基于网格原理，能够将网络上存在的服务器和计算机资源进行有效的整合，构成独特的迅雷网络，通过迅雷网络各种数据文件能够以最快速度进行传递。

迅雷软件的特点如下。

(1) 迅雷基于深耕十几年、获得国际专利的 P2SP 下载加速技术优势，面向个人用户和企业用户开发了下载加速、影音娱乐等产品及服务，为用户创造了互联网体验。

(2) 注册并用迅雷 ID 登录后可享受到更快的下载速度，迅雷还拥有 P2P 下载等特殊下载模式。迅雷还为用户提供了"迅雷会员"增值服务(迅雷会员可享受多种功能及特权)。

(3) 迅雷旗下产品覆盖 Windows/Android/iOS/Mac 系统，囊括了结合本地与互联网在线高清点播的客户端软件"迅雷影音"等工具。

打开迅雷软件可看到其界面主要由选项卡栏、任务分类和任务列表显示区等构成，如图 11-9 所示。

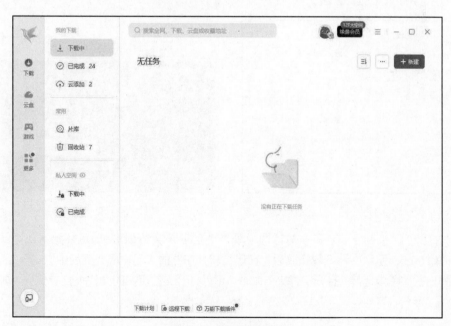

图 11-9　迅雷软件的界面

(1) "选项卡"位于迅雷界面最左侧，包括"下载""云盘""游戏""更多"等选项卡，如图 11-10 所示。

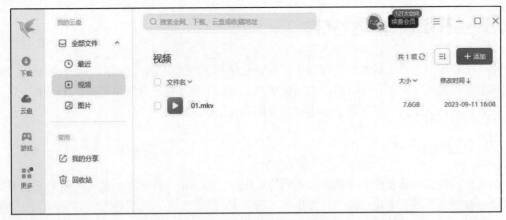

图 11-10   迅雷界面中的选项卡

(2) "任务分类" 和 "任务列表显示区" 位于窗口左边，包括 "下载中" "已完成" "回收站" 等任务类别名称，当选择某任务类别时，在右边任务列表显示区将显示该任务的所有信息。

11.3.2   迅雷下载文件方法

使用迅雷下载文件非常容易，用户找到文件的下载地址后选择使用迅雷下载即可，具体操作如下。

(1) 启动迅雷软件后，在窗口右上方的搜索栏中输入 "暴风影音"，然后按下回车键，如图 11-11 所示。此时，在打开的窗口中将打开百度搜索引擎，以关键字 "暴风影音" 搜索相关的页面，单击搜索结果中的 "普通下载" 按钮，如图 11-12 所示。

图 11-11   输入搜索词

图 11-12   单击 "普通下载" 按钮

(2) 在打开的 "新建下载任务" 对话框中单击 "立即下载" 按钮，即可开始下载 "暴风影音" 软件，如图 11-13 所示。文件下载完成后，在迅雷软件左侧的 "已完成" 列表中右击下载完成的文件名，在弹出的菜单中选择 "打开文件夹" 命令，可以打开文件所在的文件夹查看文件，如图 11-14 所示。

图 11-13　单击"立即下载"按钮

图 11-14　选择"打开文件夹"命令

11.3.3　设置文件下载路径

安装迅雷软件后，其默认的文件存储目录是"C:\迅雷下载"。由于 C 盘一般都是系统盘，一旦文件增多，就会占用 C 盘空间导致系统运行速度变慢，因此将迅雷的存储目录设置为其他位置显得尤为重要。

(1) 单击迅雷界面左上角的"主菜单"按钮 ≡ ，在弹出的菜单中选择"设置"命令，如图 11-15 所示。在打开的对话框中选择"下载设置"选项卡，在"下载目录"选项栏右侧单击 □ 按钮，如图 11-16 所示。

图 11-15　选择"设置"命令

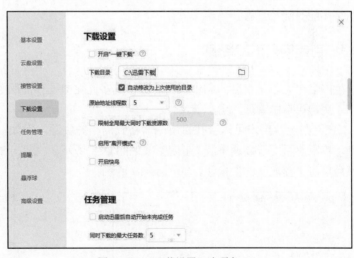

图 11-16　"下载设置"选项卡

(2) 打开"选择文件夹"对话框，选择迅雷软件的默认文件下载文件夹后，单击"选择文件夹"按钮即可，如图 11-17 所示。

图 11-17　选择文件夹

11.4　使用百度网盘

百度网盘是百度推出的一项云存储服务，已覆盖主流 PC 和手机操作系统，包含 Web 版、Windows 版、Mac 版、Android 版和 iPhone 版。用户可以将自己的文件上传到网盘上，通过网盘实现跨终端随时随地查看和分享文件。

11.4.1　百度网盘下载资源

百度网盘个人版是百度面向个人用户提供的多元化数据存储服务，旨在满足用户工作生活各类需求，用户可自由管理网盘存储文件。

(1) 在网络上，用户可以查找百度网盘格式的相关资源，例如，打开一个提供网盘资源下载的网站，单击"百度云高速下载"按钮，如图 11-18 所示。在打开的窗口中输入网站提供的提取码，然后单击"提取文件"按钮，如图 11-19 所示。

图 11-18　单击"百度云高速下载"按钮

图 11-19　输入提取码

(2) 在打开的页面中单击"下载"按钮(如图 11-20 所示)，启动百度网盘客户端，在打开的"设置下载存储路径"对话框中单击"浏览"按钮,如图 11-21 所示。

图 11-20　单击"下载"按钮　　　　　　　　图 11-21　单击"浏览"按钮

(3) 打开"浏览计算机"对话框,设置文件下载路径后单击"确定"按钮,如图 11-22 所示。返回"设置下载存储路径"对话框,单击"下载"按钮即可开始下载,如图 11-23 所示。

图 11-22　设置下载保存路径　　　　　　图 11-23　单击"下载"按钮开始下载

(4) 此时客户端显示下载进度、时间、大小等信息,如图 11-24 所示。下载完毕后,选择客户端"传输列表"选项卡后选中"传输完成"选项,然后选择刚下载的文件,单击"打开所在文件夹"按钮即可在打开的文件夹中找到下载的文件,如图 11-25 所示。

图 11-24　显示下载进度信息　　　　　　图 11-25　单击"打开所在文件夹"按钮

11.4.2　上传至百度网盘

使用百度网盘可以把计算机本地文件上传至云盘中,这样可以节省硬盘空间,同时也可以可随时随地从网盘下载文件。

(1) 启动百度网盘客户端，在主界面中单击"上传"按钮，如图 11-26 所示。在打开的对话框中选择要上传的文件，然后单击"存入百度网盘"按钮，如图 11-27 所示。

图 11-26　单击"上传"按钮

图 11-27　选择上传文件

(2) 选择"传输列表"选项卡，选择"正在上传"选项，可以显示文件上传进度信息，如图 11-28 所示。文件上传完毕后，百度网盘中将显示刚刚上传的文件，如图 11-29 所示。

图 11-28　显示上传进度信息

图 11-29　显示上传文件

11.4.3　分享百度网盘内容

保存在百度网盘的文件可以分享给其他安装百度网盘的用户。首先，选择要分享的文件或文件夹，单击"分享"按钮，如图 11-30 所示。

接下来，用户有两种方式可以分享文件，一种是直接发送给网盘好友，这种方式类似于在微信上发送文件；另一种是采用链接分享，创建一个链接后，将此链接连同对应的提取码直接发送给他人即可。(选中"有提取码"和"7 天"单选按钮后，表示提供的链接带提取码，并只保留 7 天有效时间，单击"创建链接"按钮，百度网盘将会自动创建分享链接和相应的提取码，如图 11-31 所示)。

图 11-30 单击"分享"按钮

图 11-31 设置分享方法

软件自动创建分享链接和提取码后,单击"复制链接和提取码"按钮,如图 11-32 所示。将复制的链接和提取码通过 QQ、微信等软件分享出去即可分享网盘内容,如图 11-33 所示。

图 11-32 单击"复制链接和提取码"按钮

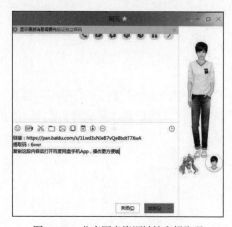

图 11-33 分享网盘资源链接和提取码

11.5 思考练习

1. 什么是搜索引擎?
2. 如何使用百度搜索网页、图片或 MP3 音乐?
3. 搜索引擎可分为哪几类?各有什么特点?
4. 如何使用浏览器下载文件?
5. 如何使用百度网盘上传文件?

第 12 章　网络用户与资源管理

在网络中，每台计算机和它的用户都有一个身份，这个身份具体分为用户账户和计算机账户，它们分别决定了用户和计算机各自拥有不同的访问和管理权限。组是账户的集合。本章将介绍管理本地用户账户和组的相关操作，以及域和 NTFS 文件权限的相关知识。

12.1　创建和管理本地用户账户

账户表现为一条记录，它记录着该用户的所有信息，包括用户名称、密码、用户权限与访问权限等。Windows 10 是一个允许多用户多任务的操作系统，每个用户都可以建立个人账户，并设置密码登录，从而确保自己保存在计算机的文件得到安全的存储。每个账户登录之后都可以对系统进行自定义设置。

12.1.1　本地用户账户的种类

Windows 10 中微软提供了两类账户：云账户和本地用户账户。云账户即 Microsoft 账户。OneDrive、Windows Phone、MSN、Windows Live、Office 365 或 Xbox Live 等均可使用 Microsoft 账户统一登录管理。使用 Microsoft 账户登录 Windows 10，可以将一些设置自动通过云服务保存，当用户重装系统或是更换其他计算机登录时，这些设置依旧可以恢复。

本节主要介绍本地账户，本地用户账户仅允许用户登录并访问创建该账户的计算机。

本地用户账户的类型有以下 3 种：管理员账户、标准用户账户和来宾账户。不同的账户类型有不同的操作权限。

1. 管理员账户

计算机的管理员账户(Administrator 账户)是第一次启动计算机后系统自动创建的一个账户，它拥有最高的操作权限，可以进行很多高级管理。此外，它还能控制其他用户的权限(例如，可以创建和删除计算机上的其他用户账户，更改其他用户账户的名称、图片、密码、账户类型等)。

计算机至少要有一个管理员账户，计算机在只有一个管理员账户的情况下，该账户不能将自己改成受限制账户。

2. 标准用户账户

标准用户账户是受到一定限制的账户，在系统中用户可以创建多个标准用户账户，也可以将标准用户账户改变为其他账户类型。此类账户可以访问已经安装在计算机上的程序，可以设置自己账户的图片、密码等，但无权更改大多数计算机的设置，无法删除重要文件，无法安装软件和硬件，也无法访问其他用户的文件。

3. 来宾账户

来宾账户(Guest 账户)是给那些在计算机上没有用户账户的人使用的临时账户，主要用于远程登录的网上用户访问计算机系统。来宾账户仅有最低的权限，没有密码，无法对系统做任何修改，只能查看计算机里的资料。在系统默认状态下，来宾账户是不被激活的，必须激活以后才能使用。

12.1.2　创建本地用户账户

在 Windows 10 中，用户可通过"计算机管理"中的"用户"管理单元来创建本地用户账户(用户必须拥有管理员权限)。

(1) 右击系统桌面上的"此电脑"图标，在弹出的菜单中选择"管理"命令，如图 12-1 所示。

(2) 打开"计算机管理"窗口，在窗口左侧的列表中展开"本地用户和组"选项，然后选中并右击"用户"选项，在弹出的菜单中选择"新用户"命令，如图12-2所示。

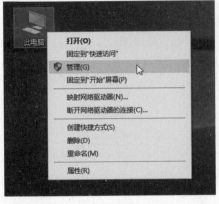

图12-1 选择"管理"命令

图12-2 创建新用户

(3) 打开"新用户"对话框，在"用户名""密码"和"确认密码"文本框中输入账号名称和密码后，依次单击"创建"按钮和"关闭"按钮，如图12-3所示。

(4) 此时，在"计算机管理"窗口中将自动添加一个本地用户账户。单击"开始"按钮，在弹出的菜单中选择创建的用户账户名称，即可切换该账户，如图12-4所示。

图12-3 "新用户"对话框

图12-4 切换账户

12.1.3 更改用户账户

在 Windows 10 中创建新账户以后，用户可以根据实际应用和操作来更改账户的类型，并改变该用户账户的操作权限。此外，账户类型确定后也可以修改账户的设置，比如修改账户的名称、密码和图片。

以将标准用户账户类型设置为管理员账户类型为例，更改用户账户的具体操作步骤如下。

(1) 单击"开始"按钮，在弹出的菜单中选择"设置"选项，如图12-5所示。

(2) 打开"Windows 设置"窗口，选择"账户"选项，如图12-6所示。

图 12-5　单击"设置"按钮

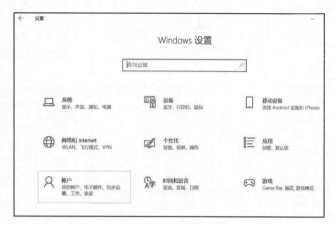

图 12-6　选择"账户"选项

(3) 打开"设置"窗口，选择"家庭和其他成员"选项卡，在显示的选项区域中选择本地标准用户账户，在展开的列表中单击"更改账户类型"按钮，如图 12-7 所示。

(4) 打开"更改账户类型"对话框，单击"账户类型"按钮，在弹出的列表中选择"管理员"选项，然后单击"确定"按钮，如图 12-8 所示。

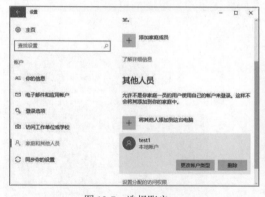

图 12-7　选择账户

图 12-8　选择"管理员"选项

12.1.4　设置账户权限

在 Windows 10 中，用户可以设置标准用户账户的权限，设定此类账户登录计算机后只能打开特定的应用(如"邮件"应用)，无法执行打开"开始"菜单和任务栏等操作。

(1) 单击"开始"按钮▦，在弹出的菜单中选择"设置"选项▨，在打开的"Windows 设置"窗口中选择"账户"选项。

(2) 打开"设置"窗口，选择"家庭和其他成员"选项，在显示的选项区域中选择"设置分配的访问权限"选项，如图 12-9 所示。

(3) 在打开的"设置分配的访问权限"对话框中选择"选择账户"选项，打开"选择账户"对话框选择标准用户账户，返回"设置分配的访问权限"对话框选择"选择应用"选项，如图 12-10 所示。

(4) 在打开的对话框中选择"邮件"应用，重新启动计算机即可使设置生效。

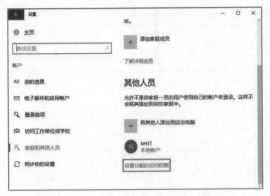
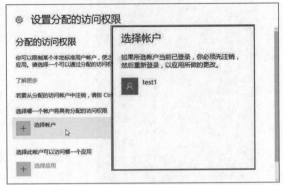

图 12-9　单击"设置分配的访问权限"链接　　　　　图 12-10　选择账户

12.1.5　修改账户密码

如果用户要为当前登录 Windows 系统的账户设置一个登录密码，可以参考以下方法。

(1) 打开"Windows 设置"窗口后选择"账户"选项，在打开的"设置"窗口中选择"登录选项"选项，在显示的选项区域中单击"添加"按钮，如图 12-11 所示。

(2) 打开"创建密码"对话框，输入用户登录密码和提示等信息后，单击"下一步"按钮。在打开的对话框中单击"完成"按钮，如图 12-12 所示。

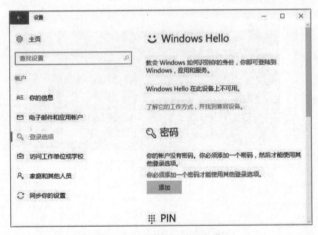
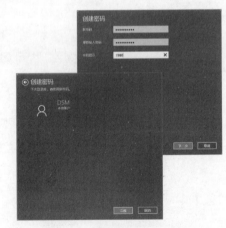

图 12-11　选择"登录选项"　　　　　图 12-12　"创建密码"对话框

(3) 在系统中为用户账户添加登录密码后，如果用户要更改或删除登录密码，可以在打开"设置"窗口后，选择"登录选项"选项，在显示的选项区域中单击"更改"按钮，如图 12-13 所示。

(4) 打开"更改密码"对话框，输入当前系统的登录密码，然后单击"下一步"按钮，在打开的对话框中修改或删除用户账户的登录密码，如图 12-14 所示。

图 12-13　单击"更改"按钮　　　　　　　图 12-14　"更改密码"对话框

12.1.6　更改账户头像

在 Windows 10 中，要为当前用户账户设置一个登录头像，可以使用以下方法。

(1) 单击"开始"按钮■，在弹出的菜单中右击■选项，在弹出的菜单中选择"更改账户设置"命令，如图 12-15 所示。

(2) 打开"设置"对话框，选择"通过浏览方式查找一个"选项，在打开的"打开"对话框中选择图片文件，然后单击"选择图片"按钮，如图 12-16 所示。

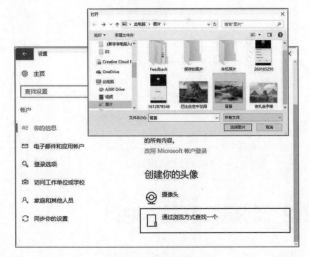

图 12-15　选择"更改账户设置"命令　　　　　　图 12-16　选择图片

12.1.7　删除用户账户

当用户不需要某个已经创建的用户账户时，可以将其删除。删除用户账户必须在管理员账户下执行，并且所要删除的账户不是当前的登录账户。

(1) 右击"开始"按钮■，在弹出的菜单中选择"控制面板"命令，打开"控制面板"窗口，然后选择"更改账户类型"选项，如图 12-17 所示。

(2) 在打开的窗口中选择一个标准用户账户，如图 12-18 所示。

图 12-17　单击"更改账户类型"链接

图 12-18　选择账户

(3) 打开"更改账户"窗口，选择"删除账户"选项，在打开的"删除账户"窗口中用户可以选择在删除用户账户时是否保留用户文件(本例单击"删除文件"按钮)，如图 12-19 所示。

(4) 打开"确认删除"窗口，单击"删除账户"按钮即可删除用户账户，如图 12-20 所示。

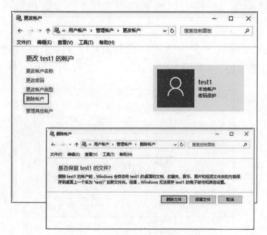

图 12-19　"删除账户"窗口

图 12-20　单击"删除账户"按钮

12.2　创建和管理本地组

组是相关账户的集合，在管理网络时可以按照不同用户的操作需求和资源访问需求来创建不同的组，从而实现对多个用户的统一配置和管理。组的出现，极大地方便了账户管理和资源访问权限的设置。安装 Windows 10 以后，系统自建了多个内置的本地组，每个本地组都服务于不同的目的。例如，Administrators 组的用户都具备系统管理员的权限，拥有对计算机最大的控制权；Users 组所能执行的任务和能够访问的资源根据指派给它的权限而定；Power Users 组内的用户可以添加、删除、更改本地用户账户，并建立、管理、删除本地计算机内的共享文件夹和打印机。

12.2.1 创建本地组

要创建新的本地组，需打开"计算机管理"窗口。在该窗口的控制台目录树中展开域节点，然后右击"组"选项，从弹出的快捷菜单中选择"新建组"命令，如图 12-21 所示。在打开的"新建组"对话框中输入相关信息后，单击"创建"按钮即完成组的创建，如图 12-22 所示。

图 12-21 选择"新建组"命令   图 12-22 创建组

12.2.2 管理本地组

默认本地组是运行 Windows 10 时自动创建的，它们赋予用户在本地计算机上执行各项任务的权限和能力。管理员可以向本地组里添加本地用户账户、域用户账户、计算机账户以及组账户，还可以执行删除组、重命名组等操作。

1. 为本地组添加成员

(1) 打开"计算机管理"窗口，在控制台树中展开域节点，选择要添加成员的组(user group)，右击，在弹出的快捷菜单中选择"属性"命令，打开"user group 属性"对话框，如图 12-23 所示。

(2) 单击"添加"按钮，打开"选择用户"对话框，如图 12-24 所示。

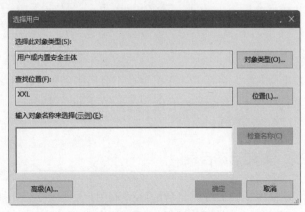

图 12-23 "user group 属性"对话框   图 12-24 添加组成员

(3) 在"输入对象名称来选择"文本框内输入要添加的用户账户。如果记不清用户账户名，可单击"高级"按钮，弹出"选择用户"对话框，如图 12-25 所示。

(4) 单击"立即查找"按钮，在"搜索结果"列表中选择要添加的用户，单击"确定"按钮返回"user group 属性"对话框，可看到添加的成员在成员列表中，单击"确定"按钮完成添加。如果要删除该组成员，在"user group 属性"对话框中选中要删除的成员，单击"删除"按钮，在打开的提示对话框中单击"确定"按钮即可。

2. 删除组

有时，计算机管理员需要删除一些不用的组以确保系统或网络的安全。删除组需注意几个问题：系统无法删除默认组；一旦删除组将不能再恢复；删除组不会删除组成员；如果新建一个同名组也不能继承原来组的属性，必须重新分配权限。

要删除组，可在"计算机管理"窗口中右击要删除的组名称，在弹出的快捷菜单中选择"删除"命令，然后在打开的确认删除对话框中单击"是"按钮即可，如图 12-26 所示。

图 12-25　查找组成员

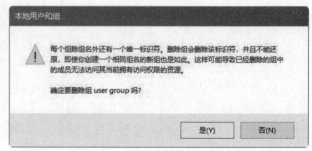

图 12-26　确认删除组

3. 重命名组

要重命名组，可在"计算机管理"窗口中右击要重命名的本地组，在弹出的快捷菜单中选择"重命名"命令，然后输入新的组名并按 Enter 键即可。对本地组重命名不会改变它的属性信息和任何已指派的权限。

12.2.3　域和活动目录

活动目录提供了对基于 Windows 的用户账户、客户、服务器和应用程序的统一管理，使得组织可以有效地对有关网络资源和用户信息进行共享和管理，同时，它也支持组织通过使用基于 Windows 的应用程序和与 Windows 兼容的设备来集成非 Windows 系统，从而实现巩固目录服务并简化对整个网络操作系统的管理。

活动目录包括目录和目录服务两个方面。目录是基础，是存储各种对象的一个物理上的容器，从静态的角度来理解等同于"文件夹"；而目录服务是核心，是使得目录中所有信息和资源发挥作用的动态服务。活动目录是一个分布式的目录服务，信息可以分散在多台不同的计算机上，保证用户可以快速访问，因为多台计算机上有相同的信息，所以在信息容斥方面具有很强的控制能力。正因如此，不管信息位于何处或用户从何处访问，都对用户提供统一的视图。

活动目录结构分为逻辑结构和物理结构两种，分别包括不同的内容。活动目录的逻辑结构具有可伸缩性，提供了完全的树状层次结构视图，为用户和管理员的查找、定位对象提供了极大的方便。活动目录中的逻辑单元包括域、组织单元、域树和域林。域既是 Windows 网络系统的逻辑组织单元，也是 Internet 的逻辑组织单元。活动目录中包含一个或多个域，每个域都有自己的安全策略和其他域的信任关系，所以域起着网络安全边界的作用。域树由多个域组成，这些域共享一个连续的名字空间。域树中的域通过信任关系连接起来，活动目录中包含一个或多个域树。域林是指由一个或多个没有形成连续名字空间的域树所组成。它与域树最明显的区别在于这些域树之间没有形成连续的名字空间，但域林中的所有域树仍共享同一个表结构、配置和全局目录。组织单元是一个逻辑单位，它是域中一些用户和组、文件与打印机等资源对象的集合。

域(domain)是活动目录的分区，定义了安全边界，允许授权用户访问本域中的资源。域是由管理员安装活动目录时定义的一个网络环境，是一些计算机的集合，这个集合使用一个目录数据库，并为管理员提供对用户账户、组和计算机等对象的集中管理和维护等功能。

活动目录可由一个或多个域组成，每一个域可以存储上百万个对象，域之间有层次关系，可以建立域树和域林，进行无限地域扩展。在活动目录中，目录存储只有一种形式，而域控制器(domain controller)包括了完整的域目录的信息。因此，每一个域中必须有一个域控制器。

1. 将 Windows 计算机加入域

客户端计算机必须加入域，才能接受域的统一管理，使用域中的资源。在目前主流的 Windows 操作系统版本中，除 Home 版外都能添加到域中。下面以 Windows 10 系统为例，介绍将计算机添加到域的操作步骤。

(1) 打开"Internet 协议版本 4(TCP/IPv4)属性"对话框后输入指定 DNS 服务器的地址，如图 12-27 所示(如果域控制器采用默认的安装过程，则域控制器也是 DNS 服务器)。

(2) 右击桌面上的"此电脑"图标，在弹出的快捷菜单中选择"属性"命令，打开"系统"窗口，在窗口中选择"高级系统设置"选项，打开"系统属性"对话框，在"计算机名"选项卡中，单击"更改"按钮，如图 12-28 所示。

(3) 在打开的"计算机名/域更改"对话框中选中"隶属于"选项组中的"域"单选按钮，并在文本框中输入要加入的域的名称，然后单击"确定"按钮，如图 12-29 所示。

(4) 在系统的提示下输入域的账户名称和密码，如图 12-30 所示(域控制器的系统管理员具有该权限，或者被委派将计算机添加到域权限的用户也具有该权限)。

(5) 验证通过后系统提示欢迎加入域，单击"确定"按钮。关闭"系统属性"对话框，在系统提示下重新启动计算机。计算机重启后，在打开的"Active Directory 用户和计算机"窗口中选择控制台树中的"Computers"节点，即可看到新加入域的客户机，如图 12-31 所示。

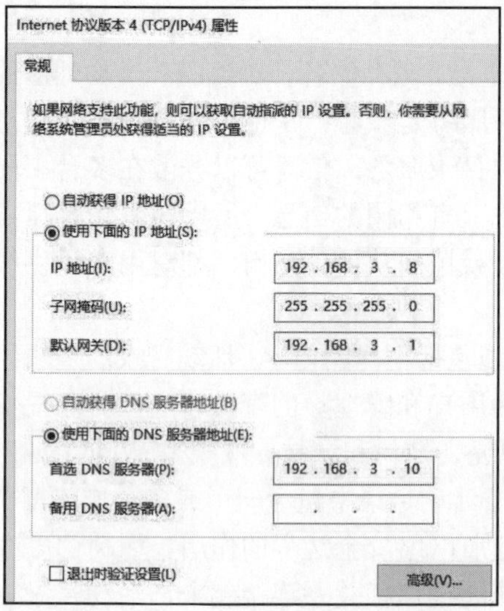

图 12-27　输入 DNS 服务器地址

图 12-28　单击"更改"按钮

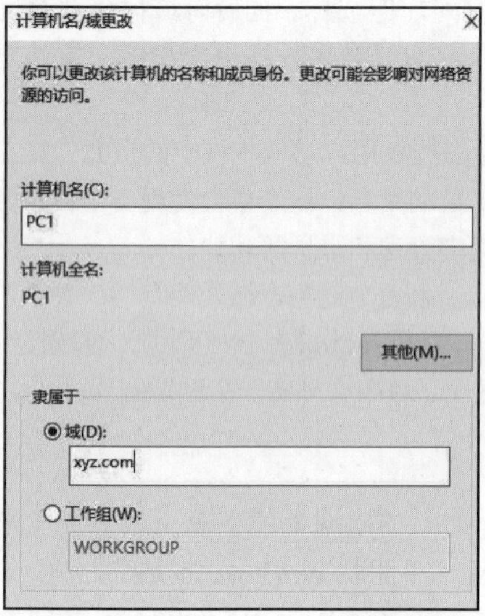

图 12-29　输入要加入域的名称

图 12-30　输入域账户名称和密码

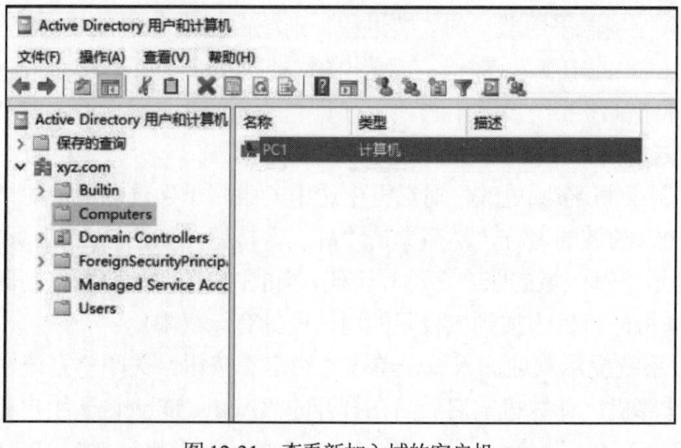

图 12-31　查看新加入域的客户机

2. 使用已加入域的计算机登录

当 Windows 10 客户端加入域并重新启动后，系统会显示选择用户登录界面，单击"其他用户"按钮，打开 Windows 10 登录域界面。在"用户名"文本框中输入要使用的域用户账户(其格式是："用户名@域名"或"域名\用户名"，例如 administrator@xyz.com)，此时系统登录界面中的提示信息将显示要登录的域。在"密码"文本框中输入密码，按 Enter 键即可登录到该域，如图 12-32 所示。

图 12-32　系统登录界面

3. 使用活动目录中的资源

将 Windows 计算机加入域的目的，一方面是为了将本机的资源发布到活动目录中，另一方面是为了方便用户在活动目录中查找资源。下面介绍在客户机查询活动目录资源的方法。

(1) 在 Windows 10 中双击桌面上的"网络"图标，打开"网络"窗口，单击菜单栏下方的"搜索 Active Directory"按钮，如图 12-33 所示。

(2) 打开"查找 计算机"对话框，在"查找"下拉列表框中选择需要查询的内容(可选择 "用户、联系人及组""计算机""打印机""共享文件夹""组织单位"等选项)，然后单击"开始查找"按钮即可，如图 12-34 所示。

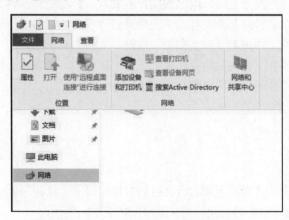

图 12-33　单击"搜索 Active Directory"按钮

图 12-34　查找资源

12.3 NTFS 文件权限

网络安全越来越成为网络中不可忽视的问题，设置用户对网络资源的访问权限就是一种非常有效的防止网络入侵的方法。权限既决定用户可以访问哪些数据和资源，也决定用户可以享受哪些服务，甚至决定用户拥有什么样的系统桌面。

NTFS 权限是指系统管理员或文件拥有者赋予用户和组访问某个文件和文件夹的权限，即允许或禁止某些用户或组访问文件或文件夹，以实现对资源的保护。NTFS 权限可以应用在本地或域中。Windows 10 的 NTFS 磁盘上提供 NTFS 权限，在 FAT16 或 FAT32 格式的卷上不能使用 NTFS 权限。

12.3.1 NTFS 文件权限类型

NTFS 分区中，每一个文件以及文件夹都存储一个访问控制列表(ACL)，ACL 中列出了用户和组对该文件或文件夹所拥有的访问权限。当用户或组访问该资源时，ACL 首先查看该用户或组是否在 ACL 上，如果不在 ACL 上，则无法访问这个文件或文件夹；若在 ACL 上，再比较该用户的访问类型与在 ACL 中的访问权限是否一致，如果一致就允许用户访问该资源，否则就无法访问。用 NTFS 权限可以指定用户、组和计算机在何种程度上可以对特定的文件进行访问、修改。对于文件，可以赋予用户、组和计算机以下权限。

(1) 读取。此权限允许用户读取文件内的数据、查看文件的属性、查看文件的所有者、查看文件的权限。

(2) 写入。此权限包括写入数据、覆盖文件、改变文件属性、查看文件的所有者、查看文件的权限等。

(3) 读取与运行。此权限除了具有"读取"的所有权限，还具有运行应用程序的权限。

(4) 修改。此权限除了拥有"写入"和"读取及运行"的所有权限外，还能够更改文件内的数据、删除文件、改变文件名等。

(5) 完全控制。对文件的最高控制权限，在拥有上述其他权限所有的权限以外，"完全控制"权限还可以修改文件权限以及替换文件所有者。

除此之外，NTFS 还有一些特殊权限。其中比较重要的是更改权限和取得所有权，通常情况下，这两个特殊权限要慎重使用。一旦为某用户授予更改权限，该用户就具有了针对文件或者文件夹修改权限的功能。借助于更改权限，可以将针对某个文件或者文件夹修改权限的能力授予其他管理员和用户，但是不授予他们对该文件或文件夹的"完全控制"权限。同样，一旦为某用户授予取得所有权限，该用户就具有了控制文件和文件夹的所有权限。借助于该权限，可以将文件和文件夹的拥有权从一个用户账号或者组转移到另一个用户账号或者组。

12.3.2 NTFS 权限的基本原则

1. 权限的累加

用户对某文件的有效权限是分配给该用户和该用户所属的所有组的 NTFS 权限的总和。例如，用户 User1 同时属于组 Group A 和组 Group B，它们对某文件的权限分配如表 12-1 所示。

表 12-1　用户文件权限累加示例表

用户和组	权　限
User1	写入
Group A	读取
Group B	运行

用户 User1 的有效权限为这 3 个权限的总和，即"写入＋读取＋运行"。

2. 文件权限优先于文件夹权限

如果既对某文件设置了 NTFS 权限，又对该文件所在的文件夹设置了 NTFS 权限，那么文件的权限高于文件夹的权限。例如，用户 User1 对文件夹 D:\test 有"读取"权限，但该用户又对文件 D:\test\aaa.txt 有"修改"权限，则该用户最后的有效权限为"修改"。

3. 拒绝权限优先于其他权限

当用户对某个资源拥有"拒绝权限"和其他权限时，拒绝权限优先于其他权限。"拒绝权限"提供了强大的手段来保证文件或文件夹被适当保护。例如，用户 User1 同时属于组 Group A 和组 Group B，它们对某文件的权限分配如表 12-2 所示。

表 12-2　用户文件拒绝权限示例表

用户和组	权　限
User1	读取
Group A	拒绝写
Group B	写入

用户 User1 的有效权限为"读取"。因为 User1 是 Group A 的成员，Group A 对该文件的权限是"拒绝写"，根据拒绝权限优先于其他权限，Group B 赋予成员 User1 写入的权限不生效。

4. 权限的继承性

默认情况下，分配给父文件夹的权限可被子文件夹和包含在父文件夹中的其他文件继承。当授予某个文件夹 NTFS 权限时，就将授予该文件夹的 NTFS 权限同时授予了该文件夹中任何现有的文件和子文件夹。但是用户也可以阻止这种权限的继承，也就是阻止子文件夹和文件从父文件夹继承权限，这样该子文件夹和文件的权限将被重新设置。

12.3.3　文件复制和移动对权限的影响

复制和移动 NTFS 文件时，这些文件的权限可能改变。如果文件从一个文件夹移动到同一分区中的另一个文件夹，则保持原有的权限，因为对 Windows 10 来说，这个文件只是指针改变而已，并不是真正的移动。如果文件从一个文件夹移动到不同分区中的另一文件夹，则文件与目标文件夹有相同的权限。例如，若 a.txt 文件从 C:\test 文件夹移动到 D:\work 文件夹，则 a.txt 文件继承 D:\work 文件夹的权限。

如果将文件从一个文件夹复制到相同或不同盘符中的另一文件夹，则新文件与目标文件夹有相同的权限。例如，C:\test 具有"读取"权限，D:\work 具有"完全控制"权限，当 a.txt 文件被复制到 D:\work 后，此新文件就具有了"完全控制"权限。

如果文件从 NTFS 分区复制或移动到 FAT32 分区，则原有权限设置都将被删除。将文件移动或复制到目的地的用户，将成为该文件的所有者。

12.4 文件权限与文件夹共享配置

文件权限的设置与文件夹的设置方式相似，在文件的属性对话框中，通过"安全"选项卡便可为其设置权限。通过共享文件夹可使网络用户通过网络方便地使用文件夹和其中所包含的文件。

12.4.1 文件权限设置方法

文件默认有一些权限，这些权限是从父文件夹(或磁盘)所继承的，如图 12-35 所示，在 SYSTEM 账户的权限中，灰色对勾对应的权限就是继承来的。SYSTEM 账户是代表操作系统本身，默认权限是完全控制。

要更改权限，用户可以在图 12-35 所示对话框中单击"编辑"按钮打开"权限"对话框，选中权限右方的"允许"或"拒绝"复选框(虽然可更改从父项对象所继承的权限，例如添加权限或通过选中"拒绝"复选框删除权限，但是不能直接取消灰色复选框的选中)，如图 12-36 所示。

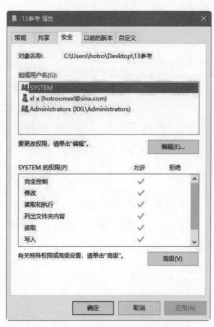

图 12-35 SYSTEM 账户的权限

图 12-36 选中"拒绝"复选框

如果要给"组或用户名"列表中没有显示的其他用户设置权限，可在图 12-36 所示的对话框中单击"添加"按钮，打开"选择用户或组"对话框，如图 12-37 所示，在其中添加拥有对该文件访问和控制权限的用户或组，单击"确定"按钮完成添加，新增用户或组就出现在"组或用户名"列表中，此时就可为新添加用户设置权限。由于新添加用户的权限不是从父项继承的，因此，它们所有的权限都可以被修改。

删除现有用户对相应文件所具有的访问权限，可在图 12-36 所示对话框的"组或用户名"列表框中选择相应组或用户，然后单击"删除"按钮。

如果要设置其他高级权限，可以在图 12-37 所示对话框中单击"高级"按钮，打开其"高级安全设置"对话框(如图 12-38 所示)，通过选中某一权限项目，单击"查看"等按钮，查看或更改现有组或用户的特殊权限。

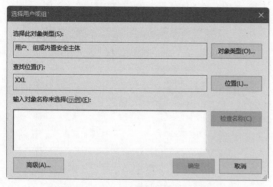

图 12-37　"选择用户或组"对话框

图 12-38　"高级安全设置"对话框

12.4.2　文件夹共享设置方法

资源共享是网络最重要的特性，设置共享文件夹可使网络用户通过网络方便地使用文件夹。

1. 创建共享文件夹

用户只需将文件夹属性设置为"共享"，即可创建共享文件夹。

(1) 右击文件夹，从弹出的快捷菜单中选择"属性"命令，在打开的对话框中选择"共享"选项卡，单击"高级共享"按钮，如图 12-39 所示。

(2) 打开"高级共享"对话框，选中"共享此文件夹"复选框，设置"共享名"和"将同时共享用户数量限制为"后单击"权限"按钮，如图 12-40 所示。

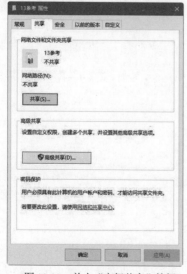

图 12-39　单击"高级共享"按钮

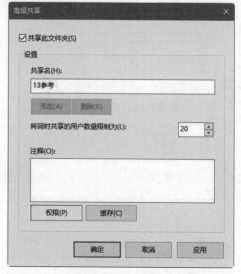

图 12-40　"高级共享"对话框

(3) 打开"权限"对话框,可以在"组或用户名"区域里看到组成员,默认"Everyone"即所有的用户。在"Everyone"的权限里,"完全控制"权限是指其他用户可以删除修改本机上共享文件夹里的文件;"更改"权限是指可以修改,不可以删除;"读取"权限是指只能浏览复制,不可修改。本例在"读取"权限后选中"允许"复选框,然后单击"确定"按钮,如图12-41所示。

(4) 返回"属性"对话框,显示文件夹已经共享,单击"确定"按钮,如图12-42所示。

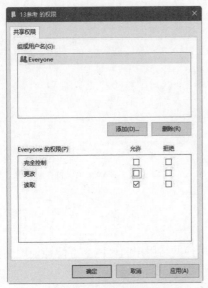

图 12-41 "权限"对话框

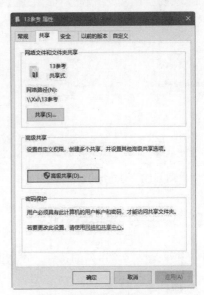

图 12-42 文件夹已共享

还可以通过"共享文件夹向导"来创建共享文件夹,创建方法如下:打开"计算机管理"窗口,在控制台树中右击"共享文件夹"项下的"共享"选项(如图12-43所示),在弹出的快捷菜单中选择"新建共享"命令,打开"创建共享文件夹向导"对话框(如图12-44所示),单击"下一步"按钮,然后按照向导提示操作即可完成共享文件夹的创建。

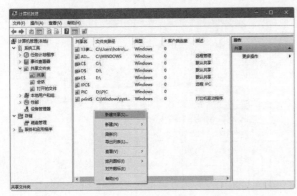

图 12-43 "计算机管理"对话框

图 12-44 "创建共享文件夹向导"对话框

2. 停止共享文件夹

当用户不想共享某个文件夹时,可以停止共享该文件夹(在停止共享文件夹之前,应确定已经没有用户和该文件夹连接,否则该用户的数据可能丢失)。停止共享文件夹的操作方法较为简单,用户只需在图 12-40 所示对话框中取消选中"共享此文件夹"复选框，然后单击"确定"按钮即可。

3. 修改共享文件夹属性

在实际使用中，有时需要修改共享文件夹的属性，如更改共享用户个数、权限等。用户可以在图 12-40 中进行设置，完成后单击"确定"按钮即可。

12.5 思考练习

1. 本地用户账户的种类有哪些？
2. 简述本地组的创建和管理。
3. 简述域和活动目录的关联。
4. NTFS 文件权限类型有哪些？
5. 简述 NTFS 权限的 4 个基本原则。

第13章 网络安全防护技术

随着互联网的普及和国内各院校网络建设的不断发展，校园网已经成为高校信息化的重要组成部分。但随着黑客入侵的增多及网络病毒的泛滥，校园网的安全已成为不容忽视的问题。本章将介绍网络安全与防护的相关内容。

13.1　网络安全概述

计算机网络安全是指通过各种技术和管理措施，使网络系统正常运行，从而确保网络数据的可用性、完整性和保密性。建立网络安全保护措施的目的是确保经过网络传输和交换的数据，不会发生增加、修改、丢失和泄露。

13.1.1　网络安全威胁

一般来讲，网络安全威胁有以下几种。

(1) 破坏数据完整性：以非法手段获取对资源的使用权限，包括删除、修改、插入或重发某些重要信息。

(2) 信息泄露或丢失：指的是人们有意或无意地将敏感数据对外泄露或丢失。通常包括信息在传输中泄露或丢失，信息在存储介质中泄露或丢失，以及通过建立隐蔽隧道等方法窃取敏感信息等。例如，黑客利用电磁漏洞或搭线窃听等方式窃取机密信息，或通过对信息流向、流量、通信频度和长度等参数的分析，推测出对自己有用的信息(用户账户、密码等)。

(3) 拒绝服务攻击：拒绝服务攻击是指不断地向网络服务系统或计算机系统进行干扰，以改变其正常的工作流程，执行无关程序使系统响应减慢甚至瘫痪。从而影响正常用户使用，甚至导致合法用户被排斥不能进入计算机网络系统或不能得到相应的服务。

(4) 非授权访问：是指没有预先经过同意就使用网络或计算机资源。例如，有意避开系统访问控制机制，对网络设备及资源非正常使用，或擅自扩大权限，越权访问信息。非授权访问包括假冒身份攻击、非法进入网络系统进行违规操作、以未授权方式操作等形式。

(5) 特洛伊木马：通过替换系统的合法程序，或者在合法程序里写入恶意代码以实现非授权进程，从而达到某种特定的目的。

(6) 利用网络散布病毒：编制或者在计算机程序中插入破坏计算机功能或者破坏数据，影响计算机使用并能够自我复制的一组计算机指令或者程序代码。目前，计算机病毒已对计算机系统和计算机网络构成了严重的威胁。

(7) 混合威胁攻击：混合威胁是新型的安全攻击。它主要表现为一种病毒与黑客编制的程序相结合的新型蠕虫病毒，它可以借助多种途径和技术潜入企业、政府、银行等网络系统。

(8) 间谍软件、广告程序和垃圾邮件攻击：近年来在全球范围内最流行的攻击方式是钓鱼式攻击，它利用间谍软件、广告程序和垃圾邮件将用户引入恶意网站，这类网站看起来与正常网站没有区别，但通常犯罪分子会以升级账户信息为理由要求用户提供机密资料，从而盗取可用信息。

13.1.2　认识和预防病毒

所谓计算机病毒在技术上来说，是一种会自我复制的可执行程序。对计算机病毒的定义可以分为以下两种：一种定义是通过磁盘、磁带和网络等作为媒介传播扩散，会"传染"其他程序的程序；另一种是能够实现自身复制且借助一定的载体存在的具有潜伏性、传染性和破坏性的程序。

计算机病毒可以通过某些途径潜伏在其他可执行程序中，一旦环境达到病毒发作的要求，病毒便会影响计算机的正常运行，严重的甚至可以造成系统瘫痪。Internet 中虽然存在着数不胜数的病毒，分类也不统一，但是特征可以分为以下几种。

(1) 繁殖性。计算机病毒可以像生物病毒一样进行繁殖，当正常程序运行的时候，它也进行运行并自我复制(是否具有繁殖、感染的特征是判断某段程序是否为计算机病毒的首要条件)。

(2) 破坏性。计算机中毒后，可能会导致正常的程序无法运行，把计算机内的文件删除或受到不同程度的损坏(通常表现为：增、删、改、移)。

(3) 传染性。计算机病毒不但本身具有破坏性，还具有传染性，一旦病毒被复制或产生变种，其传染速度之快令人难以预防(传染性是病毒的基本特征)。

(4) 潜伏性。有些病毒像定时炸弹一样，它什么时间发作是预先设计好的。比如黑色星期五病毒，该病毒程序不到预定时间用户可能觉察不出计算机中有病毒，等到条件具备的时候病毒会突然爆发，对系统进行破坏。

(5) 隐蔽性。计算机病毒具有很强的隐蔽性，有的可以通过病毒查杀软件检查出来，有的根本就查不出来，还有的病毒时隐时现、变化无常，这类病毒处理起来通常很困难。

(6) 可触发性。某个事件或数值的出现，可能会诱使病毒实施感染或进行攻击的特性称为可触发性。

综上所述，计算机病毒就是能够通过某种途径潜伏在计算机存储介质(或程序)里，当达到某种条件时即被激活并对计算机资源进行破坏的一组程序或指令集合。

1. 计算机感染病毒后的症状

如果计算机感染了病毒，用户如何才能得知呢？一般来说，感染病毒的计算机会有以下几种症状。

(1) 程序载入的时间变长。

(2) 可执行文件的大小不正常的变化。

(3) 对于某个简单的操作，可能会花费比平时更多的时间。

(4) 硬盘指示灯无缘无故地持续处于点亮状态。

(5) 开机出现错误的提示信息。

(6) 系统可用内存突然大幅减少，或者硬盘的可用磁盘空间突然减小(用户没有放入大量文件的前提下)。

(7) 文件的名称或扩展名、日期、属性被系统自动更改。

(8) 文件无故丢失或不能正常打开。

如果计算机出现了以上几种症状，那就很有可能是计算机感染上了病毒。

2. 预防计算机病毒

在使用计算机的过程中，如果用户能够掌握一些预防计算机病毒的方法，那么就可以有效地降低计算机感染病毒的概率。

(1) 禁止可移动磁盘和光盘的自动运行功能，因为很多病毒会通过可移动存储设备进行传播。

(2) 避免通过一些不知名的网站下载软件，因为这些网站上的软件很可能附带病毒，一同被下载到计算机上。

(3) 尽量使用正版杀毒软件。

(4) 经常从所使用的软件供应商官方网站下载和安装安全补丁。

(5) 游戏爱好者尽量不要登录一些外挂类的网站(很有可能在用户登录游戏的过程中，病毒已经悄悄地侵入了计算机系统)。

(6) 使用较为复杂的密码，尽量使密码难以猜测，以防止钓鱼网站盗取密码(不同的账号应使用不同的密码，避免雷同)。

(7) 如果病毒已经进入计算机，应该及时将其清除，防止其进一步扩散。

(8) 共享文件时应设置密码，并在共享结束后及时关闭共享权限。

(9) 应养成对重要文件进行备份的习惯，以防遭遇病毒的破坏，造成意外损失。

13.1.3　木马的种类和伪装

木马(Trojan)这个名字来源于古希腊传说。"木马"程序是目前比较流行的病毒文件，与一般的病毒不同，它不会自我繁殖，也并不"刻意"地去感染其他文件。木马程序通过将自身伪装吸引用户下载执行，向施种木马者提供打开被种主机的门户，使施种者可以任意毁坏、窃取被种者的文件，甚至远程操控被种主机。木马程序严重危害着现代网络的安全运行。

1. 木马的种类

(1) 网游木马。网络游戏木马通常采用记录用户键盘输入、Hook 游戏进程 API 函数等方法获取用户的密码和账号。窃取到的信息一般通过发送电子邮件或向远程脚本程序提交的方式发送给木马作者。

(2) 网银木马。是针对网上交易系统编写的木马病毒，其目的是盗取用户的卡号、密码，甚至安全证书。此类木马种类数量虽然比不上网游木马，但它的危害更加直接，受害用户的损失更加惨重。

(3) 下载类木马。此类木马会从网络上下载其他病毒程序或安装广告软件。由于体积很小，下载类木马更容易传播，传播速度也更快。

(4) 代理类木马。用户感染代理类木马后，会在本机开启 HTTP、SOCKS 等代理服务功能。木马作者以受感染计算机作为跳板，以被感染用户的身份进行黑客活动，达到隐藏自己的目的。

(5) FTP 型木马。FTP 型木马会打开被控制计算机的 21 号端口(FTP 所使用的默认端口)，允许任何人不需要密码即可使用 FTP 客户端程序连接到受控制端计算机，并且可以进行最高权限的上传和下载，窃取受害者的机密文件。

(6) 发送消息类木马。此类木马通过即时通讯软件自动发送含有恶意网址的消息，其目的在于让收到消息的用户访问网址，用户访问木马提供的恶意网址后，便会感染病毒，并会向更多好友发送网址消息。

(7) 即时通信盗号型木马。此类木马主要盗取即时通信软件的登录账号和密码(其原理和网游木马类似)。盗取用户账号后，木马作者可能偷窥聊天记录等隐私内容，或将账号卖掉。

(8) 网页点击类木马。此类木马恶意模拟用户点击广告动作，在短时间内可以产生数以万计的点击量。木马作者编写点击类木马程序一般是为了赚取高额的广告推广费用。

2. 木马的伪装

由于木马病毒的危害性较大，很多人对木马有了一定了解，这对木马病毒的传播起了一定的抑制作用。因此，木马设计者开发了多种功能来伪装木马，以降低用户警惕性，从而达到欺骗用户的目的。

(1) 修改图标。木马作者将木马服务端程序的图标改成 HTML、TXT、ZIP 等各种文件的图标，以迷惑用户。

(2) 捆绑文件。木马设计者通过将木马捆绑到一个安装程序上，当安装程序运行时，木马在用户毫无察觉的情况下，偷偷地进入计算机系统(被捆绑的文件一般是可执行文件)。

(3) 出错显示。有一定木马知识的人都知道，如果打开一个文件后没有任何反应，这很可能就是个木马程序，木马的设计者也意识到了这个缺陷，因此有些木马提供了一个叫做"出错显示"的功能。当服务端用户打开木马程序时，会打开一个假的错误提示框，当用户信以为真时，木马就进入系统。

(4) 定制端口。老式的木马端口都是固定的，只要查一下特定的端口就知道感染了什么木马，所以现在很多新式的木马都加入了定制端口的功能，控制端用户可以在 1 024～65 535 之间任选一个端口作为木马端口，这样就给判断所感染木马类型带来了麻烦。

(5) 自我销毁。木马设计者为了弥补木马的一个缺陷，采取了自我销毁的策略。当服务端用户打开含有木马的文件后，木马会将自己拷贝到 Windows 的系统文件夹中，原木马文件和系统文件夹中的木马文件的大小是一样的，那么中了木马的用户只要在近来收到的信件和下载的软件中找到原木马文件，然后根据原木马文件的大小去系统文件夹找相同大小的文件，判断一下哪个是木马文件就行了。而木马的自我销毁功能是指安装完木马后，原木马文件将自动销毁，这样服务端用户就很难找到木马的来源，在没有查杀木马的工具帮助下，就很难删除木马了。

(6) 木马更名。安装到系统文件夹中的木马的文件名一般是固定的，只要在系统文件夹查找特定的文件，就可以断定中了什么木马。所以现在有很多木马都允许控制端用户自由定制安装后的木马文件名，这样普通用户就很难判断计算机所感染的木马类型了。

13.2　使用杀毒和防范木马软件

要有效地防范计算机病毒对系统的破坏，可以在计算机中安装杀毒软件以防止病毒的入侵，并对已经感染的病毒进行查杀。360 安全卫士等软件可以拦截、查杀木马，为保护网络安全提供快捷且专业地指导。

13.2.1　使用 360 杀毒软件

360 杀毒软件是一款著名的国产杀毒软件，它是专门针对目前流行的网络病毒研制开发的产品，是保护计算机系统安全的常用工具软件。

(1) 打开 360 杀毒软件，单击"快速扫描"按钮，如图 13-1 所示。

(2) 软件将对系统设置、常用软件、内存及关键位置等进行病毒查杀，如图 13-2 所示。

图 13-1　单击"快速扫描"按钮

图 13-2　进行病毒查杀

（3）如果发现安全威胁，选中威胁对象前对应的复选框，单击"立即处理"按钮，360 杀毒软件将自动处理病毒文件，如图 13-3 所示。

（4）处理完成后单击"确认"按钮，完成本次病毒查杀，如图 13-4 所示。

图 13-3　单击"立即处理"按钮　　　　　　图 13-4　　单击"确认"按钮

13.2.2　使用 360 安全卫士查杀木马

360 安全卫士是由奇虎 360 公司推出的一款功能强大、效果显著、广受欢迎的免费安全杀毒软件之一。360 安全卫士拥有查杀木马、清理插件、修复漏洞、电脑体检、电脑救援、保护隐私、电脑专家、清理垃圾、清理痕迹等多种功能。

启动 360 安全卫士软件后，在软件主界面顶部选择"木马查杀"选项卡，在显示的界面中单击"快速查杀"或"全盘查杀"等按钮，如图 13-5 所示。此时，软件将自动检查计算机系统中的各项设置和组件，并显示其安全状态，如图 13-6 所示。完成扫描后，在打开的界面中单击"一键处理"按钮即可。

图 13-5　单击"快速查杀"按钮　　　　　　图 13-6　　开始扫描

系统本身的漏洞是重大隐患之一，用户必须及时修复系统的漏洞。可以使用 360 安全卫士修补系统漏洞。启动 360 安全卫士软件后，在软件主界面顶部选择"系统修复"选项卡，在显示的界面中单击"一键修复"按钮，如图 13-7 所示。扫描完成后，单击"一键修复"按钮，此时，软件进入修复过程，自行执行系统漏洞补丁下载及安装，如图 13-8 所示。系统漏洞修复完成后，软件会提示重启计算机，单击"立即重启"按钮重启计算机以完成系统漏洞修复。

图 13-7　单击"一键修复"按钮　　　　　　　　　图 13-8　　进入修复过程

13.2.3　使用 Windows Defender

Windows Defender 是 Windows 10 系统中自带的反病毒软件，不仅能够扫描系统，还可以对系统进行实时监控、清除程序和使用的历史记录。

(1) 单击"开始"按钮，在弹出的菜单中选择"Windows 系统"|"Windows Defender"命令，或者在"Cortana"中搜索"Windows Defender"，即可打开 Windows Defender 程序。在打开的 Windows Defender 程序界面中，单击"设置"按钮，打开"设置"对话框，将"实时保护"功能设置为"开"即可启用实时保护，如图 13-9 所示。

(2) Windows Defender 主要提供了"快速""完全""自定义"3 种扫描方式，用户可以根据需求选择系统扫描方式。以选中"快速"单选按钮为例，单击"立即扫描"按钮，软件将开始对计算机进行扫描，如图 13-10 所示。

图 13-9　启用实时保护　　　　　　　　　　　图 13-10　　快速扫描

(3) 单击"取消扫描"按钮，将停止当前系统扫描，如图 13-11 所示。扫描完成后，即可看到计算机系统的检测情况，如图 13-12 所示。

图 13-11　单击"取消扫描"按钮　　　　　　　　　图 13-12　扫描完毕

在使用 Windows Defender 时，用户可以对病毒库和软件版本等进行更新。打开 Windows Defender 程序，选择"更新"选项卡后单击"更新定义"按钮，软件将开始从 Microsoft 服务器上查找并下载最新的病毒库和版本内容，如图 13-13 所示。

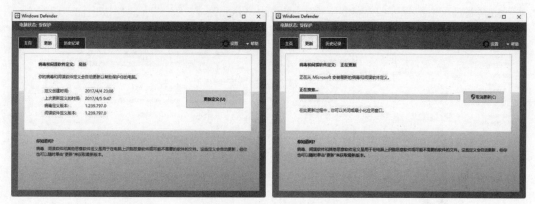

图 13-13　更新 Windows Defender

13.3　使用网络软件防火墙

针对病毒，一般采用杀毒软件应对；而对于网络攻击，通常在终端设备上安装网络软件防火墙进行防御。Windows10 自带的防火墙能够有效地阻止来自 Internet 的网络攻击和恶意程序，维护操作系统的安全。

13.3.1　打开和关闭防火墙

Windows 10 防火墙具备监控应用程序入站和出站规则的双向管理功能，同时配合 Windows 10 网络配置的文件，可以保护不同网络环境下的计算机安全。

在 Windows 10 中，用户可以参考以下方法打开或关闭防火墙。

(1) 右击任务栏左侧的"开始"按钮■(或按下 Win+X 组合键)，在弹出的菜单中选择"控制面板"命令，如图 13-14 所示。

(2) 打开"控制面板"窗口，选择"系统和安全"选项，如图 13-15 所示。

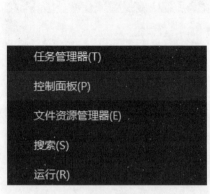

图 13-14　选择"控制面板"命令

图 13-15　选择"系统和安全"选项

(3) 打开"系统和安全"窗口，选择"Windows 防火墙"选项，如图 13-16 所示。

(4) 打开"Windows 防火墙"窗口(一般情况下 Windows 防火墙是默认打开的)，如果用户需要关闭防火墙，可以选择窗口左侧的"启用或关闭 Windows 防火墙"选项，如图 13-17 所示。

图 13-16　选择"Windows 防火墙"选项

图 13-17　选择"启用或关闭 Windows 防火墙"选项

(5) 打开"自定义设置"窗口，用户可以设置在共用网络和专用网络上启动或关闭 Windows 防火墙(选择相应的单选按钮即可)，完成设置后单击"确定"按钮，如图 13-18 所示。

图 13-18　"自定义设置"窗口

13.3.2　在防火墙中设置访问规则

在 Windows 10 中启动了防火墙后，用户可以参考以下方法在防火墙中设置简单的访问规则。

(1) 打开"Windows 防火墙"窗口后，单击窗口左侧的"允许应用或功能通过 Windows 防火墙"选项。

(2) 打开"允许的应用"窗口，在"允许的应用和功能"列表中可查看计算机中的软件与网络配置文件相关联。软件名称前复选框的选中状态意味着该软件允许联网，后面的复选框表示软件在"专用"还是在"公用"网络中允许联网，如图 13-19 所示。

(3) 如果用户对于应用程序不了解，可以选中应用程序后单击"详细信息"按钮，打开的对话框会显示程序详细的信息，方便用户了解该程序的作用。

(4) 如果列表中没有用户需要控制的软件，可以单击"允许其他应用"按钮，在打开的"添加应用"对话框中单击"浏览"按钮打开"浏览"对话框选择需要添加的应用，如图 13-20 所示。

图 13-19　"允许的应用"窗口

图 13-20　选择需要添加的应用

(5) 返回"添加应用"对话框后单击"添加"按钮，即可将软件添加至"允许的应用"窗口中的列表内。

(6) 双击添加在列表中的软件，在打开的"编辑应用"对话框中可以查看软件的名称和路径，如图 13-21 所示。

(7) 在"编辑应用"对话框中单击"网络类型"按钮，打开"选择网络类型"对话框设置允许软件访问网络的类型，如图 13-22 所示，完成后单击"确定"按钮。

图 13-21　查看软件的名称和路径

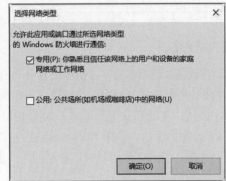

图 13-22　"选择网络类型"对话框

(8) 如果不想将软件通过 Windows 防火墙，可以在"允许的应用"窗口中选中该软件后，单击"删除"按钮。

13.3.3 设置 Windows 自动更新

用户可以通过启用与设置"自动更新"功能来修复或改善 Windows 系统的缺陷，从而确保系统免受病毒的攻击。

1. 关闭与启动自动更新

一般 Windows 10 操作系统的自动更新功能都是开启的，如果关闭了，用户也可以手动将其开启。

(1) 右击任务栏左侧的"开始"按钮▦，在弹出的菜单中选择"运行"命令，打开"运行"对话框，在"打开"文本框中输入"services.msc"后按下回车键，如图 13-23 所示。

(2) 打开"服务"窗口，找到并双击 Windows Update 项，在打开的对话框中显示 Windows 自动更新的状态，单击"停止"按钮可以关闭自动更新。自动更新关闭后，单击"启动"按钮，则可以重新启动更新，如图 13-24 所示。

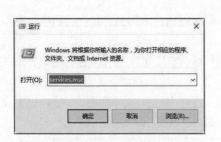

图 13-23　"运行"对话框　　　　　图 13-24　控制 Windows Update 项的启动与关闭状态

2. 设置自动更新

用户可对自动更新进行自定义，例如设置自动更新的频率、设置哪些用户可以进行自动更新等。

(1) 单击任务栏左侧的"开始"按钮▦，在弹出的菜单中选择"设置"命令，打开"Windows 设置"窗口，选择"更新和安全"选项，如图 13-25 所示。

(2) 打开"设置"窗口，选择"Windows 更新"选项，然后在窗口右侧的选项区域中选择"更改使用时段"选项，打开"使用时段"对话框，设置开始时间和结束时间后，单击"保存"按钮，如图 13-26 所示。

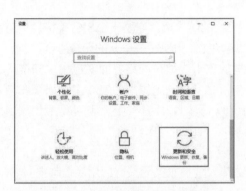

图 13-25　选择"更新和安全"选项 　　　　　　　　图 13-26　更改使用时段

13.4　硬件防火墙

本节将简要介绍硬件防火墙。

13.4.1　硬件防火墙的分类

硬件防火墙是保障内部网络安全的一道重要屏障。它的安全和稳定，直接关系到整个内部网络的安全。硬件防火墙主要有以下几类。

1. 包过滤防火墙

包过滤防火墙一般在路由器上实现，用于过滤用户定义的内容(如 IP 地址)。包过滤防火墙的工作原理是：系统在网络层检查数据包，与应用层无关。这样系统就具有很好的传输性能，可扩展能力强。但是，包过滤防火墙的安全性有一定的缺陷，因为系统对应用层信息无感知，也就是说，防火墙不理解通信的内容，可能被黑客所攻破。

2. 应用网关防火墙

应用网关防火墙检查所有应用层的信息包，并将检查的内容信息放入决策过程，从而提高网络的安全性。然而，应用网关防火墙是通过打破客户机/服务器模式实现的。每个客户机/服务器通信需要两个连接：一个是从客户端到防火墙，另一个是从防火墙到服务器。另外，每个代理需要一个不同的应用进程，或一个后台运行的服务程序，对每个新的应用必须添加针对该应用的服务程序，否则不能使用该服务。所以，应用网关防火墙具有可伸缩性差的缺点。

3. 状态检测防火墙

状态检测防火墙基本保持了简单包过滤防火墙的优点，性能比较好，同时对应用是透明的，在此基础上，对于安全性有了大幅提升。这种防火墙摒弃了简单包过滤防火墙仅仅考察进出网络的数据包，不关心数据包状态的缺点，在防火墙的核心部分建立状态连接表，维护了连接，将进出网络的数据当成一个个的事件来处理。可以这样说，状态检测包过滤防火墙规范了网络层和传输层行为，而应用代理型防火墙则是规范了特定的应用协议上的行为。

4. 复合型防火墙

复合型防火墙是指综合了状态检测与透明代理的新一代的防火墙，它基于 ASIC 架构，把防病毒、内容过滤整合到防火墙里，其中还包括 VPN、IDS 功能，实现了多单元的无缝融合，是一种新突破。常规的防火墙并不能防止隐蔽在网络流量里的攻击，故在网络界面对应用层扫描，把防病毒、内容过滤与防火墙结合起来，体现了网络与信息安全的新思路。复合型防火墙在网络边界实施 OSI 第七层的内容扫描，实现了实时在网络边缘部署病毒防护、内容过滤等应用层服务措施。

以上防火墙的特点可归纳如下。

(1) 包过滤防火墙：不检查数据区，不建立连接状态表，前后报文无关，应用层控制很弱。

(2) 应用网关防火墙：不检查 IP、TCP 报头，不建立连接状态表，网络层保护比较弱。

(3) 状态检测防火墙：不检查数据区，建立连接状态表，前后报文相关，应用层控制很弱。

(4) 复合型防火墙：可以检查整个数据包内容，根据需要建立连接状态表，网络层保护强，应用层控制细，会话控制较弱。

13.4.2　硬件防火墙的术语

硬件防火墙的常见术语如下所示。

(1) 网关：在两个设备之间提供转发服务的系统。网关是互联网应用程序在两台主机之间处理流量的防火墙。

(2) DMZ 非军事化区：为了配置管理方便，内部网中需要向外提供服务的服务器往往放在一个单独的网段，这个网段便是非军事化区。防火墙一般配备三块网卡，在配置时一般分别连接内部网、internet 和 DMZ。

(3) 吞吐量：网络中的数据由一个个数据包组成，防火墙对每个数据包的处理要耗费资源。吞吐量是指在不丢包的情况下单位时间内通过防火墙的数据包数量(这是测量防火墙性能的重要指标)。

(4) 最大连接数：和吞吐量一样，数字越大越好。但是最大连接数更贴近实际网络情况，网络中大多数连接是指虚拟通道。防火墙对每个连接的处理也很耗费资源，因此最大连接数成为考验防火墙这方面能力的指标。

(5) 数据包转发率：是指在所有安全规则配置正确的情况下，防火墙对数据流量的处理速度。

(6) SSL：SSL(secure sockets layer)是由 Netscape 公司开发的一套 Internet 数据安全协议。该协议已被广泛地用于 Web 浏览器与服务器之间的身份认证和加密数据传输。SSL 协议位于 TCP/IP 协议与各种应用层协议之间，为数据通信提供安全支持。

(7) 网络地址转换：网络地址转换(NAT)是一种将一个 IP 地址域映射到另一个 IP 地址域技术。NAT 包括静态网络地址转换、动态网络地址转换、网络地址及端口转换、动态网络地址及端口转换、端口映射等。NAT 常用于私有地址域与公用地址域的转换以解决 IP 地址匮乏问题。在防火墙上实现 NAT 后，可以隐藏受保护网络的内部拓扑结构，在一定程度上提高网络的安全性。

(8) 堡垒主机：一种被强化的可以防御进攻的计算机，被暴露于因特网之上，作为进入内部网络的一个检查点，以实现把整个网络的安全问题集中在某个主机上解决的目的。

13.4.3　硬件防火墙的配置

配置硬件防火墙可以提供更高级的网络安全保护，因为它专门设计用于处理大量网络流量和复杂的网络安全威胁。以下是使用专用硬件防火墙保护服务器和网络的一般步骤。

(1) 选择合适的硬件防火墙。根据用户网络规模和需求，选择适合的硬件防火墙设备。硬件防火墙有不同的性能和功能，因此要根据用户的网络流量和安全需求选择合适的设备。

(2) 连接硬件防火墙。将硬件防火墙设备连接到用户的网络架构中。通常，硬件防火墙放置在网络边缘，处于内部网络和外部网络(例如互联网)之间。

(3) 配置硬件防火墙。登录硬件防火墙的管理界面，并根据用户的网络需求进行配置。配置包括设置防火墙规则、访问控制策略、虚拟专用网络(VPN)、入侵检测和预防系统(IDS/IPS)等。

(4) 设置防火墙规则。创建防火墙规则，以定义允许或拒绝网络流量的条件。规则可以根据源 IP 地址、目标 IP 地址、端口号、协议类型等进行配置。

(5) 配置入侵检测和预防系统。一些硬件防火墙具备入侵检测和预防系统功能，可以检测和阻止恶意攻击和入侵行为。配置这些功能可以增强网络的安全性。

(6) 设置虚拟专用网络(VPN)。如果用户需要在不同地点之间建立安全的连接，可以配置硬件防火墙以提供 VPN 服务。这样可以实现远程办公和远程访问等功能。

(7) 启用硬件防火墙。在配置完成后，确保启用硬件防火墙。确保它在网络通信中起到保护作用。

(8) 定期更新和审查配置。硬件防火墙也需要定期更新和审查配置，以确保其能够有效地应对新的安全威胁和网络变化。

硬件防火墙通常具有强大的性能和安全功能，但配置和管理可能相对复杂。如果用户不熟悉硬件防火墙的配置，建议寻求专业网络安全人员的帮助，以确保正确地配置和管理硬件防火墙，从而保护服务器和网络免受未经授权的访问和网络攻击。

13.5　思考练习

1. 网络安全威胁有哪些？
2. 简述病毒和木马的特点。
3. 使用杀毒软件和查杀木马软件。
4. 打开 Windows 10 防火墙，并设置访问规则。